# 北大幸福课

文思哲◎编著

台海出版社

**图书在版编目（CIP）数据**

北大幸福课／文思哲编著. —北京：台海出版社，
2018.5

ISBN 978 - 7 - 5168 - 1839 - 8

Ⅰ. ①北… Ⅱ. ①文… Ⅲ. ①幸福—通俗读物 Ⅳ.
①B82—49

中国版本图书馆 CIP 数据核字（2018）第 076693 号

北大幸福课

编　　著：文思哲

责任编辑：员晓博　　　　　责任印制：蔡　旭

出版发行：台海出版社

地　　址：北京市东城区景山东街 20 号　邮政编码：100009

电　　话：010—64041652（发行，邮购）

传　　真：010—84045799（总编室）

网　　址：www. taimeng. org. cn/thcbs/default. htm

E - mail：thcbs@126. com

经　　销：全国各地新华书店

印　　刷：香河利华文化发展有限公司

本书如有破损、缺页、装订错误，请与本社联系调换

开　　本：710mm×1000mm　　1/16

字　　数：300 千字　　　　　印　　张：20

版　　次：2018 年 7 月第 1 版　印　　次：2018 年 7 月第 1 次印刷

书　　号：ISBN 978 - 7 - 5168 - 1839 - 8

定　　价：49.80 元

北京大学，创办于 1898 年，初名京师大学堂，后改名北京大学，简称"北大"。北京大学是中国第一所国立大学，也是中国近代正式设立的第一所大学。北京大学自建校以来，"上承太学正统，下立大学祖庭"，在中国高等教育史上具有承上启下的独特地位；百年来，北京大学在国内外，一直享有崇高的名声和地位。

在中国近现代史上，北大始终与国家民族的命运紧密相连，深刻地影响了中国百年来的历史进程；如今其遗留和沉淀下来的厚重历史文化和人文精神深深地影响了一代又一代的北大人以及全中国人。

走进北大，展现在我们眼前的是美丽的自然风景、独特的建筑风格；感受到的是浓重的历史气息和深邃的文化精神。北大，一个多世纪以来，遗留下了无数名人的脚步，汇集了众多思想名流的智慧结晶。这里人才济济，群英荟萃，百年来涌现出蔡元培、胡适、鲁迅、徐志摩、季羡林、蒋梦麟、李大钊、陈独秀等一大批学者，构筑成了一座庞大的人文精神家园。

人文是北大的灵魂，无欲与宽容充实着其精神。无欲则刚的境界，有容乃大的气魄，勇往直前的独立精神，共同铸造了植根于北大人心中的北大精魂。这也是北京大学虽历经百年风雨，仍然庄严矗立、焕发出青春活力的源泉所在，并且诞生出一个又一个的世界奇迹。

人人都向往踏进北大之门，渴望汲取北大的点点精华、畅饮北大的甘甜雨露。北大就好像具有一股特殊的磁力吸引着莘莘学子和追求美好与正义的人们。因为这里闪耀着无数名流卓越的思想光辉，他们的丰富学识以及对人生的感悟，是一种独特的精神魅力。

周国平是怎样看待人生的？季羡林是怎样感悟幸福秘诀的？俞敏洪是怎样成为一个成功幸福的人的？鲁迅先生是怎样追求自由、享受生命的？每一个北大人身上都传承了北大特有的精神和气质，具有与众不同的人生经验和智慧，他们对幸福的感悟虽然平凡却又是独到的。

关于幸福，仁者见仁，智者见智。生活中，有些人，觉得幸福是如此遥不可及；而有些人却时时都在享受着幸福和快乐的生活！其实，幸福无处不有，幸福一直在我们身边，只是要看我们是否拥有发现幸福和体会幸福的那颗心！幸福并不取决于我们是什么人、处于什么地位、拥有多少财富、从事什么工作，幸福只是一种感觉，一种心灵上的满足。

本书汲取了北大人对幸福感悟的灵光，提出了有关生活方面的感悟、事业方面的指导、处世交友的原则、完美性格的培养、阳光心灵的修炼，以及学习、做学问方面的见解。全书共分成十六大章，内容涉及健康、性格、成熟、平安、家庭、事业、人际、快乐、享受、感恩……十六个方面。每章内容都蕴含智慧和哲理，都充满精彩和趣味，每篇文章都引用一条幸福理念，然后根据此理念展开讲述，文中列举了大量普通、贴近生活的鲜活实例，让人们更加容易理解和体会幸福。

也许我们忙于工作、忙于生活、忙于家庭，不能抽出专门的时间踏进北大之门感受一下北大的气息，领略一下北大的风情，但我们人人都渴望北大文化的滋养和启发，渴望得到幸福和快乐。那么，不妨在百忙之中，抽出一点时间跟着北大人感受幸福的真谛。如同一个纯真的学生一样，一个虔诚的信徒一般，丰富自己的人生智慧，学会享受幸福、感受幸福、创造幸福，做一个真正幸福的人！

# 目录
CONTENTS

## 第 7 章　人际：以心交心，外圆内方

## 第 8 章　自爱：自尊自爱，人性光辉

## 第 9 章　博爱：心怀天下，博爱众生

## 第 16 章　感恩：心怀感恩，以恩报德

# 第 1 章

## 健康：健康身心，幸福之本

健康是人生最大的财富，健康是幸福之本。没有健康的身心，生活中所拥有的一切都是"镜中花、水中月"，失去健康，就意味着失去一切。

人活着是一种幸福，而能健康地活着更是一种莫大的幸福。真正的健康是身心俱佳，如果只拥有健康的身体，却患有心理疾病，那也不能体会到幸福和快乐的真谛。只有身心皆健康的人，才能充满活力和精力，内心充满愉悦，生命中充满精彩。

一个人，倘若想拥有一个成功的人生、一个幸福的人生，就必须要确保自己的身心健康，这就要学会以一种平和、乐观的心态面对生活中的一切；学会建立健康的生活方式和培养良好的生活习惯；学会打开心扉，让阳光普照进来……

# 1. 健康是人生的第一财富

我们通常认为我们有了钱会很幸福，更确切地知道有很多财富积于一身的人未必幸福。

——北大幸福理念

爱默生言："健康是人生的第一财富。"的确，健康就是每个人最宝贵的财富，1953 年世界卫生组织提出"健康就是金子"的主题口号，但其实健康比金子都昂贵、都珍贵，它是无论多少金钱都买不来的。

健康是幸福生活的第一步。只有身体和心理都健康，才能得到幸福，只有身心健康，才能做好一切。

一天一大早，一个女人打开门发现有 3 个长着长长花白胡子的老者坐在家门口。女人从没见过这么奇怪的人，她虽然感到惊讶但还是好心地问道："三位老人家，你们是不是走了很长的路，在此歇息呀，不如进屋里来吃点东西吧？"

其中一位老者问："你家男主人在家吗？"女人答："不在，他昨天出差没回来，今晚才回来。"三位老者听了都摇摇头，说道："那我们就不能进去。"

直到傍晚时分，女人的丈夫下班回来了。女人告诉他关于门外发生的一切，男主人听了，说道："快点告诉他们我回来了，请老人家进来吧。"

女人出去告知了三位老者，并热情地想把他们请进门。但是三位老者说："我们三个是不一起进门的。""为什么？"女人惊奇地问道。

"我的名字叫健康，这位是成功，那位是财富。"一位老者给女人分别介绍道，"你如果不能做主让谁进去，那就进屋跟丈夫商量一下吧。"

女人听罢，狐疑地望了望三位老者，赶紧进去告诉了丈夫。丈夫想了想说："那就让财富进来吧，这样咱们家就会有好多的钱，发财了。"但是女人却不同意，说道："还是让成功进来吧，成功了什么都会有，别说财富了。"这时，他们的女儿听到了爸妈的谈话，走过来说："请健康爷爷进来呀，这样我们一家人就可以健健康康、幸福美满地生活在一起。"夫妻俩听了女儿的建议，笑着说："女儿说得对。一家人健康地享受生活，享受人生比什么都重要。"

随后，女人出去说道："我们想邀请健康进来做客。"一位老者起身，迈着高兴的步伐向屋里走来，另外两位老者也紧接着站起来跟过来。

女人吃惊地问："你们三位不是只有一位可以进屋子来吗？"后面的两位老者笑着说道："我们都听健康的，健康走到哪里，我们就陪伴到哪里。如果您邀请我们中不论哪位，我们很快就会失去生命和活力，所以，我们必须要在一起。最后，我们要恭喜你们全家人永远幸福快乐，健康才是人生的第一财富呀。"

生命对于人来说只有一次，人这一生只有一辈子，不会有下辈子。一个不懂得珍惜生命，珍惜健康的人等于一穷二白。健康是人的生存之本，没有健康，一切便毫无价值可言，有了健康，我们才可能去追求其他的需求，包括对成功的追求，对金钱的索取。有的人视金钱如粪土，而有的人却视金钱如生命，这样的人哪怕拥有了大量的财富，失去了身体和心理的健康又有什么用呢？因此，请记住，健康是人生的第一财富！在我们生命的每个阶段都要学会存储健康，因为存储健康就是储蓄生命的"本钱"。

## 2. 没有健康就没有一切

殊不知，有健全之身体，始有健全之精神；若身体柔弱，则思想精神何由发达？或曰，非困苦身体，则精神不能自由。然所谓困苦者，乃锻炼之谓，非使之柔弱以自苦也。

——蔡元培

拥有健康，才能享受一切，拥有健康，才能拥有未来，有了健康的身体，才能有健康的人生。正如我国当代医学家吴阶平教授所说："健康不是一切，但没有健康就没有一切。"因此，那些拼命追求财富、追求名利、追求成功的人们，不妨停下来看看自己的身体健康吗？当你的健康失去了后，所追求的那些还有意义和价值吗？

"对不起，女士，您要有心理准备，您得了胃癌，不过还没多糟糕……"35岁的玛利亚听到女医生这么说时，眼前一黑，差点晕倒在地上，她简直不敢相信自己的耳朵。

"您现在必须及时进行治疗，不然后果不堪设想……"玛利亚一边走在回家的路上，一边回想着医生说的话，欲哭无泪。

35岁的玛利亚虽然已步入中年，但是在外人的眼中她依然美丽高雅，高挑的身材，拥有成熟女人的万种风情，像男人一样在职场上叱咤风云，家里还有一个爱她的老公。在外人眼里，玛利亚是世界上最幸福的女人，因为她已经拥有了一切。

可一个女强人的内心，谁又能看透呢？

拥有一个广告公司的玛利亚，为了做出优秀的作品，经常熬夜加班，每天的神经都高度紧绷着。压力大时，玛利亚就一个劲儿抽烟、喝咖啡，让自己保持头脑清醒。接待客户时，喝酒更是避免不了的，隔三岔五的应酬让玛利亚身心疲惫，根本无暇顾及自己的身体。其实每天早上，玛利亚都要在脸上抹上厚厚的脂粉，画一个精致的妆，对镜子里的自己微笑一下，才敢自信满满地出门。

玛利亚一直有胃疼的毛病。近来，胃疼时，吃药也不管用，玛利亚才没通知丈夫，只是利用午休的时间一个人来到医院检查，却没想到听到这个晴天霹雳般的噩耗。"我要怎么对马克说呢？"玛利亚痛苦地想，她突然觉得自己一瞬间失去了一切……

回到家，玛利亚硬着头皮对丈夫说出了这个坏消息，马克心疼地把她抱入怀中。这么多年来，嫁给马克，是玛利亚最大的幸运，可以说没有马克的支持，就没有成功的玛利亚。

丈夫决定让玛利亚及时住院进行治疗。在住院期间，马克无微不至地照顾着妻子，玛利亚突然恢复了平静的生活，每天面对着的是象征死亡的白色，而不是外面五彩缤纷的生活，这让玛利亚有点不习惯。而且，别看她是一个女强人，当真正意识到自己离死亡那么近时，玛利亚觉得很害怕、很绝望，她想到的结果都是坏的，幸亏在丈夫的鼓励和照顾之下，玛利亚才燃起了对生活的希望和热情。

最终，玛利亚战胜了病魔，控制住了癌细胞的扩散，恢复了健康。从此，玛利亚告诫自己不要拼命地工作，要学会忙中偷闲，学会合理的生活方式。

玛利亚一直拥有女人羡慕的所有东西：财富、事业、爱情、家庭，但是倘若胃癌夺去了她的生命，那么拥有这些又有什么意义？自己失去了生命，还留给亲人无尽的痛苦。命运掌握在我们自己的手里，美好生活是由我们自己创造的，身体健康也是我们自己培养和拥有的。德国著名哲学家叔本华也说："我的幸福十分之九是建立在健康基础上的，健康就是一切。"健康是生命的源泉，是事业的保障，是幸福的基础，拥有健康不代表拥有一切，但失去健康就会失去一切。

# 3. 健康是幸福的密码

金钱难买健康，健康大于金钱；金钱难买幸福，幸福必有健康。生命的幸福不在名利在健康，身体的强壮不在金钱在运动。

——北大幸福理念

叔本华曾说："健康的乞丐比有病的国王更幸福。"健康是福，健康是幸福的密码，有一个健康的身心就是人生最大的幸福。

老李这段时间来一直感觉腰疼，有时一觉醒来，腰疼得爬不起来。刚开始他以为是前两天搬东西闪了腰，休息几天应该没事了，再加上工作繁忙一直没有看医生。但是谁知一个礼拜过后，腰疼不仅没有好转，还越加严重，尤其是早上起来，甚至穿衣服都穿不上，抬不起头，连腿挪动一下都很困难。老李觉得自己必须要去医院了，看来不是小病。

老李一直是个不爱看病的人，很少进医院的大门。来到医院看到"白茫茫"一片，他就觉得心里不舒服。当他走进医院大门的一瞬间，就感觉头晕目眩，耳朵里传来的都是哭泣声、哀怨声，眼睛里看到的都是愁眉苦脸或泪流满面。

因为腰疼到已经行动不方便了，老李只好坐在轮椅上由妻子推着。一路上，老李看到那些行走自如的人，就觉得他们很幸福。在医院门口的角落里，蜷缩着的一个衣衫褴褛，蓬头垢面的乞丐突然站起来跑开了，老李看到了觉得乞丐都比他幸福。

进了医院，门诊大楼前的花园边上竖立着一个牌子，上面赫然写着六个字：健康就是幸福。牌子旧了，上面锈迹斑斑，老李突然觉得连这六个字都在嘲笑他……

当老李被推进CT室时，心里忐忑不安起来，一瞬间感觉到了阎王殿，心里害怕得咚咚跳。老李闭上眼睛突然想到，自己平时由于工作忙，陪女儿去公园的次数屈指可数，家里的家务活一年也帮妻子干不了几次，甚至一家人一桌子吃饭都已经是好久以前的事了……如果能活着做这些应该是莫大的幸福了。

检查结束后，老李和妻子在走廊里等待结果，他既希望时间能够停住永远也不要知道结果，又希望赶快宣判吧，早死早超生。走廊里陆续走过一些癌症患者，面黄枯燥，老李不禁举起双手祈祷："上帝，让我的病轻点，轻点……"

这时，医生叫到老李的名字，老李从座位上惊站起来，走进去准备接下"判决书"，但是打开后，老李看到上面写着："腰椎间盘突出……"

老李突然高兴得像个孩子一样，想跟全世界宣布："不是绝症，可以治疗的，可以恢复健康！"这时，老李觉得自己是天下最幸福的人。离开医院时，老李又情不自禁地看了看那个"健康就是幸福"的牌子，在阳光的照耀下，这六个金色的大字闪烁着金黄的光芒，照进老李的心房，老李突然明白了幸福的真谛……

也许只有当我们经受了病痛的折磨后，才会真正体会到"没病"的幸福。人常说："有什么也不能有病，没什么也不能没健康。"然而，人这一生难免会有个小病小灾的。生命是漫长的又是脆弱的，当我们果真碰上一些病痛，首先不要被病痛所吓倒，而是拥有乐观的心态，勇敢地跟其做斗争；再者我们也可以看看周围的人，当你以为自己是天下最不幸的人，"为自己没有鞋哭泣时，回头你会发现别人没有脚"，因此保持一颗平常心很重要；对于拥有健康的体魄，我们要怀有感恩的心情，珍惜生命，珍惜健康，其实活着就是一种幸福。正如一位哲人曾说过："别追求太多，活着就是一种幸福，而如果能健康地活着，那就是生命中一种无与伦比的幸福。"

# 4. 身体是"革命"的本钱

一个人要想做成一件事，必须具有多方面的素质，要有胆有识、勇往直前、意志坚强……但所有这些都必须依托于一个前提条件——要有健康的体魄。只有这样，你才会做好，才会做得更好。但我们往往过多强调了理想与奋斗，而忽略了健康的作用。

——北大幸福理念

如今"身体是革命的本钱"意指"身体是事业的本钱"。虽然是老生常谈，但是又有几个人会识见其中的真理呢？试看自古至今，有多少功成名就的人，能没有一个健康的体魄和乐观的心态。居里夫人也说："健康的身体是科学的基础。"周恩来总理曾对清华大学的学生说："要好好锻炼身体，为祖国健康工作 50 年。"可见，健康不仅是一个人幸福的密码，也是一个人实现理想的保证。

亚洲首富，著名的商界风云人物李嘉诚就实践了"身体是革命的本钱"这个思想理念。小时候，李嘉诚的家境并不是很好，可以说有点贫穷。由于父亲去世得早，李嘉诚从小就担负起了养家糊口的重任。他去一家工厂做工，从最底层做起，经过几十年的打拼和努力，终于成就了自己的一番伟大事业。

如今，李嘉诚已经是八十多岁的高龄了，虽然饱经风霜，但是依旧身体健朗，精力充沛。在大家美慕他的好身体时，李嘉诚笑着简单地回答一句："我向来知道身体是事业的本钱。所以在我的生活中，对身体的锻炼这个原则是不会变的。"

其实，身体岂止是"革命"的本钱，它是人类一切活动的本钱。试想双腿出了毛病，行动都不方便，走路都成问题时，岂不是失去了一个人活动的自由？每一个人都期盼自己的一生过得意义非凡，通过事业实现自己的人生价值，通过事业获得高品质的生活，通过事业获得权力、地位、财富、幸福。但是这一切都是建立在人的健康基础之上的，所有的幸福都要依托于健康的身体。如果没有健康的身体，哪有体力和精力投入到工作中，实现自己的梦想和目标，为社会创造财富？人活着最大的资本就是健康，现代学者梁实秋先生认为："健康的身体是做人做事的真正本钱。"一个人只有拥有了健康的体魄，才有可能去开创一番伟大的事业。

如今社会节奏快、压力高，许多人像蚂蚁一样不停地奔波，朝九晚五已经是一个奢侈的想法。很多人加班已经是习以为常，熬夜、进餐时间不规律，已经成为一种普遍现象。也许有些人想趁年轻多拼搏一下，多挣点钱，多积累点经验，这是无可厚非的。但是人活着不光是为了这些东西，我们还有亲人、爱人、朋友，当我们埋头忙碌时抽出了多少时间来陪他们？况且这是在用青春"赌"明天，用健康"赌"明天，最后哪怕工作赌赢了，却因为日积月累的劳累，在身体内积累下厚厚的"毒素"影响到自己的身心健康，从而导致各种疾病的产生，岂不是输掉了自己的人生？小病可以通过治疗根除，但也需要忍受许多痛苦。倘若是大病，甚至不治之症呢？这时，恐怕我们后悔都来不及了。

我们无法改变社会的环境，无法改变客观的压力，但是我们可以主观上学会怎么应对，怎么保护自己，这就需要我们培养正确的生活理念，养成良好的生活习惯，懂得张弛有度，懂得放松自己，懂得循序渐进，正如一位智者所说："其实我们的生命很长，没必要一下子把生命的能量全部释放出来，循序渐进地释放对我们来说是更重要的。"

## 5. 金钱万能，却买不到健康

金钱能带来物质享受，但算不上最高的物质幸福。最高的物质幸福是什么？我赞成一位先哲的见解：对人类社会来说，是和平；对个人来说，是健康。

——周国平

金钱的确是个宝物，金钱是我们在这个社会生存的"通行证"，是我们得以生活的"源泉"，生活中吃穿住行通通都离不开金钱，金钱就犹如魔法，可以让我们得到想要的一切。但是金钱真的是万能的，可以买到一切吗？答案是否定的，金钱买不到快乐、买不到幸福、更买不到健康！

国外有这样一个故事：

一个富翁想见上帝，于是他拿金钱买通了一个天使，天使带他来到天堂终于见到了上帝。上帝对他说："你有什么愿望，我可以给你一个机会帮你实现。"

富翁听了激动地对上帝说："20年前我有一件事未了，因此，我想回到20年前，重新享受那时的美好时光。"

上帝听了，笑着说："好呀，但是我有一个条件，那就是找出你今生所赚的第一个硬币来。"可富翁所赚的第一个硬币是在25年前，早已经花掉了，只好失望而归。

这个小故事告诉我们金钱是买不到青春的，同样，金钱也买不到健康。

生活中，我们经常会看到有这样一些人，他们为了发家致富，起早摸黑、披星戴月、整日奔波。最终虽然富了，得到了自己想要的一切：财富、名利、地位、权力等，但是却由于过度的劳累和辛苦，把身体累垮了，导致浑身是病。哪怕是大鱼大肉摆在眼前恐怕也没有胃口。这时，我们外人看在眼里也不免感慨："早知今日，何必当初！"身体是"革命"的本钱，身体也是生活中一切的本钱，没有好身体，别说享受快乐和幸福，连行动自由也受到限制，还怎么生存呢？所以好身体就是我们人类赖以生存的本钱！

曾经在一份报纸上看到这样一则报道：台湾有一个富豪，在商界呼风唤雨，权力很大。但是他的妻子最终却罹患癌症医治无效病逝。这位富豪很悲伤，对亲戚朋友说：当初妻子陪他一起创业，几经磨难和艰辛。现在我们有钱了，但是却救不了她的命！那我现在拥有这么多钱还有什么意义呢？

有一位很有钱的老板很认真地对他的员工说："我只想让你们提高工作效率，而不想让你们累死累活地加班。该工作时工作，该休息时就休息。有了好的身体，才会给公司创造更大的财富，才能让自己更好地享受生活。

如果现在用一百万元可以买延寿一年的命，那我也愿意，但是现代医学还没那么发达，而人的生命注定只有一次！"

这位老板的话的确都是"硬道理"。没有金钱我们只是会缺少一部分，比如山珍海味、轿车豪宅；但是没有健康，即使我们拥有一切也相当于失去一切！

心理专家提醒人们，别为了赚钱透支健康，不管是身体健康，还是心理健康，都是金钱买不到的。古人说，留得青山在，不怕没柴烧。健康就是人生的青山，有了这座"青山"才会盛开出事业、财富、家庭、爱情、友情、快乐、幸福等美丽的花朵……

联合国卫生组织提出了健康的四大基石是：

(1) 合理饮食；(2) 适量运动；(3) 戒烟限酒；(4) 心态平衡。

做到以上四点并不需要花费大量的金钱，比起挣钱容易多了，但是生活中只有很少的人可以做到。拥有健康并不难，关键是要看我们有没有那个心去做。首先要认识到生命的珍贵，健康的宝贵，学会珍惜生命和健康；其次是要养成良好的生活习惯，保持乐观开朗和积极向上的心态；最后学会坚持，培养自己的毅力。那么，健康就能伴我们一生。

# 6. 心理健康，才是真正的健康

心理健康最重要的是有健康的自我形象。你有了健康的自我形象，就会有自尊、有自信、有自爱。一个人具备了这几条以后，其实可以在某种程度上讲你的人生可以无往不胜。

——北大幸福理念

我们传统的健康观是"无病即健康"，1978 年世界卫生组织（WHO）给健康所下的正式定义是："健康是一种身体上、精神上和社会适应上的完好状态，而不是没有疾病及虚弱现象。"健康包括三个方面：躯体健康、心理健康、具有社会适应能力。其中社会适应能力被国际上公认为是心理健康的首要标准，也就是说全面健康包括身体健康和心理健康两大部分，二者密切相关，缺一不可，无法分割，只有身体和心理都健康，人们才能感受到真正的幸福。

倘若一个人只有身体上的健康却心理不健康，那么照样是一个不健康的人。试想一个人，虽然身体上没有疾病，但是被心理疾病一直困扰着，比如有社交恐惧症或者有伤害人的倾向，不仅会影响到自己的正常生活，甚至会给社会带来损害，这样的人恐怕也算不上是一个健康的人！英国心理学家麦灵格尔认为："心理健康是指人们对于环境及相互间具有最高效率及快乐的适应情况。不仅是要有效率，也不仅是要能有满足之感，或是能愉快地接受生活的规范，而是需要三者具备。心理健康的人应能保持平静的情绪，敏锐的智能，适于社会环境的行为和愉快的气质。"可见，心理健康对人来说有多么的重要，只有身心健康才算得上真正的健康。

现代社会中，由于生活节奏的加快，很多人承受着来自各方面的压力，导致心理压力的增重。心理疾病患者逐年增加，尤其是患抑郁症、焦虑症、强迫症等心理疾病的人越来越多，患心理疾病已经成为一种普遍的现象。然而，很多人却并未意识到心理疾病的危害性，心理健康问题常常被人们忽视，直至引发出悲剧甚至是惨祸时，才引起人们的震惊和关注。

2004 年发生过一件轰动全国的杀人事件——"马加爵事件"。那是发生在云南大学宿舍的一场杀人案。

马加爵从小都是好学生，成绩优异，曾被评为"省三好学生"，但是自从上了大学后，生活并非那样如意，家庭的贫困和对情绪的压抑，使他的内心产生了严重的扭曲，最终控制不住内心杀人的欲望和冲动，走上了一条不归路。

事后，有很多心理学家分析了马加爵杀人的心理动因。指出，由于马加爵一直承受着巨大的心理压力，他强烈的自尊心与残酷的现实使他产生了极大的心理矛盾。物质的匮乏使他自卑，扭曲的人生观和自我中心的性格缺陷使他疯狂，最终导致连杀四人惨案的发生。很多心理学家说：如今大学生，出现了一种"心理贫困"的现象，呼吁学校不仅要关注学生的学习、身体，更重要的是心理健康问题。

其实不仅是学生，社会上每一个人的心理健康问题都要受到关注。走入社会，周围的环境更加复杂，心理承受能力弱的人极容易出现孤独和自我封闭，甚至因为一时的挫折而灰心丧气或走向极端。正常的生活需要身体健康，幸福的生活更离不开身心健康。心理健康是我们幸福人生的保障。那么，怎样让自己拥有一个健康的身心呢？心理专家为我们提出如下建议：

1. 学会适当宣泄自己的负面情绪。

2. 增强自我的心理承受能力。

3. 培养自信的心理和乐观的心态。

4. 有正确的人生观和价值观。

5. 多结交朋友，很好地处理自己的人际关系。

## 7. 健康美才是真的美

美丽的本质是健康，健康的人才会有美丽，解决美丽的问题实质上也是解决身体上一些不健康的因素。

——北大幸福理念

爱美之心人皆有之，尤其是女性朋友。许多追求美的女性一掷千金，购买各种化妆品、仪器、服装，或功能类保健食品，尤其是随着现代医学科技的发展，整容浪潮是一浪高过一浪。然而什么样的人是美丽的？答案众说纷纭，难以找到统一的标准。其实健康美才是真的美。

欧洲有一句谚语："不要用珍宝装饰自己，而要用健康武装身体。"这就告诫人们在追求外表美的同时，要更加注重健康。美丽的外表来源于健康的机体，决定美丽的基础性、长久性因素之一就是健康。

郭红是一位美容工作者，她进入这个行业已经 20 多年了，为别人服务的同时她也在为自己服务。今年已经近 50 岁了，看起来还犹如 30 岁的少妇一样年轻。很多人知道郭红的实际年龄后除了惊讶就是羡慕她的"不老之貌"，问其皮肤为什么细嫩、紧绷？气色、光泽度为什么这么好？眼不花，头发乌黑，浑身充满活力的秘诀时，郭红笑着说："其实我平常用的那些化妆品都没有多么昂贵，都是天然植物的。我除了平时注重饮食健康和体育锻炼外，最大的秘诀就是运用咱们的'国宝'——传统中医学'内养外保'的养生观。"郭红还提道，这么多年来，根据自己的亲身体会，在给学员讲课或与客户的密切接触中，她深深地感觉到，随着人们思想观念的变化，美容观念也在逐步地发生变化。现代人都明白外面肌肤的保健不是仅仅用化妆品就可以护理的，真正能起到作用的是内部的调理。于是很多人注重有一套哲理的养生理论和美容方法集中到一起的"美容术"。也就是说，很多人觉得首先健康才有可能美丽，"健康美才是真的美"是一种科学理念，越来越深入人心。"

　　的确如此，形神俱美、表里统一才是真正的美，健康是美丽的基础，健康是美丽的源泉，健康是一种由内而外让人美丽的元素。现在，有些人不是没有认识到健康的重要性，而是一旦追求美的时候，就完全把科学的理念抛在脑后，急于求成却害了自己。生活中经常会看到一些整形整出麻烦、减肥减出毛病、染发染出疾病的事件，为了美，付出了健康的代价，岂不是得不偿失？

　　曾经有一位皮肤科医生说过："身体健康是生命的本钱，一个人不美可以，但不健康却是不行的，只有健康的美，才是真正的美。脱离了健康的美，只能是无本之木、无源之水。美丽只能是促进健康，而不可损害健康。对美丽而言，健康永远是第一位的。我们不能舍本逐末、捡小弃大。"希望大家永远记住让健康与美丽同行，健康美才是真的美。

　　其实，打造美丽健康的自己也是对别人的尊重，谁也不愿意每天面对一个无精打采、愁云满面、病恹恹的人，况且林妹妹似的病态美已得不到现代人的认同。如果没有健康，就算外表再美，却暗淡无光，也不会动人心魄，甚至得不到别人的亲近。美丽与健康一样，取决于四个因素：良好的心情、充足的睡眠、适量的运动、均衡的营养。我们都应该在日常生活中学会关心、爱惜自己的身体，通过运动保养让自己健康又美丽。

# 8. 健康，从生活方式开始

忽略健康的人，就是等于在与自己的生命开玩笑。

**——北大幸福理念**

随着生活的繁荣和富裕，人们的物质条件越来越好，但同时又在现代社会的快节奏和高压力以及生活方式发生了很大改变之下，离健康越来越远。

谁都想要健康的身心，美满的生活，和谐的人生，健健康康、平平安安地活到老是多么幸福的一件事情；谁都害怕生病，害怕病痛折磨的痛苦。为了防止生病，现代人经常苦苦寻找健康的"灵丹妙药"。可俗话说，是药三分毒。而且治病吃药也是一笔昂贵的开销，很多人大呼吃不起药、治不起病。既然如此，我们为什么不减少吃药的机会呢？

很多医学专家认为最实在、最牢靠、最经济有效、最可行的健康之道就是：培养自己良好的生活习惯和建立健康的生活方式。然而，现代大多数人并没有养成这种意识，一个是客观因素，比如社会环境、公司加班、周围朋友影响；一个就是主观因素，自以为只是一个小习惯，又不是生死攸关的大事。岂不知：千里之堤，溃于蚁穴，平时一个小小的习惯和疏忽，就说不定会导致祸害的发生。有资料表明，当代人类45％的疾病和60％的死因与生活方式有关；我国的前10位死因中不良行为和生活方式占致病因素的44.7％。世界卫生组织也曾指出，许多人不是死于疾病，而是死于不健康的生活方式。这些资料和数据表明人们正面临不健康生活方式的严重威胁，可见建立健康的生活方式的重要性。

曾经有一位治疗白血病的医师感慨：如今，儿童、青少年得白血病的太多了，其中至少有90％的小孩是因为吃垃圾食品而得病的。

有一次，医院来了一个7岁的小男孩，他得了白血病，在医院里治疗了半年，花费十多万。虽然暂时没有生命危险，但是如果找不到捐髓者，总有一天会失去小小的生命。

当这位医师问他的父母小孩的饮食习惯时，父母回答：小孩从来不喝水，每当渴的时候就会喝可乐或者饮料；早餐经常吃的是炸油条、炸饼，要不就是吃炸鸡腿，中餐不喜欢吃蔬菜，很挑食，只喜欢把米饭炒得香香的才吃；晚餐吃排骨都是用油炸的，平时吃的零食都是薯条、方便面等。医师听后摇摇头说："平时把小孩子宠坏了，不能老吃那些油炸的东西，由于不恰当的饮食，现在的小孩得病率高达40％—50％。患小病就吃药打针，不仅减弱小孩的抵抗力，对身体也不好。"

大人和小孩子都一样，身体再强壮的人，倘若有着长期的不良饮食习惯和生活方式，最终会导致疾病的产生，甚至得一些让人害怕的绝症，到那时花费再多的金钱恐怕也挽救不了自己的生命。因此，我们在平时就要注意生活要有规律，遵循人体的生物钟，按时吃饭，准时睡觉，适度学习和工作，生活张弛有度，循序渐进，注意冷暖，注重运动锻炼。据有关保健专家说："疾病是对不良习惯的惩罚。"为了少受疾病的惩罚，为了不生病，为了健康，让我们对自己负起责任，养成良好的生活方式和习惯。要健康，就从改变我们的生活方式开始吧，让我们健康地生活，享受健康幸福的人生。

# 9. 运动是身心健康的良药

养成好的习惯是储存健康，放纵不良陋习是透支生命。借口腾不出时间去健身的人，迟早会腾出时间去看病。

——北大幸福理念

据说古希腊爱琴海边山上刻着这样一句话："你想变得健康吗？你就跑步吧；你想变得聪明吗？你就跑步吧；你想变得美丽吗？你就跑步吧。"跑步是运动锻炼中的一种形式，这句话无疑说明了运动使人健康、聪明、美丽。可见，运动是身心健康的良药，运动是我们生活健康、快乐、幸福的保障。

有这样一个关于"狼医生"的故事：

一个茂密的森林里生存着很多动物，尤其是生存着一种珍贵的鹿，但

15

是同时也生存着鹿的天敌——狼。猎人为了保护鹿，就把狼都消灭了。没有了危险，鹿开始过着平安幸福的生活。可谁知，几年之后，鹿死亡的概率越来越高，鹿群越来越少，眼看着要绝种了。原来，没有了狼的追逐，这些鹿每天吃饱了就躺在平坦的草地上，休息晒太阳，从来不奔跑。结果就变得越来越胖，伴随着的是脂肪肝、冠心病、高血压等疾病的诞生。猎人请来了最好的医生给鹿群治病，但是医生说打针吃药"治标不治本"。猎人终于明白过来，最后请来了"狼医生"。当狼群重新与鹿群生活到一起后，鹿群又有了危机，成天受着狼群的追逐而奔跑。狼一追，鹿就跑，在这个过程中，鹿得到了很好的运动，从而锻炼了身体，增强了抵抗疾病的能力，保障了自己的健康。

不得不赞叹大自然的奇妙。大自然中任何生命都有其存在的理由，任何物种都遵循着"食物循环链"，在追与跑的过程中，才能得到锻炼，才能健康地生存，才能繁衍后代生生不息。

每个人都明白运动的益处，但每个人喜欢的运动方式都不一样。任何运动都是有利于身体健康的，只要我们保持适量运动。据科学家证明步行是最好的运动，因为步行是一种很有规律、又很适度的运动。

北京市东华门边上有一个寺庙名叫普渡寺，里面住着一个很穷的道士，靠着政府每月给的生活补助才能生活。在寺庙的旁边盖有好多房子，由于环境清幽，里面住着好多名人隐士。几十年过去了，那些人去世的去世，搬走的搬走，唯独这个老道士活到耄耋之年，还是身体健朗，声洪如钟。老道士平时并没有钱买什么营养品，也没有亲戚朋友过来给他送补品。为什么活到这么大年纪还如此健康呢？原来，老道士平时有一个爱好，就是每天早上起来拿着一根拐棍儿，从东华门走到建国门，再由建国门绕回来，每天两小时，一年四季天天坚持走。老道士长寿的秘诀就这么简单，但是每天坚持下来，就是一件很不容易的事情。他的简单步行不仅保障了身体健康，还让自己长命百岁。

曾经有人对一群老年人做过调查：他把老年人分成两组，一组每天坚持平均走 5 千米，另一组每天除了吃喝，就是在家里休息，基本上不走路。结果分析显示：每天平均走 5 千米的这组老年人死亡率、冠心病得病率比不走路那组低 60%。

对于老年人，最好的健康良药是运动。其实，对于任何人来说，都是如此。曾经看到过这样一首关于健康的打油诗：身冷的人和衣服亲近，有病的人和医生亲近，与其寻求灵丹妙药，不如堵截病之源，与其得病托关系看病，不如平时找场地运动。不妨让我们记住这首简单却道理鲜明的诗，培养运动的理念，坚持锻炼的精神，让运动带给我们健康的身心，快乐幸福的生活。

# 10. 让阳光心灵，为人生摆渡

健康源于心，积极心态像太阳，照到哪里哪里亮；消极心态像病毒，传到哪里哪儿遭殃。

——海子

阳光健康的心灵是健康的一个重要组成部分。有一位哲人曾说过，幸福是一种感觉，是心灵的一种快乐状态。人生的冷暖取决于心灵的温度，心灵冰冷如冰，人生就会暗淡无光，寒气冲天；心灵温暖如阳，人生中自然就是一片春光明媚，风和日暖。人生是漫长枯燥的，人生道路也不是一帆风顺的，我们需要健康心灵的滋养，需要心灵之灯指引，需要阳光的心灵为我们掌舵!

被称为"宇宙之王"享誉全世界的科学巨匠霍金，在 21 岁时不幸患上了卢伽雷氏症，因为肌肉萎缩一生都被禁锢在轮椅上，他的全身只有三根手指能自由活动。

一次，一位记者采访他问道："你不觉得命运很不公平，给您带来这么多的苦难吗？"

霍金用那唯一能动的三根手指敲击电脑的键盘回复道："我不觉得，你看我的手指还能给你打字，我的大脑思维活跃，我终生的理想都一个一个实现，我还有爱我的和我爱的亲人、朋友，我有一颗感恩的心，我热爱生活、热爱大自然，最重要的是我有一颗健康的心灵，这些对我来说就是巨大的快乐。"

霍金虽然没有一个健康的身体，但是他有一颗健康阳光的心，为他的人生摆渡，从而到达幸福成功的彼岸。心灵的健康才是真正的健康，心灵的富有才是真正的富有。

一位富商因为遭受了巨大的财产损失而悲痛不已，他因为忧伤成疾得了重病躺在床上。这天晚上，上帝召见了富商。上帝让富商站在大玻璃窗旁边，问道："你看到了什么？"富商回答："我看到了高楼大厦、车水马龙、灯红酒绿、人来人往。"上帝又让富商站在一个大镜子面前问道："你看到了什么？"富商回答："看到了我自己。"

上帝又说："你觉得现在的自己健康吗？"富商看着镜中憔悴、满脸愁云的自己答："我想不健康。"

"其实你的身体根本没病，这就是你为什么吃多少药都不能好转的原因，你的病是心病呀。你的心病就来自于你刚才所看到的繁华，外面的那些都需要金钱来获得，而你现在却损失了大笔的金钱，心理失衡才得了重病。其实，只要你放下那些名利和欲望，放下金钱，去珍惜现在所拥有的，懂得知足常乐，要在春风得意时助人为乐，身处逆境时学会自得其乐，常喝这'三乐汤'，自然就会永葆你的身心健康。"

一位古人说过："世人心欲太强，只因放纵欲望船。"富商已经拥有了大量的财富，却还是欲望无穷，对于一点的损失不能放手，故而身患疾病。岂不知，他躺在病床上，那些如今拥有和刚刚失去的财富又有什么意义呢？

有人曾概括过心灵的健康包括八个大方面：了解自己、接纳他人、热爱生活、面对现实、控制情绪、完善性格、勤于动脑、乐观进取。因此，如若想我们的心灵保持健康，就需要减少自己的欲望，学会淡泊宁静；需要常常清除心灵的"垃圾"，保持心灵干净；需要有一颗向善、爱人的心；需要经常把心灵之门打开，让阳光照进来，心灵就会变得犹如阳光般温暖、如泉水般纯净。

人生不如意事十之八九，我们必须怀有一颗平常心看待人生中的得与失，用一种乐观的心态面对无可避免的挫折和坎坷。苦难只是一时的，只要我们用阳光健康的心灵为人生摆渡，就一定会到达幸福的彼岸。

# 第 2 章

## 性格：完美性格，顺畅人生

人常说，性格决定命运。可见性格在一个人的人生中的重要性。性格虽然存在着天生的因素，但在后天的环境之下是可以不断改变的。而拥有一个好性格，会让我们的人生顺畅和幸福许多！

性格会决定一个人的人际关系、婚姻选择、生活状态、职业选择以及事业成败等各个层面。简言之，性格可以决定我们的一生。每个人的性格中都存在着大大小小的缺陷，比如有的人天生脾气暴躁，有的人行事大大咧咧，有的人胆小怕事……这些性格中的缺陷在不自觉中就会影响我们人生的幸福。不过，好性格是可以培养和修炼出来的。因此，我们一定要懂得发掘自己性格的潜能，运用性格优势，更懂得塑造自己的好性格，让好性格成为一生的积极推动力。

# 1. 认识你自己

认识自己是人的终生课题，真正的成功者，是从正确的自我认识和自我批评中成长起来的。认识自己不可能一蹴而就，需要经历一些考验，不断地加强修养，还有勤拂思想上的灰尘。

——北大幸福理念

苏格拉底总是自称一无所知，他一生的名言就是：认识你自己。在古希腊帕尔索山上的一块石碑上，刻着这样一句箴言："你要认识你自己。"卢梭称这一碑铭："比伦理学家们的一切巨著都更为重要，更为深奥。"人类的历史就是一部不断认识自己的历史，每个人从一生下来就在不断地认识自己，从自己的身体到内心，从性格到喜好。老子说得好："知人者智，自知者明。"只有认识自己，才算得上真正的智慧，才能更好地把握自己，做自己命运的主人。

有一个小男孩，在上小学的时候，是众所周知的淘气孩子。因为他总是搞一些恶作剧，让同学和老师出丑。逐渐地，老师不再理会这个小男孩，学生们也都远离了这个孩子。

从此，这个小男孩就开始逃学。然而逃学时间长了也是很无聊的，但是他既不想回学校，又不敢回家。回学校别人都孤立他，回家害怕遭到一顿暴打。小男孩一直想找个人诉说自己内心的苦闷，但是他认为自己是坏孩子，没人会理他。

这天，小男孩突发奇想，给市长写了一封信。信中他说了自己的情况，还画了一幅画，同时放了一张自己的照片。

过了一段时间，小男孩去学校，碰到一个同学说，老师叫他过去。小男孩走到老师办公室，老师慈祥地对他笑说教导主任找他。小男孩还没习惯老师的微笑，听到说教导主任找他，心里更加害怕。见了教导主任，他又被带到校长办公室，一路上大家都对他微笑，小男孩心想自己肯定要被学校开除了。

谁知，校长拿出一封信。小男孩打开信封后，里面的内容是这样的："亲爱的小朋友你好，你的来信和照片我已经收到了，还有你画的画真的很漂亮，希望你以后继续画画。你一定要重新认识自己，其实你是很棒的，争取努力学习，锻炼身体，将来为祖国和社会服务。给你寄去一张我的照片，请留作纪念。"

小男孩看完信后，校长激动地说："孩子，这是你的光荣，也是咱们学校的光荣。"随后，校长转过头让教导主任向全校师生广播。从此，小男孩成了全学校的名人，老师和同学都觉得小男孩是聪明、有出息的好学生。他也不负众望，自此开始每天努力学习，认真听课，再也不逃课了，真的变成了一个人见人夸的好学生。

小男孩长大后，不仅成为一名画家，还多才多艺，为社会做出了很大的贡献。

试想，这个小男孩如果得不到市长的鼓励，长大会是一个什么样的人呢？刚开始小男孩没有认识到自己，再加上外界的压力，让他彻底失去了自信。幸亏市长的一封信，让全校师生重新认识了小男孩，更重要的是他自己认识到自己原来可以这么优秀，从而不断地挖掘出自身的天赋，长大后成为一个有用的人，实现了自身价值的同时为社会做出了贡献。

认识自己是至关重要的，但同时又不容易做到。要想正确认识自己，就必须根据自己的实际情况，客观地了解自己的优缺点，既不能高估自己，又不能看低自己。认识自己要对自己的性格、情感、气质、能力、水平、优缺点、品行修养和处世方式等做出正确的认识和准确的判断。认识自己是智慧的开端，认识自己才能完整地了解自己，扬长避短，不断进步，积极地创造生活，幸福地享受人生。

# 2. 保持本色，做真实的自我

每一个灵魂都是独一无二、无与伦比的。保持自我的本色，表达自我的真实想法，做真实的自我。请记住，幸福和成功都是从自己生命的本色里获得的。

**——北大幸福理念**

美国著名成功交际大师卡耐基先生言："一个人最糟的是不能成为自

己，并且在身体与心灵中保持自我。"一个人倘若不能做真实的自己，不能拥有生命的本色，人生便是灰暗苍白、无光泽的。

有一个商人到一所寺庙里拜访住持。到了午饭时间，住持留商人在寺庙用餐。吃饭时，商人夹起一筷子青菜送到嘴里，随即皱了一下眉头说道："现在条件好了，你们寺庙里的僧人为何饭菜还这般清淡呀？你看这青菜里没有多少油，作料也放得很少，盐也放得很淡。"住持听了笑着说："这青菜的确没放油盐和作料，只是将其洗净，在清水里煮出来的。世上人人都吃青菜，做法都很讲究，尤其是席间所吃的青菜，五味调和，味道鲜美，但是其实人们根本没有尝到青菜的真正味道，所尝到的只不过是青菜中各种调料的香味而已；同样大家满意的只不过是厨师的精湛技术，并不是青菜的味道和营养。事实上，只有不放任何作料，只在清水里煮出来的青菜才能保存青菜的'本色'，人们才能汲取青菜真正的营养价值。"

住持的一番话表意上是说青菜的"本色"，其实在本质上道出了我们人生中的一个普遍现象：很多人在生活中往往忽略和遗忘了自己的本色，不能够做真实的自己。如今，随着竞争的激烈，社会变得越来越复杂，为了保护自己，很多人都戴着一个"假面具"，给自己添加各种各样的"作料"，让自己看起来更加"秀色可餐"。面对客观的环境，也许有时候我们别无选择，不得不这样做，但是记住，千万不要在掩饰和装饰中失去了真实的自我本色，做只懂得模仿别人的人。

我国著名画家胡佩蘅曾向齐白石拜师学艺。他很欣赏齐白石老先生鬼斧神工的作品，于是便每天观摩，聆听老先生的教诲。后来，他开始模仿老先生的作画风格，想着这样既可以节省时间，又不必从头下苦功学起，岂不是一举两得。逐渐地，他临摹的作品跟齐白石老先生的极其相似，一般人根本识破不了。但是齐白石却告诫他："你只学到我的皮毛，要多多自己钻研呀……"最后老先生送给他8个字："学我者生，似我者死。"同样，英国伟大的喜剧演员卓别林刚出道时，导演坚持要他模仿一位德国喜剧演员。但是卓别林一直坚持自己真实的表演风格，把一个喜剧演员的形象发挥得淋漓尽致，最终成为人们心中最伟大的"喜剧之王"。

每一个人在这个世界上都是独一无二的，都有自己独特的优势和智慧。

生活中，每一位成功者都明白对于前人的经验只能是借鉴而不是模仿，只有不忘保持自我本色，只有在做真实自我的基础上，才能把自己的独特优势发挥得淋漓尽致，才得以一步步走向成功。

不管是做人做事，都应该讲究真实，保持本色。真实是一种自然美，是一种发自内心的和谐美。当我们丢掉"假面具"，消除模仿他人的心理，就会发现最真实的自己，就会看到自己真实的灵魂。幸福和成功都是从自己生命的本色里获得的，只有做真实的自我才是最快乐的，才是最美的。

## 3. 好性格，好命运

我比较像刘备，常常用眼泪来赚取其他管理者的同情，我不擅长用严格的纪律来限制和管理人才。

——俞敏洪

性格是左右一个人命运的重要因素和神秘力量，性格会决定一个人的人际关系、婚姻状况、生活状态、职业选择以及事业成败等各个层面，而从根本上决定自己一生的命运。有些人觉得性格是父母给的，是先天形成的，是不可改变的，俗话说，江山易改，本性难移。的确，一个人的性格有很大遗传关系，并且一旦形成就很难改变。但只要我们有心改变，在后天的努力之下，相信"铁杵也能磨成针"。

谁都想人见人爱，得到别人的好评，有一个融洽的人际关系；谁都想拥有顺利的事业、美满的生活；谁都想有一个幸福的人生。那么，就要学会培养自己的好性格，好性格是一生好运的动力。

小婵刚出生时，除了哇哇地大哭，两个小脚还一个劲地蹬来蹬去。众人看了，都说真是个倔丫头，没想到，竟被大家说准了。小时候小婵虽然胆小、害羞，但是骨子里却有一股倔强、认真，凡事都喜欢较真，非要分个你对我错，小朋友都有点怕她。而且自己做错事时，从来是硬着头皮不道歉，于是同学们给她起了个外号叫二愣。

上了大学后，小婵经常羡慕其他女孩子的好人缘，尤其是很讨男孩子的喜欢，而自己长得这么可爱却没谈过恋爱。作为女孩子，小婵也希望有人喜欢，有人羡慕的"资本"。于是，她开始偷偷地观察别人是怎么练就出让别人喜欢的本事来的。

小婵发现班里有一个名叫李晓的女孩子特别招人喜欢。不仅是人长得可爱，而且说话细声细语，每天笑嘻嘻的，喜欢帮助别人，相处中总是给人很舒服的感觉，老师和同学都很喜欢她，小婵想这也许就是性格的魅力吧。于是，小婵就打定主意跟这个女孩子交往"取经"，四年相处下来，小婵的倔脾气有了很大的改善，在李晓的影响之下，小婵学会了乐于助人，学会了不钻牛角尖，学会了宽容和忍耐，学会了经常以笑容示人。小婵很感激李晓，两人也成了亲密无间的密友，同时，小婵还交到一个情投意合的男朋友。

大学毕业后，走进社会工作，小婵更感觉到拥有一个好性格是多么的重要。小婵的领导是一个非常有亲和力的女人，虽然高居上位，却从来不对下属发脾气或尖酸刻薄地批评下属，总是脸上挂着温暖的笑容。她不仅是出了名的好脾气，工作上也很有能力，多次被评为省、市级劳动模范。小婵就暗暗下定决心把上司作为榜样，向她学习。

后来，这位女领导被调走了，指名提拔小婵接替她的位置。大家都纷纷赞同，说小婵一定会成为第二个"好脾气"的领导，也有的人羡慕小婵的好运。但是只有小婵知道，自己的好运是源于长期磨炼出的好性格。

小婵的好性格不仅给她赢得了友谊，赢得了爱情，赢得了机遇，赢得了事业，赢得了幸福，更赢得了一生的好运！好性格会给我们缔造一个和谐的生活氛围，会给自己和他人带来终身的快乐。当然好性格不是软弱、不是随波逐流，而是一种生活智慧，一门人生学问。

人常说："播下行为的种子，就收获一种习惯；播下习惯的种子，便收获一种性格；播下性格的种子，便收获一种命运。"那就让我们播种下好性格的种子，收获自己的好命运！

# 4. 细心做人，用心做事

> 细心是一个人性格上的优势，这个优势会让你一辈子受益匪浅，也会在无意中成就你的大事业。
>
> ——北大幸福理念

细心做人、用心做事，努力把细节做好，把小事做透，在细节上追求成功，在平凡中见伟大，这是汪中求先生在《细节决定成败》一书中反复强调的道理。读了汪中求先生的《细节决定成败》，你就会发现：很多人苦苦寻求的、成就人生的发展机会，原来就隐藏在细节之中；而很多人没有走向成功，就是在一些微小的细节中毁于一旦。可以说有时候一个细节能决定一个人一生的成败。

老子言："天下难事，必做于易；天下大事，必做于细。"这告诫我们做人一定要细心，做事一定要用心。很多时候，一个不经意的细节，就会反映一个人的层次修养，就会影响一个人甚至一个国家大业的成败。

"世界上最伟大的推销员"乔·吉拉德曾经在雪佛兰车销售商行工作。乔·吉拉德是一个很聪明、也很细心的人。

一次，一位中午妇女从对面的福特汽车销售商行走出来，进了吉拉德的汽车展销室，吉拉德接待了她。妇女说她很想买一辆白色的福特车，但是福特车行的经销商让她过一个小时之后再去，所以先过这儿来瞧一瞧。

"夫人，欢迎您来看我的车。"吉拉德微笑着说，"您是买给自己的吗？"

"是呀，您不知道，今天是我的生日，所以想买一辆车送给自己。"妇女兴奋地说。

"是吗？夫人祝您生日快乐！"吉拉德热情地祝贺道，随后在旁边的助手耳边轻语了几句。接着吉拉德带着妇女开始一边参观汽车一边热情地介绍。

一会儿，助手走了进来递给他一束玫瑰花。吉拉德拿过来后送给了那位妇女，并再次道贺。妇女惊讶地望着他，随即兴奋地大叫起来："噢，谢谢您，我已经好久没有收到过生日礼物了。"说着，妇女已经热泪盈眶了，

"刚才那个福特商行老板看我穿得朴素，以为我买不起昂贵的汽车，就推说把我打发走了。现在想想，我也不是非买福特汽车不可，您看这辆白色的雪佛兰轿车多么漂亮呀，就买它了。"

乔·吉拉德曾连续 12 年荣登世界吉斯尼纪录大全世界销售第一的宝座，至今无人能破。后来，他还成为全球最受欢迎的演讲大师。

乔·吉拉德的成功不仅来源于他的用心做事，更来源于他的细心做人。他懂得挖掘出人性中的美好，发现生活中的细节，才成功地卖出了一辆又一辆汽车。不仅取得事业的成功，更获得了人生的成功和幸福。

人常说："一招不慎，满盘皆输。"不要让自己的一个疏忽，一时敷衍造成差错从而带来巨大的损失和灾难，甚至毁掉自己的整个人生。更可怕的是假如我们在工作上的一时大意，那就不仅是个人受到伤害，整个公司甚至整个国家也会跟着遭殃了。就比如，在航天技术上，一个小操作的失误，一厘米的估算，就会给我们全人类带来无法想象的损失。

有一位哲人曾说过，要想比别人更优秀，只有在每一件小事上比功夫。不要因为是一件小事就掉以轻心，不要因为一个细小的礼节就不去遵守。"泰山不拒细壤，故能成其高，江海不择细流，故能就其深。"因此，一个人若想成功，就要学做一个细心的人，培养自己用心和细心的习惯，认真做好身边的每一件小事。

# 5. 有点主见，走自己的路

人走路要昂着头，我一生都是昂着头的。

——林庚

苏格拉底言："世界上最快乐的事，莫过于为理想而奋斗。"一个有主见的人正是结合自身的条件，制定自己的目标和理想，并且为了目标和理想不断地坚持和奋斗；一个有主见的人给我们展示的风采往往就是：走自己的路，让别人说去吧；一个有主见的人才能勇敢地扼住命运的咽喉，才能所向披靡，赢取自己幸福成功的人生。

一个没主见的人，经常不会自主地思考，而是喜欢听从别人的意见，或者做事情前怕狼后怕虎，这种人很容易被别人的思想左右，很容易失去自我，失去人生的方向。

伊索寓言有一个故事：

父子二人赶驴到集市去，途中听人说："看那两个傻瓜，他们本可以舒舒服服地骑驴，却自己走路。"于是老头让儿子骑驴，自己走路。又遇到一些人说："这儿子不孝，让父亲走路他骑驴。"当老头骑上驴让儿子牵着走时，又遇到人说："这老头身体也不错呀，怎么让儿子在下面累着。"老头子只好让两人一起骑驴，没想到又碰到人，有人说："看看这两个懒骨头，把可怜的驴快压趴下了。"老头子与儿子只好选择抬着驴走的方法了，没想到过桥时，驴一挣扎，坠落河中淹死了。

这则流传了几千年的寓言，告诫我们：没有主见的人，结果会很糟糕。只有有主见的人才能掌控自己的命运，才不至于错失良机或给自己带来损失而后悔终生。

一个有主见的人，就像一尊"自由女神"，有着自己的自由和尊严，会赢得别人的尊重，赢得自己的美誉。

世界上第一名女性打击乐独奏家是一个来自英国名叫伊芙琳·格兰妮的女孩。

伊芙琳·格兰妮出生在苏格兰北部的一个农场，从 8 岁时她就开始学习钢琴，并渐渐地显露出了她在这方面的天赋。随着年龄的增长，这个小女孩也渐渐坚定了自己的音乐理想。但不幸的是，伊芙琳·格兰妮感觉自己的听力在渐渐下降，到医院检查后，医生们断定是由难以康复的神经损伤造成的，并告诉伊芙琳·格兰妮，她的耳朵将在 12 岁时彻底聋掉。

父母和老师开始劝阻伊芙琳·格兰妮，希望她不要再浪费时间。但是，伊芙琳·格兰妮是一个坚强并很有主见的女孩，她不但没有停止对音乐的追求和热爱，而且勇敢地向伦敦著名的皇家音乐学校提出了入学申请。更不可思议的是她的理想是成为打击乐独奏家，虽然当时并没有这么一类音乐家。

这引起了学校老师和学生的强烈反响，因为在他们看来，让一个耳聋的人去学音乐简直是天方夜谭。但是，伊芙琳·格兰妮用演奏征服了所有的人。为了演奏，她学会了用不同的方法"聆听"其他人演奏的音乐。她只穿着长裤演奏，这样她就能通过她的身体和想象感觉到每个音符的振动，她几乎用她所有的感官来感受着她的整个声音世界。

伊芙琳·格兰妮战胜一切困难和挫折，最终真正地成为一名打击乐独奏家。她的音乐传遍了全世界，感染了无数的音乐爱好者。伊芙琳·格兰妮之所以能获得成功，首要的因素就是她是一个有主见的人。

人活在世上，不可能得到每一个人的认可和赞许，也许我们的思想和做法在这类人眼里是符合情理的，是值得赞赏的，但在另外一些人眼里就觉得不可思议，当然也就无法理解和赞同。"鞋子合不合适只有自己知道"，别人的意见只能是个参考。只要坚定了自己的思想，只要觉得自己是对的，那就勇往直前，走自己的路。

# 6. 绽放自信的花朵

在日常生活中，当一个人在某方面，例如权力、财产、知识、相貌等处于弱势状态时，常常也会产生自卑心理。但是，只要你拥有做人的基本自信，你就比较容易克服这类局部的自卑，依然坦荡地站立在世界上。

——周国平

海伦·凯勒曾经说："信心是命运的主宰"；爱默生说："自信是成功的第一秘诀"。可见，自信是人生中不可或缺的成功要素。自信就犹如茫茫人生中的一盏指明灯，没有自信就如同处于一片黑暗之中。自信是成功的前提，是成功最好的垫脚石，拥有了自信，就相当于拥有了成功的一半机会。

一个名叫迈克的画家注意到马路对面经常坐着一个乞丐。这个乞丐身材高大却形容枯槁。一天，迈克透过窗户向外看，突然来了兴致，他开始给这个乞丐画肖像素描，乞丐的眼神是屈服于生活的无奈和灵魂深处透出的绝望。

很快肖像就画好了，迈克盯着看了一会儿，眉头一皱，突然想改动一下。他首先在乞丐混浊的眼里添加了几笔，双眸顿时闪亮起来，透出一股桀骜不驯的倔强；然后拉紧乞丐脸上松弛的肌肉，瞬间给人感觉满脸充满钢铁般的意志和坚韧的精神。

当迈克对自己的作品感到满意时，就从窗户里招呼对面的乞丐到他家来。乞丐上来后，迈克把他引到那幅画的面前。乞丐审视了老半天，并没有认出这是自己。"他是谁呀？"乞丐迷茫地问，迈克笑而不语。"这这……是我吗？"乞丐在重新看了看画后支支吾吾地说，说完后，满脸通红。"的确是你，这就是我眼中的你。"迈克笑着说。"这是我吗？真的是我吗？"乞丐不敢相信地惊叫起来。一阵兴奋后，他冷静下来，挺了挺腰杆，正色道："如果这是您眼中的那个人，那他就是将来的我。"

一幅改过的画无疑唤起了乞丐的自信，让他挺起胸膛做人。其实每个人在这个世界上都是独一无二的，都有着自己独特的个性和魅力。有时只是我们自卑的阴云压住了自信花朵的绽放。有一句话说，没有做不到，只有想不到。只要我们怀着自信去做，就一定会有所收获；只要我们相信自己是最棒的，就已经迈出了成功的第一步。

美国有名的钢铁大王安德鲁·卡内基 12 岁时，从英格兰移居到美国，刚开始他在一家纺织厂当工人。但是安德鲁并没有灰心，而是给自己定下一个很大的目标：做全厂最出色的工人。他的目标果真实现了。后来，安德鲁又辗转成为一名邮递员，他又给自己定下目标：要成为全国最优秀的邮递员，最终他的这一目标也实现了。安德鲁一生不管在什么环境下都会塑造最棒的自己，凭着自己的自信和不服输的性格，安德鲁最终成为美国最有名的钢铁大王。

"路漫漫其修远兮，吾将上下而求索。"在人生的漫漫长路中，在我们"求索"的过程中，必定会有许多的坎坷和困难，会艰辛难耐，但只要我们拥有了自信的火种，就永远会照亮前进的方向，会有勇气去迎接一个又一个的新挑战。

古今中外，无数成功人士用自信点燃了生命的火花，成就了自我，也给后人留下了宝贵的财富。李白相信"天生我材必有用"，从而留下了一首首脍炙人口的诗歌；毛泽东有着"数风流人物，还看今朝"的壮志，才带领中国人民走向新世界；贝多芬凭着自信和坚强扼住了命运的咽喉，奏响了一曲曲生命的交响曲。只要拥有自信，我们便会勇往直前、战无不胜；只要拥有自信，我们便会迎来胜利的旗帜，走出一条灿烂的人生之路。

# 7. 走出悲观的人生旋涡

悲观主义是一条绝路，冥思苦想人生的虚无，想一辈子也还是那么一回事，绝不会有柳暗花明的一天，反而窒息了生命的乐趣。不如把这个虚无放到括号里，集中精力做好人生的正面文章。既然只有一个人生，世人心目中值得向往的东西，无论成功还是幸福，今生得不到，就永无得到的希望了，何不以紧迫的心情和执着的努力，把这一切追到手再说？

——周国平

一位著名的政治家曾经说过："要想征服世界，首先要征服自己的悲观。"要想征服现实、征服命运，首先要征服自己的悲观；要想改变自己，获取幸福、快乐、成功，首先要战胜自己的悲观！

圣诞节到了，一个有心的父亲买回来许多圣诞礼物，他是给两个可爱的儿子准备的。夜里，这位父亲把圣诞礼物分好，并悄悄地挂在了兄弟俩的圣诞树上。

第二天，哥哥与弟弟同时早早地起来了，他们跑到各自的圣诞树下，急切地想知道圣诞老人会送给他们什么礼物。当哥哥来到自己的圣诞树下时，他看到圣诞树上有好多的礼物：有一把很酷的气枪，一辆崭新的自行车，一个鼓鼓的足球。哥哥开始一件一件地把自己的圣诞礼物从树上取下来，但是他显得并不高兴。这时，父亲走过来问："怎么样，这些礼物是不是很喜欢呀？"哥哥摇了摇头，脸上一副忧心忡忡的样子。他指着那辆自行车说道："本来有一辆自己的自行车我很高兴，但是我怕骑着自行车出去，会撞到树上，把我摔伤。"然后他又指着那把气枪说，"我是多么希望自己能有一把像样的枪，但是假如我拿着枪出去玩，说不定会一不小心打碎邻居的玻璃，这样是会挨骂的。"最后他指着足球说，"至于这个足球，我总有一天会把它踢爆的。"

父亲听完了哥哥的话，正准备说话。这时，弟弟跑过来兴奋地对父亲说："老爸，您快过来看看我的礼物，多么神奇呀。"

父亲跟着弟弟跑过去，只见，弟弟的圣诞树上已经"光秃秃"的什么也没有了。只有地上放着一个纸包，被打开一角。弟弟小心翼翼地把纸包完全打开后，呈现在眼前的是一堆马粪，没想到小儿子高兴地大笑起来。父亲问他："你为什么这么高兴呀？"

弟弟回答道："这里是一包马粪，说明在咱们家里肯定有一匹小马驹。"说完，就着急地在屋前屋后开始寻找他的小马驹。

父亲被小儿子的着急样逗乐了，哈哈大笑起来。这时大儿子走过来问道："老爸，您在笑什么？"

父亲说："是你弟弟，让我感到很快乐……"

卡耐基曾言："对于一件事情的看法，人们会因切入的角度不同而产生不同有的想法。一个悲观的人，事事都往坏处想，于是愁眉苦脸、愤世嫉俗，但他这样也不过是亲者痛、仇者快，苦了自己，他的生活一定会大受影响，还会连带地影响他人。"故事中的哥哥和弟弟正是用不同的思维，不同的角度看待事情，才说出不同的话。哥哥无疑是一个悲观的人，他的悲观情绪差点影响了他的父亲，幸亏弟弟的快乐及时感染了父亲。

悲观主义的人，内心永远藏着一颗悲观的种子。只要稍微给它浇点水，就会生根发芽，长成大树，根深蒂固；悲观的人总是把不幸看成是永久性的、普遍性的，如果有一件至关重要的事情发生不幸或失败，那么就会习惯性地把其他事情认定是失败的、不顺的。悲观的人还经常喜欢把悲观放大化，觉得自己是天底下最不幸的人，其实是自己的内心太脆弱，太颓废，太没自信。拜伦曾说，悲观的人虽生犹死，乐观的人永生不老。相信谁都会选择后者，生命短暂，谁不想在活着的时候好好享受生活，过得快乐幸福呢？那就让自己走出悲观的人生旋涡吧！

## 8. 不做"胆小鬼"

不要为了避免危险而变成胆小鬼，一定要做有一定把握的，但有点冒险的事情，这是成就事业的最好的方法！

——俞敏洪

古人言："大胆天下去得，小心寸步难行。"胆大的人行走天下，胆小的人永远蜷缩在角落里，看着别人"大步流星"，羡慕不已。

孙菲菲从小就有点胆小害羞，在学校里是三好学生，在亲戚朋友眼里是乖乖女。长到 18 岁别说大胆的行为就连出格的想法她都没有过，她每天都是走循规蹈矩的家里—学校两点式路线。其实孙菲菲长得很可爱，也有男孩子给她写情书，胆小的她不敢拒绝更不敢拿出来交给老师和家长。于是，她都是偷偷读完，然后偷偷地扔进了垃圾桶。

一直到孙菲菲上了大学，她发现宿舍里的姐妹都是"勇士"，好像就她一个是"胆小鬼"。小 A 独自一个人从遥远的北方来到南方读书，小 B 在爸妈的强迫之下选了自己不喜欢的法学专业，上了大学后她自己开始攻读另外一门专业；小 C 更牛，因为家里的条件不是很好，她就自己打工赚钱交学费。有时候孙菲菲觉得自己除了学习什么都不会，简直是一无是处。于是她决定改变自己胆小的性格，让自己换一种活法。

四年的耳濡目染之下，将要走出社会的孙菲菲拒绝了父母给安排的"铁饭碗"，开始了自己的打拼。她和宿舍里的两个好姐妹打算一起创业，在市里的一个时尚地段开起了一个小咖啡店。咖啡店从装潢、设计、布置都是 DIY（Do It Yourself，自己动手做）。半年下来，孙菲菲的小咖啡店已经经营得像模像样，她也俨然成了一个时尚女郎，浑身散发着独特的气质。

有一次，一个高中同学到咖啡店来玩，知道老板是孙菲菲后，嘴巴张得大大的，一副不敢相信的样子。她不敢相信高中时班里的三好学生，同学嘴里的淑女，老师眼里的乖学生竟然变成了咖啡店老板，她们总以为孙菲菲将来肯定会有一份稳定的工作，嫁一个门当户对的老公，做一个贤妻良母。

这位女同学说起来当时班里的那些女同学，说大多像她一样做了家庭主妇，每天被柴米油盐围绕着，有了孩子更是瞻前顾后，什么事都要考虑清楚才敢做。她是打心眼里觉得孙菲菲这样的女人才活出了自己的精彩。

如今的孙菲菲无疑是一个现代女强人的代表。她的成功事业和自由生活恐怕是很多女性羡慕和想要追求的。试想，如果孙菲菲没有摒弃从小培养成的胆小性格，练就出敢作敢为、独立自强的个性，现在的生活是这样的吗？每个人都想过自己想要的生活，每个人都想有一番作为，都想让自己的人生不虚此行。如果是一个永远躲在黑暗里的"胆小鬼"，别说活出自己的精彩，恐怕还会错过许多获得成功和幸福的良机，只能在心里后悔莫及。那么，如何驱走困扰我们的这个胆小鬼呢？

1. 练就自己的勇气

雨果有一句名言："'拿出胆量来'那一吼声是一切成功之母。"拿出胆量就是拿出勇气。所谓"胆小鬼"缺少的正是勇气。勇气是我们挑战的力量，勇气是迈出成功步伐的动力，没有勇气，就没有希望。有了勇气，我们就会大胆地做出决定，大胆地追求所喜欢的东西，大胆地实现自己的梦想。

2. 培养自信心

"胆小鬼"缺乏的第二个因素就是自信心。胆怯的人一般都是因为不相信自己，对自己没有信心，才畏畏缩缩地不敢做任何事。一个人失败不可怕，最可怕的是失去自信，自信是人生前进的动力，是人生的指明灯，没有了自信，只能在黑暗里原地打转，痛苦不堪。因此，丢失什么也不能丢失自信，记住时刻对自己说："我能行，我是最棒的！"

# 9. 所谓能耐，就是忍耐

希望是坚韧的拐杖，能耐是旅行袋，携带它们，人可以登上永恒之旅。

——北大幸福理念

古人言"小不忍则乱大谋"，可见只有小忍才能大成。孟子言："天将降大任于是人也，必先苦其心志，劳其筋骨，饿其体肤，空乏其身……"凡是能忍得住各种苦难，忍得住各种恶劣境况，忍得住别人一时侮辱的人，必定是一个内心坚强、拥有抱负的人，这样的人总有一天会谋来成功和幸福。

如今装饰界出了一位奇才名叫韦文军。说起韦文军传奇般的发家史，他自己一点也不避讳："其实我是刷马桶出身的。"

韦文军刚毕业出来找工作时被称为"轰不走的应聘者"，脸皮厚如城墙，赶也赶不走。最后有幸留在了公司，条件却是每天刷马桶。作为一个堂堂男子汉，还是一个大学生，恐怕谁都认为这是奇耻大辱，早已经拍屁股走人了。然而韦文军接受了这样的条件，开始了自己的实际行动。厕所的臭气熏天，老板的尖酸刻薄和欺凌侮辱，都没有把韦文军赶走。

后来他终于熬出了头，正式成为公司的一名设计师，为公司创造了许多效益。1999 年，韦文军接到了一笔大单，大大赚了一笔。两年后，韦文军拿着自己攒下的 50 万元，开了一家属于自己的装饰公司，成了一个小老板。他与原先的老板还成了铁哥们，让许多人都羡慕不已。

每当提到那段往事，韦文军从来不抱怨，而是称这是上帝"负面的恩典"，他一直用一颗感恩的心看待自己的艰辛往事。而且他的事迹告诉我们一个成功秘诀，那就是——所谓能耐，就是能够忍耐。

古今中外，所有的成功人士不一定都有非凡的天赋、超人的本领和过人的智慧，但是肯定都拥有一份坚持和忍耐的心。越王勾践如果不能忍耐国破民散的悲痛，忍耐吴王夫差让他当马夫的侮辱，卧薪尝胆，怎么可能在 10 年之后报仇雪恨，一洗前耻，成为一代霸主；韩信如果不能忍耐"胯下之辱"，不能忍辱负重，怎么可能最后成就一番大事业，在中国历史上千古流传；司马迁如果不能忍耐"宫刑之辱"，忍受牢狱之苦，怎么可能写成伟大的历史著作——《史记》，在生与死的面前，他徘徊了多次，最终选择活下来忍受，才让自己成为后人的一段佳话。

人常说"好死不如赖活着"，活着需要勇气，漫漫人生有太多的不如意，太多的悲痛，但是人的生命只有一次，不能轻易结束。这就要求我们要学会忍耐，学会坚强，"留得青山在，不怕没柴烧"，只要活着，只要战胜一切困苦，相信最终"风雨过后就是彩虹"！

英国大名鼎鼎的首相格莱斯顿曾经在炎热的夏天坐在闷热的教堂里考验自己的忍耐力，被传为佳话。

有人觉得不可思议，便问道："您这样考验自己的忍耐程度，那么结果呢？能够忍耐到何种程度？"

首相笑着回答："这是个未知数，总之我对自己很满意，我觉得以这种耐心去面对和解决政治上的种种难题应该不成问题。"

我们大多时候看到的只是成功人士表面的风采和荣耀，却不知道他们背后所忍耐的困苦和艰难。凡是想成就一番大事业的人，忍耐甚至负重都是自身必须具备的基本素质。忍耐到一定程度就是一种能耐，这种能耐助我们破获一个个的难题，最终走向成功。

## 10. 乐观，幸福人生的金钥匙

勇敢地面对任何困境，保持乐观的心态，并且坚持到底。态度决定一切，也决定了最终的结局。

**——俞敏洪**

桌子上放着同样的半杯水，乐观者看到了欣喜地叫道："哇，还有半杯水！"而悲观者见了却说："只剩下半杯水了，这么少。"人生中，同样面对困难和挫折，乐观的人看到的永远是希望。瞿秋白先生曾经说过："如果人是乐观的，一切都有抵抗，一切都能抵抗，一切都会增强抵抗力"。乐观的人，具有强大的能量，可以冲破一切封锁，可以战胜一切苦难，最终迎接胜利的曙光。

25 岁的梅梅在经历了一些事情后，终于懂得了快乐的真谛，现在她是一个十足的乐观派，大家都称她为"开心果"。

但是在两年前，梅梅有过一次痛苦的历程。每件事情都很糟糕，相恋三年的男朋友与她分手了；公司里，梅梅与老板起了冲突，梅梅不堪忍受欺辱辞职了；在一块生活了几十年的父母提出了离婚。突然之间，梅梅觉得自己一无所有，她背起行囊来到了一个海滨城市打算调整一下自己悲伤的情绪。可是老天爷也好像在为梅梅哭泣，一连几天都是阴雨连绵，被困在宾馆里的梅梅心情降到了极点，她感觉自己就像一头被困的小兽，逃不出悲伤的"陷阱"。

这一天，雨终于停了，但是天空还是阴沉沉的。梅梅来到海边，默默地坐在一块礁石上，思索着自己的人生，觉得没有了未来。不知何时，一位老人悄悄地坐在了梅梅的身边，老人看到这位年轻的姑娘满脸的忧愁，就问道："姑娘，一个人坐在这里，有什么心事吗？"

梅梅看着眼前的陌生人，淡淡地摇摇头。"没事，有什么事说出来，心里会好受点。"老人又说道。梅梅再次看了看这位慈祥的老人，想起从小就疼她的爷爷，于是情不自禁地把自己的悲苦诉说出来。

老人听完以后，笑着说："姑娘，你可以问问大海，它会告诉你怎么办。""怎么可能？"梅梅一脸的不相信。"你闭起眼睛，仔细听。"梅梅果真闭起了眼睛，但是除了海浪声，她什么也没听到。

"大海告诉你让你抬头看，就会看到答案。"老人说道。梅梅再次按照老人的说法，抬起头来，这时，她惊奇地发现，乌云已经散开了一些，虽然看不到太阳，但是每朵乌云的边上都金光闪闪，特别美丽。

"西方有一位哲人说过：'每一朵乌云都镶有金边。'乌云遮住了太阳只是一时的，总有一天，阳光会突破厚厚的云层，照射下来。你要懂得困难和悲痛只是一时的，一切都会过去，阳光总在风雨后呀，所以一定要保持乐观的心态呀！"老人喃喃地说着。

梅梅听了老人的话，心想：对，我一定能守得云开见月明，只要我乐观起来，一切都会过去。

罗兰曾说："开朗的性格不仅可以使自己经常保持心情愉快，而且可以感染你周围的人们，使他们也觉得人生充满了和谐与光明。"的确如此，生活中人人都有这样的体验：我们都喜欢跟快乐开心的人在一起相处，别人也更愿意看见笑容满面的我们。谁都想拥有快乐，拥抱光明，那么首先做一个乐观的人，让自己拥有开朗乐观的性格和心态，遇事不悲观、不惊慌。

乐观是心灵的指明灯，是成功的阶梯，是人生的金钥匙，希望我们人人都拥有这把金钥匙，开启幸福快乐的人生。

# 第 3 章

## 成熟：沉淀思想，升华人生

　　成熟不仅是一个人年龄上的渐长，更是心灵和思想上的沉淀。一个人只有心智完全成熟，才能达到人生的升华。

　　一个成熟的人不是拥有多么高的智商，不是获得多么成功的事业，而是拥有一份从容淡定、泰然自若的心态；一种睿智敏锐、思维开阔的智慧；一个坦然大度、乐观向上的人生态度。成熟是在经历绚烂后的宁静，是体会幸福后的一种平和。要想成熟，就必须不断地磨炼自己的意志，锻炼自己的处世能力，学会思考，学会担当。在经历了风风雨雨的洗礼后，我们就会浑身散发出迷人的气质！

# 1. 你的思考是你自己的

思想是人的翅膀，带着人飞向想去的地方。

——俞敏洪

一个人走向成熟是困难的。正如泰戈尔所说："除了通过黑夜的道路，无以到达光明。很无奈的一个事实是，成熟总是和人生的挫折联系在一起的。"人生道路上，会遇到各种各样的挫折和困苦，我们不仅要有一颗强大的心承担它们，更需要想出合理的解决办法战胜它们。

人常说："靠谁也不如靠自己！"虽然别人的帮助会有助于我们，但最终还是要靠自己的努力才能走出光辉的人生！这就要求我们必须学会独立思考，有一位哲人曾说过："独立思考是成熟的象征，也是内心强大的表现。"学会独立思考，才能拥有思想主见和敏捷精密的思维，才能遇事不慌，更好地解决所面临的一个又一个问题，让自己的人生之路走向光明。

曾经听过这样一个故事：

古希腊伟大的哲学家泰勒斯从小就喜欢思考，他一直对科学很感兴趣。有一晚，泰勒斯抬头望天空，虽然满天星斗，但他心想：明天肯定要下雨了。由于想得入神，泰勒斯一不小心掉进了脚下的一个土坑里。邻居看见了赶紧过来把他救起，泰勒斯告诉了邻居明天要下雨的语言，邻居却把它当成一个笑话一传十，十传百。人们都笑哲学家是"只关注天空，不理现实"的空想家。

两千年后，另一个伟大的哲学家黑格尔却说："只有那些永远躺在坑里、从不仰望高空的人，才不会掉进坑里。"只有那些经常仰望天空的人，才会在浩瀚的宇宙面前，体会到自己的渺小，才会在生活中不自以为是，懂得为别人着想，懂得感恩；只有经常地仰望天空才会获得独立思考的能力和追求理想的勇气，才能保持自己的心灵自由，不受世俗名利的束缚，不为人生的不如意之事而烦恼，这样的人是最幸福快乐的。

黑格尔的话不仅为哲学家正名，更带给世人受益匪浅的启示，这是人们应该明白的一个哲理：只有学会思考，人类才会进步；只有学会独立思考，个人才会与众不同，获得属于自己的成就。

　　生活中，我们经常会看到大人教小孩子要自己动脑、学会独立思考才能长大。但是，有些人年龄虽然在增加，思想却未必可以成熟起来，不是因为他们的智力有问题或者单纯，其中很大的原因就是因为他们还没有学会独立思考。独立思考是一种能力，是让我们更好地学会为人处世的一种方式，是我们获得自己想要生活的根本途径。

　　学会独立思考就会明确自己的人生目标和行为准则；学会独立思考，能让我们在生活中保持冷静和沉着，充满自信；学会独立思考，将会给我们的事业带来无穷的机会；学会独立思考，将会给我们的人生带来意想不到的幸福。你的思考是你自己的，你的幸福人生也是你自己的！

　　谁都不想让自己一生过得稀里糊涂，盲目没方向，因为这样的人生根本体会不到幸福的真谛。那么，在生活和工作中怎样培养自己的独立思考能力呢？以下有 8 个小窍门：

　　1. 当有疑问时，就勇敢发问，这也是学会沟通中必要的一条。

　　2. 独立思考不是钻牛角尖，不是偏执，不是一意孤行，要学会借鉴别人的经验，向他人学习。

　　3. 每当做一件事之前，想想为什么要做这件事？做了有什么意义？

　　4. 永远不要人云亦云，随波逐流，这样只会让别人觉得你没有能力。

　　5. 相信自己的感觉，如果预感不好时，就停下来认真思考，不要因一时冲动后悔莫及。

　　6. 从客观出发，保持冷静，客观和冷静永远让自己保持头脑清醒。

　　7. 学会从不同的角度思考问题，即换位思考，这样能让事情更容易解决。

　　8. 学会站在别人的角度思考问题，设身处地为他人着想，这样别人快乐，自己顺心。

## 2. 每天都反省一下自己

教育者的个性、思想信念及其精神生活的财富是一种能激发每个受教育者检点自己、反省自己和控制自己的力量。

——北大幸福理念

苏格拉底认为："未经自省的生命不值得存在。"人常说："不反省不进步。"人生就是一个不断成长、不断成熟的过程。对于古人来说"一日三省吾身"是习以为常的事情，然而如今很多人却很难做到。朱熹言："日省其身，有则改之，无则加勉。"我们若想不断进步，获得成熟幸福的人生，就要学会每天反省一下自己！

凌琳在一个广告公司做销售，但是这几天她打算辞职。她给家里打电话，电话是老爸接的。凌琳刚开始一副委屈的模样，后来越说越气愤："老爸，我们老板就是个冷血动物，从来都没见他笑过。我是一个女孩子，他还经常毫不留情地批评我，给我脸色看……我打算对他拍完桌子，辞职走人。"

老爸听完凌琳的诉苦后，在电话那边大叫着："你们老板确实可恶，我举双手赞成你离开这样的公司、这样的老板。不过我觉得现在还不是离开的好机会。"

凌琳疑惑地问："为什么？"

老爸得意地一笑，说道："我觉得要想报复老板，最好是先让他尝到甜头，然后再甩开他，让他觉得失去你的重要性。也就是说，你先把自己的业务做好，有了自己的客户，能够独当一面。然后再突然带着这些客户离开，老板就会觉得你的离开是多么大的损失呀！"

凌琳听了，觉得老爸说得有理，就开始努力地工作。付出总有回报，半年后，凌琳果真拥有了许多忠实的客户。她又和老爸通电话，老爸说："女儿，我说得没错吧，赶快跳槽，现在是绝好的机会。"

然而凌琳却笑着说："我不跳了，现在老板不仅对我很客气，而且还准备给我升职呢。"

"哈哈哈，"老爸听完大笑起来说，"其实这是我给你想的一个办法，我早料到会这样！"

凌琳这才明白了老爸的良苦用心，她感激地对老爸连说谢谢。老爸却说："不用谢我，这都是你自己的功劳。我自己的女儿我还不知道吗？你虽然聪明伶俐，但就是做事情不认真、不用心。你改变了这些缺点后，业绩就会变好，老板自然会重视你。所以，以后一定要记住，在埋怨别人之前先反省一下自己是最重要的。"

凌琳对电话那边的老爸重重地"嗯"了一声。挂了电话后，她觉得自己得到了重生。凌琳决定以后每天都要反省一下自己！

生活中，我们经常听到很多人抱怨是别人的错，却从来不会主动承认是自己的错。似乎每个人都会"自加"，却不懂得"自减"。"以自我为中心"、"自以为是"似乎是现代人的通病。正如上面事例中的凌琳，当工作没有做好时，总觉得是老板的错，只会埋怨，却不懂得从自身找原因。经过老爸的指点才看到了自己不够努力、不够认真工作的缺点，才学会了自省，从而获得了进步，最终走向成功。

不管是在工作中还是生活中，我们都要学会反省自己。当工作中受到批评时，不要愤怒，不要气馁，而是问问自己是不是真的哪里做得不好或出现了漏洞；在生活中，夫妻吵架后，冷静下来分析，肯定是自己那里不对，俗话说："一个巴掌拍不响"，正是这个道理；当觉得朋友不够关心自己时，想想是不是自己同时也忽略了对方，等等。

自我反省是一种修养，是一种人生境界。孔子说："见贤思齐焉，见不贤而内自省也。"我们不可能改变别人，但是我们可以改变自己；对于别人的过错我们有时无能为力，但是我们自己的人生可以自己掌控。学会每天都反省一下自己，把自省养成一种习惯，播下一种习惯，收获一种命运，收获一种人生。

## 3. 成熟的思想，年轻的心态

看一个人是否成熟，要看他的工作；看一个人是否年轻，要看他的生活。

——北大幸福理念

拥有成熟的思想是迈向美满人生的必经之路，这是我们随着年龄增长必须达到的一个阶段。然而，成熟的思想并不是只允许有成人的想法和行动，并不是古板和老套，一个心灵真正成熟的人具有成熟的思想，年轻的心态。拥有成熟的思想是一种能力；保持年轻的心态，更是一种能力，是获得幸福快乐的一种境界。

美国伟大的总统之一尼克松在 61 岁时辞去总统职务，然而，他并没有让自己好好休息，而是开始如饥似渴地博览群书，开始调整自己的心态投入读书、写作、演说和出国访问等活动中。他先后出版了《尼克松回忆录》、《超越和平》等书；在国际上也因重新树立起一个"新尼克松"而闻名于世，曾有一位作家评价说"他永不停息地建设和重建"。

尼克松让自己保持充沛精力的秘诀就是保持一种年轻的心态，用他自己的话说："每个人都应该保持年轻的心态。有时这很难，可又必须这样做，否则衰老就会征服你、打败你。"对于尼克松来说，年龄只不过是一个数字而已。1991 年 2 月 6 日，里根过 80 岁生日，尼克松打电话祝贺。里根说："80 岁生日是 39 岁生日的第 41 个纪念日。"尼克松听后大赞："说得好，我要永远记住它。"

成熟的应该是思想，而年轻的必须是心态，这是人生永葆青春、快乐幸福的秘诀！试想一个年轻人，老于世故，成天循规蹈矩、不苟言笑、暮气沉沉、不敢表现自己真实的一面，这是一种多么可怕的心理呀。对于一个人，最可怕的不是渐渐衰老，而是心态的未老先衰；然而，也有些老年人，虽然年过半百，但是却鹤发童颜、精神抖擞，这正是因为他们拥有一种年轻的心态。一个人思想的成熟也许需要达到一定的年龄，但心态的年轻却与年龄无关，正如智慧不一定与智商有关，幸福快乐不一定与财富有关一样。

身体健康不是健康的唯一标尺，年龄也不是年轻的唯一象征。曾经有一个哲人说过："忘老则老不到，好乐则乐常来。"我们无法抗拒生命从年轻到衰老的自然规律，但是我们却可以选择忘记自己的年龄，保持心态的年轻，让自己的心永葆青春。正如美国总统克林顿办公桌下的那一段座右铭："青春不是人生的一段时光，而是一种心境。青春不是粉面桃腮，不是朱唇红颜，也不是灵活的关节。而是坚定的意志、丰富的想象、饱满的情绪。"一个具有成熟思想的人会让自己一步步走向成功，而拥有年轻心态的人永远会有一颗孩童般的好奇心、尝试心、平常心和发现的心，让自己的生活过得缤纷五彩。

思想成熟是我们成功人生的"必需品"，而年轻心态则是幸福人生的"一剂妙方"。那么我们如何才能让自己拥有成熟的思想、年轻的心态呢？

1. 活到老，学到老，不断与时俱进。

2. 拥有一颗平和的心。

3. 有一个乐观的心态。

4. 具有敏锐的悟性。

5. 具有感恩的心，宽广的爱心。

6. 保持一份纯真的童心。

# 4. 勇于承认错误并承担责任

知责任，明责任，负责任。

——北大幸福理念

俗话说"人非圣贤，孰能无过"，世界上没有完美无缺的人，没有不会犯错误的人。人生难免会犯错，犯错不幼稚、也不羞耻；不承认错误，不敢为自己的过错承担责任才是最不成熟、最不理智的一种表现，才是不可原谅的错误。只有鼓起勇气，承认错误、放开心胸，承担责任，才能从错误的"死胡同"里走出来，才能打开心扉，让阳光照进来，感受到幸福的滋味。

有一个小男孩，特别顽皮。有一次，他的父亲送给他一把小斧头。小男孩心里欢喜得不得了，为了在小朋友面前炫耀和卖弄一下自己的力气，小男孩到处乱砍乱削，结果花园里的一棵小樱桃树被他砍断了。小樱桃树是小男孩父亲精心栽种的，已经长得很茁壮了，没想到却被冒冒失失的小男孩活活砍死了。当看到小樱桃树被砍倒时，小男孩不仅没害怕，还得意地对小伙伴们炫耀道："看我的武器多棒！"

当父亲发现小樱桃树枝残叶破地被人砍倒在地上，立即开始追查"凶手"。父亲把家里的孩子全部都叫到客厅里，逐一查问，但是谁都不承认。父亲发火了，要惩罚所有的人，连小男孩的母亲都不能阻挡。这时，刚才还在人群里低着头的小男孩，双眼含着泪水，战战兢兢地走到父亲的面前，虽然他害怕得声音已经发抖，但还是极其诚恳地向父亲承认是自己把小樱桃树砍倒的。

父亲气愤地说："那你为什么不早点承认或者完全不承认？"

"爸爸，我必须承认，因为小樱桃树确实是我拿着您送的小斧头砍倒的，我不能再让您伤心了。"小男孩小心地说。

这时，众人看见父亲不但不再生气了，脸上还露出一丝笑容，只见父亲温和地对小男孩说："孩子，你知道吗？爸爸刚才真的很生气，爸爸知道肯定是你们其中的一个犯了错误，一直在等着有人承认。不过幸亏你没让爸爸失望，相反，爸爸很欣慰，你小小年纪能承认自己的错误，并勇于承担，已经难能可贵，爸爸为你骄傲。"

后来小男孩的父亲把他送进了学校，一心培养他，最终这个小男孩成了美国最伟大的首任总统，他不仅改变了美国的历史，还影响了全世界，他就是乔治·华盛顿。

勇于承认错误，敢于承担责任不仅可以获得别人的尊重，还可以赢回自己的尊严。犯错误是人的一种"病"，有时因为性格或一时冲动所致。我们无法阻挡"病情"，但是既然发生了，也不要逃避，"生病"不可怕，可怕的是有"病"不治疗。我们要承认"病情"看清"病根"，这样才能对症下药。如果讳疾忌医或者胡乱下药，那么"小病"也会演变成"大病"，最可怕的是成了"不治之症"，那就后悔莫及了。也就是说，对于那些不敢承认错误，对自己的错误遮遮掩掩不肯承认的人，看似在极力地维护自己的自尊心，但其实已经失去了自己的尊严，尤其是当别人揭穿的时候，更加"颜面扫地"，而且最终还要自食苦果。

"人都会有犯错误的时候，只要能改正，就还是个好同志。"对于错误，聪明的人，自当"闻过则改，有错必纠"；胸襟坦荡的人，更会勇于为自己的错误负起责任。其实犯错也是好事，只要我们懂得正视错误，承认错误，就会从错误中汲取教训和经验，帮助我们成长，而学会承担错误则意味着我们离成熟和成功更近一步了。

# 5. 人一定要靠自己

运气不可能持续一辈子，能帮助你持续一辈子的东西只有你个人的能力。

——俞敏洪

小时候，父母经常会告诉我们："孩子，一定要学会自己做……长大了，是要靠自己的。"的确，总有一天，父母会离我们而去；总有一天我们要长大，独自面对社会，独自学会生存。因此，我们要明白凡事要靠自己。学会自己学习，学会自己处理问题，学会自己克服困难，学会自己找工作。总之，趁早告诉自己，一切要靠自己。

虽然人常说"在家靠父母，出门靠朋友"，但是我们长大了就会离开父母，到社会上去工作；而朋友只能给予一时的帮助，哪怕运气好遇到一个"大贵人"，但最终还是要靠自己的勤奋努力，自己的实力，才能打拼出一片天地。

希腊神话中有一个叫作安泰俄斯的神，是大家公认的英雄，所向无敌。但是每次在与其他神格斗时，安泰俄斯都是身不离地，并且需要源源不断地从大地上汲取能量。原来，大地之神盖娅是他的母亲，安泰俄斯就是靠汲取母亲给予他的能量才能击败对手。

最后，安泰俄斯与一个叫作赫拉克勒斯的对手决斗中，让其发现了他的弱点。于是赫拉克勒斯就把安泰俄斯从地上抓到空中，然后把他掐死了。

安泰俄斯是强大的，但他又是弱势的。因为他的强大不是靠他自己，而是靠汲取母亲的能量，因此，最终成了致命的弱点。依赖别人的人，永远成不了"大气候"。

德国的父母认为，孩子长大了早晚要离开父母。他们认为与其让孩子长大后在社会上惶恐无助，还不如在孩子小时候就开始培养他们，训练他们的本事，锻炼他们的胆量；磕磕碰碰地习惯了，长大自然会有能力应付一切。在德国，对于儿童规定的法律也是比较特殊的，他们除了爱护儿童、保护儿童以外，还规定孩子要帮助父母做一些家务，比如洗碗、扫地和买东西，必须要养成热爱劳动的习惯。另一方面，孩子也有自己的权利，比如父母对孩子施暴或者打骂孩子，没有尽到做父母的义务，孩子可以向法院控告自己的父母。这些都是为了培养孩子独立自强的能力，将来长大了靠自己生活和实现目标。

叶子可以轻快地飞到天空中，但是它只是靠风儿的吹拂，风停便可怜地落到地上，任人践踏；美丽的烟花飘洒到高高的夜空中，发出灿烂的光芒后，便烟消云散，因为它也是借助外部的力量；只有鸟儿的飞翔是永恒的，因为鸟儿是靠自己的力量，努力地拍打着翅膀，虽然很累，但是却可以搏击长空，让多少人羡慕。一个不能靠自己的能力给自己撑起一片蓝天，甚至改变自己命运的人是不幸的，也是可怜的，因为他永远也不能体会到成功那一刻的幸福和自豪，说"这是命"，从来都是失败者的借口。

法国著名的作家小仲马，其父亲是著名的大作家大仲马。那时候，小仲马刚学会写作，几次投稿给编辑，都被退回。但是小仲马没有靠父亲的面子去获得出版社的同情，而是靠自己的努力，最终写出了一本叫《茶花女》的书，后来甚至比父亲都更出名。

俗话说"心有多大，舞台就有多大"，哪怕刚开始舞台由别人提供，巩固舞台和后来的扩大还是全得靠自己。不要怨天尤人，这个社会机会很多，也会有很多和很大的舞台，只是看我们自己是否能够把握好！舞台是要靠我们自己来争取的，舞台的大小也是我们自己决定的。

# 6. 做你喜欢做的事

一个人若能做自己喜欢做的事，并且靠这养活自己，又能和自己喜欢的人在一起，并且使他（她）们也感到快乐，即可称幸福。

——周国平

有人问：人什么时候最幸福？在以下这则小故事中也许会找到答案。

夕阳西下，暖暖的风儿吹拂过脸庞。两位老人在公园里散步，一个是威震四方的市长，一个是腰缠万贯的亿万富翁。市长对富翁抱怨说："最近政务很多，而且有很多棘手的，搅得人心烦意乱，连晚上睡觉都会经常失眠。"亿万富翁回道："我也并不比你快乐，别看我家产上亿，天天吃的是山珍海味，可是我现在越来越觉得日子过得没意思，为了追求金钱，我失去了很多很多，尤其是自由。我好怀念当年一个人坐在海边看潮涨潮落的那份惬意呀。""是呀，我也好后悔当年没有追求自己的理想，跟着自己内心的想法走，你不知道，我其实是想当一名摄影师的，后来听从家里的安排，才走上从政的路……"

正当两位老朋友唉声叹气时，远处传来一阵银铃般的笑声，原来是大哲学家罗尔带着他的小孙女在草地上放风筝，两人看到面前和谐又愉快的画面，不禁异口同声地说："他们真幸福。"

市长和亿万富翁走上前去跟大哲学家打完招呼，羡慕地说："你们爷俩看起来真幸福呀。我们可以请教一下您幸福是如何获得的吗?"大哲学家看了看他们说:"很简单呀,做你喜欢做的事!"说完,他又跟孙女放起了他们的风筝。

两位老人听了,抬起头望着远方山头上的半圈夕阳,陷入了沉思……

故事中得出的答案正如大哲学家所说:人生最幸福的事就是做自己喜欢做的事。做自己喜欢做的事并不是一种任性、一种自私,而是为自己而活的一种方式。一个具有成熟思想的人必定会按着自己的方式而活,做自己喜欢做的事,过自己想要的生活,是一件多么幸福的事!

智者说:"人生好似一个布袋,等扎上口的时候才发现,里面装的都是遗憾,还有许多没来得及做的事。"人生苦短,不要等到我们年老了,不要等到失去力气,才觉得自己错过了好多。

每一个人都有自己的梦想,都有自己的兴趣爱好,每一个人都是思想上的"巨人",而同时很多人也是行动上的"侏儒"。其实很多事情没有想象的那么遥远、那么可怕,只要我们行动了、努力了,就一定会有收获,一定会有回报,哪怕失败了也是成功的一个垫脚石。

而做自己喜欢做的事,往往会成为成功的阶梯和内在动力。有一次记者问爱因斯坦"你的成功是否是因为你的天赋"时,爱因斯坦风趣地说:"有天赋的人很多,而成功与否关键看你对从事的事业的热爱与勤奋。"只有对自己所做的事出于真心喜欢和热爱,才会有激情,才能全身心地投入,才能爆发出更大的创造力,从而更容易把事情做好,最终获得成就,更重要的是在这个过程中我们内心会感到快乐和满足。

幸福本来就很简单。幸福不是我们拥有多少财富,不是我们住在大房子里吃着山珍海味,不是我们拥有多么显赫的名利和成就。换句话说,不管我们是平凡还是伟大,不管我们是达官显贵还是一介草民,只要站在自己的位置上,做着自己喜欢做的事,实现自我的价值,我们就会体悟到其中的乐趣,品味到幸福的真谛。

# 7. 清醒一点，机会不是等来的

生命，需要我们去努力。年轻时，我们要努力锻炼自己的能力，掌握知识、掌握技能、掌握必要的社会经验。机会，需要我们去寻找。让我们鼓起勇气，运用智慧，把握我们生命的每一分钟，创造出一个更加精彩的人生。

——俞敏洪

人的一生会有很多机会，有时是给我们"投怀送抱"，有时是与我们擦肩而过，有时是隐藏在空气中，我们不能看见。总之，机会都是稍纵即逝的，一不留心就会跑掉。正如培根言："机会老人先给你送上它的头发，当你没有抓住再后悔时，却只能摸到它的秃头了。或者说它先给你一个可以抓的瓶颈，你不及时抓住，再看到的却是抓不住的瓶身了。"很多人感叹自己生不逢时，命运多舛；很多人抱怨幸运总是不会降临在自己的身上；岂不知，机会也不是随便就到来的，机会都是垂青于准备充足、勤奋努力的人。因此，让我们清醒一点，机会不是等来的，要想获得成功和幸福，首先必须要自己努力，再努力。

从前，有个人想要让自己变成一个成功幸福的人，于是他天天都去庙里烧香求菩萨。经过几年的坚持，菩萨终于被他的诚心所感动了。于是对他说："鉴于你的诚心，我会赐给你想要的东西，你的余生会有机会获取成功和财富，还会娶一个漂亮的妻子幸福地过一生。"

这个人听罢，就高兴地回家了，开始等待他的这个机会，可是一生都过去了，他仍然是孤身一人，也没有大富大贵起来，他还是一个普通的平凡人。他觉得菩萨欺骗了他，于是在临死的那天晚上，他又跑到庙里，这次他是来责备菩萨的。

他愤怒地质问菩萨："你为什么说话不算话，你不是说我会获得成功和财富，还会娶一个漂亮的妻子吗？但是，你看我现在要死了，却什么都没有得到。"

菩萨说："我已经给你机会了呀，只是你自己没有抓住罢了，让那些可以获得成功和幸福的机会白白溜掉了。"

这个人听了，迷惑道："你这是什么意思？我不明白。"

菩萨又说道："你记得，30 年前，你碰到一次发大财的机会，那是一个良好的商机，可是你当时给自己找了好多借口最终没有行动，其实是你自己心里害怕失败而不敢尝试，是吗？"这个人想了想点点头。"后来，你把这个商机不小心跟一个朋友说漏了嘴，他行动了，并努力地去做了，最后他成了你们那一带有名的富商。"这个人眼里闪过一丝悔意。

"还有，你记得 20 年前，在你们小镇发生了大地震，好多房屋都倒塌了，好多人都被埋进去了。你有幸逃脱了，当你经过一间倒塌的屋子时，听到了一声微弱的救命声，原来倒塌的房子底下压着一个女孩。你明明听到了，但是犹豫着要不要救她，因为你怕钻进去救女孩的时候，房子突然彻底倒塌把你压死，所以你就狠下心来没有救她。最终那个女孩被另外一个男人救了，于是他们结婚了，幸福地生活在了一起。你知道这个男人是谁吗？"

男人摇摇头。"他就是你的另外一个朋友，他的妻子是不是很漂亮呀，他俩也很恩爱呀。其实这个女孩本来是你的老婆，只是你没有救她。"

"现在你明白了为什么你到现在还穷困潦倒，孤身一人了吧。其实给了你很多机会，只是你自己没有好好把握。机会不是等来的，哪怕等来了你没有及时发现和抓住，也会白白地失掉的。"

男人听完了菩萨的话，流着泪倒地而亡了……

生活中我们有多少人像这个人一样苦苦地等待机会来临，却不知道机会其实是永远等不来的。天下没有"天上掉馅饼"的好事会无缘无故地砸在我们的头上。机会需要我们努力争取、努力奋斗才有可能获得，而当获得时更不要犹豫不决，胆小害怕，要牢牢地扼住机会的"咽喉"，这样成功与幸福才会唾手可得。

# 8. 一生做好一件事足矣

在我们的生活中最让人感动的日子总是那些一心一意为了一个目标而努力奋斗的日子，哪怕是为了一个卑微的目标而奋斗也是值得我们骄傲的，因为无数卑微的目标累积起来可能就是一个伟大的成就。金字塔也是由每一块石头累积而成的，每一块石头都是很简单的，而金字塔却是宏伟而永恒的。

——俞敏洪

每一个人的一生都有好多想做的事情，心中有许多目标想要实现。但是我们一定要明确人生的一个大方向，其实人生能做好一件大事已经算"功德圆满"。做任何事情千万不要三心二意，"三天打鱼，两天晒网"，而是要学会锁定一个目标，学会专注，学会坚持不懈，这样才能走上成功之路。

意大利著名的男高音歌唱家帕瓦罗蒂被问及成功的秘诀时，他说："我的父亲是一名面包师，在我小时候他一边做面包，一边教我唱歌，因为其实他的梦想是当一位歌唱家。但那时候我兴趣很广泛，喜欢做很多事情，有很多目标，比如我想做一名教师，想当一名科学家，还有就是歌唱家。虽然我很刻苦地学习唱歌，培养嗓子的功底，但是同时也很努力地去做另外两件事。于是我的父亲就严肃地告诫我，倘若想同时坐两把椅子，注定会在中间掉下去。因此，人生只能选择一把椅子才能坐得稳，坐得舒服。"

"听完父亲的话，我明白了这个道理，于是我选择了唱歌，然后开始专注地练歌。经过 7 年的不懈努力和学习，我终于迎来了第一次的登台演出；后来，又经过 7 年的演练，我得以进入了歌剧院；接下来又经过了 7 年的时间，我终于成了一名歌唱家，唱遍全世界。这就是我成功的秘诀：用心选定一把椅子。"

选定一把椅子就是要定好一个目标，专心致志地做好一件事情。俗话说"三百六十行，行行出状元"，只要我们选定某一行，学好学专学精，有一技之长就可以行走天下；只要我们选择的是自己真正追求的，没有违背自己的内心想法，是发自内心的热爱，就一定可以做好！

NBA夏洛特黄蜂队的一号球员名叫博格斯，他从小就特别喜欢打篮球。每天放学之后，他就跟小朋友在篮场上一起打球，直到天黑才回家。在那时候博格斯就给自己定下了一个伟大的目标：长大后去打NBA。然而当博格斯长大后，他的目标似乎离他越来越遥远。原来，长大后的博格斯只有1.60米的身高。跟普通的男人相比，他的身高都是让人耻笑的，更别说NBA中身材高大的球员们了。然而，博格斯一点也没有却步，他勇敢地朝着自己的目标一步一步走去。不顾别人的嘲笑，不顾自己身高的局限，他继续勤奋打球，他的坚持不懈终于使他成功了。博格斯成了NBA表现最杰出、失误最少的后卫之一，他不仅控球一流，远投神准，甚至在高个队员面前带球上篮也毫无畏惧，虽然他足足比人家矮好几十厘米。每次观众看到博格斯像一只小黄蜂一样满场飞奔的身影，心里都会为之一动。

博格斯一生的心愿就是打好篮球，打进NBA，他选定了自己的目标，就勇往直前，最终他成功了。他的故事告诉人们，要想干成大事业，就必须提前选准一个自己心中最强烈的目标，然后集中精力，心无旁骛地去努力、去奋斗。

因此，我们一定要记住一生只做一件事，一脚一步，踏踏实实地把一件事做好，总有一天我们的"金字塔"会建成！

## 9. 经历也是一笔财富

走上人生的路途吧。前途很远，也很暗。然而不要怕，不怕的人面前才有路。

——北大幸福理念

人们常说："经历越多，明白得越多。"经历让我们不断成长，不断成熟，让我们的生命变得厚重，生活变得丰富多彩。

人生就是一段旅途，纷繁复杂，坎坷曲折。每个人都会经历各种各样的事情，有的是美好的、幸福的、快乐的；有的是失意的、痛苦的、悲伤的。人生不如意事常十之八九，谁都不可能一帆风顺，谁都可能遭受挫折，遇到苦难。然而只有这些才能让我们蜕去幼稚，由不谙世事到懂得人情世故，由冲动好斗变得沉稳冷静，由迷茫无知到步伐坚定。经历是一种财富，不断增加我们生命的"含金量"。

小华生长在环境优越的家庭，从小没有受什么苦。从上学开始成绩一直很优秀，是老师同学眼里的好学生，父母心中的好女儿，再加上家里就这一个独生女，父母都把她捧在手心里。虽然家里不是大富大贵，但物质方面凡是小华要求，父母都会尽量满足。

一直到大学毕业，面临工作的选择，小华的人生才起了波折。小华的父母让她回到所在的县城找个安安稳稳的工作，生活在父母的身边。但是小华觉得自己一直都听父母的话，长这么大也没做过一次主，她知道自己是快乐幸福的，但是总是感觉生命中缺乏了什么，生活平淡得有点不真实。

于是小华就跟父母商量，说她现在已经是成年人了，想追求自己想要的生活，不想回到一个小县城，找个人嫁了，这样平庸地过一生，父母答应了小华的要求。小华最想去的地方就是首都北京，她想过那种大城市的生活，也只有在大城市才能实现自己的梦想。

小华学习的是广告专业，很多国际广告公司都在大城市。在毕业前夕，学校规定有三个月的实习期，其实就是给学生一个机会可以锻炼甚至提前找好工作，到真正毕业走入社会时，不至于太惶恐和迷茫。

小华提前在网络上投好简历，然后拉了一个大箱子只身一人来到北京。租了一个几平方米的小房子，放下笔记本电脑就开始找工作。小华刚到北京第二天，就有公司打来电话让她去面试，是以实习生的身份。经过10天的奔波和选择，小华终于选定了一个广告公司开始实习历程，虽然工资只够生活费，但是小华还是窃喜自己有了一个良好的开端。

实习期间，小华从最底层做起，包括端茶倒水、扫地这些她在家里从来不干的家务事，小华都认真做着，她不放过任何一个学习的机会，努力积累经验。三个月下来，公司认为小华的表现很优异，而且是做创意广告的料，于是果断地就把她留下来了。

毕业后，小华就正式走上了工作岗位，在国际广告公司工作，拿着不菲的工资，这让很多同学都羡慕不已。但是小华知道，只有亲身经历了才知道工作来之不易，才明白自己以前从来没有想过的事可以做得更好，才懂得人生需要一些磨炼才能真正美好起来。

俗话说："不经历风雨，怎能见彩虹。"谁都希望人生路上拥有鲜花和美景，但是人生是不完美的，有美必有丑，有快乐就会有痛苦。鲜花下面也有可能是陷阱，荆棘丛生。因此，我们要时刻做好应付的准备，学会谨慎地思考，才能睿智地跨越过去。而我们这些的智慧都是来源于生活中的经历和磨炼，经历让我们更加聪慧，磨炼让我们更加坚强。一个人从幼稚、弱小到成熟、坚强，需要经历很多很多，所以庆幸自己的经历吧，经历越多，体会到的幸福、带来成功的机会更多。

# 10. 加法是一种成长，减法是一种成熟

人年轻时都是在用加法生活，但是到一定层次时，要学会用减法生活。你的心灵如果被所得堆满，最后就会累于得。

——于丹

很多人到了一定的时期或者生命脆弱的时刻，才明白有好多事情还没来得及做。总是在假设如果能回到过去，假如能再给我一次生命，要如何如何，要做什么什么。可惜生命是一次单程不归的旅途，没有回头的机会。因此，在我们有限的生命里，要把握好自己的人生和命运。有人说"加法是一种成长，减法是一种成熟"，那让我们给人生该"加"时加，该"减"时减。

那么，什么是"加法"，什么是"减法"呢？

我们的人生都是从"零"开始的，随着年纪的增长，不断学习，人生

就是一个不断追求的过程。生活中我们总想拥有很多，正如有人说生活就像个"大容器"，很多人都想把各种各样的东西放到这个大容器里让生活变得丰富多彩，比如所追求的学业、爱情、事业、价值、富贵、成功……"加法"，让我们不断成长，不断"富裕"，让我们通往幸福之路。然而有的人会颠倒次序，会选择错误，会一时糊涂，从而让自己的人生道路变得波折，成长之路变得坎坷。

有这样一个故事：

一位教授给学生们上课，他拿出来一个罐子，一块鹅卵石，一些沙子，一些碎石，一瓶水。然后先把鹅卵石放进罐子，学生们都以为满了。但是教授又放进去一些碎石子，他问学生满了没？学生答满了，没想到教授又拿出一些沙子放进罐子。学生们觉得罐子已经满得要流出来了，谁知教授又把那一瓶水全部倒进了罐子里。

最后教授问学生明白道理了没？一个学生答："也许我们以为时间被排得很满，但是其实挤挤，还可以做很多事情。"

教授微微点头说答得好，但是他又说："不过，大家一定要记住如果不先把鹅卵石放进去，那就永远也没机会把它放进去了。"

故事说明了一个道理，每个人的时间都是挤出来的，每个人的生命潜力都是不断挖掘出来的。只要我们合理安排，明白人生之路开始时，首先应该选择什么，给自己定一个什么样的目标，然后不断去努力、奋斗。古人言"少壮不努力，老大徒伤悲"，这正是告诫我们不要在年轻的时候忘了放进自己生命中的"大鹅卵石"，而去追求一些细碎的东西，追求享乐玩耍，从而荒度了自己的人生，浪费自己的生命，到了老年后悔不已。

当然，在选择重要的东西给自己的人生做"加法"时，也一定不要忘了适时地做做"减法"。人生追求太多、欲望太大，难免会背负太多，让自己活得很累，忘记幸福是什么。

一个富商去见一个智者，他对智者说，他虽然拥有很多，财富、名利、别墅、轿车，但是他觉得自己生活得并不幸福，妻子因为他忙没时间陪她，跟别人跑了，做生意也有很大的风险，时常提心吊胆……智者听完富商的诉苦，让他背起一个空竹篓，然后往竹篓里放了一块大石头，走了一会又放进了一块大石头，不断地走，不断地增加……最后富商说他实在背不动了，累得趴在地上。

智者笑着说，这就是为什么你拥有很多却感觉自己不幸福的原因了。因为你给你的"竹篓"里放太多"石头"了。富商听了，终于明白了。

人生的加法，给我们加入智慧的光芒、人生的价值、生命的含金量，让我们不虚此生；人生的减法，给我们减去欲望的诱惑、丑陋的人性、心灵的负担，从而让人生旅途更加轻松。

因此，加法是一种成长，减法是一种成熟。不断加，不断减，才让我们的人生和谐幸福。

# 第 4 章

## 平安：学会生存，平安是福

月有阴晴圆缺，人有旦夕祸福。谁也无法保证在自己的人生之路上能一直平坦、欢笑到底。人生道路上充满了各种灾害，有些是自然的，有些则是人为的。对于有的自然灾害，我们无法避免；而人为的灾害，我们则可以学会处理和消除。这就需要我们增强生存的本领和能力，在复杂的社会中学会人与人之间的相处之道，学会练就自己成熟的思想和正确的人生观念！

俗话说："平安是福"。人只有活着，只有健健康康，才能享受生活中的一切。如果连生命都没有了，何谈幸福、快乐呢？民间有一句谚语："生命只有一次，平安伴君一生。"人这一生，不管成功失败、不管贫富、不管美丑、不管拥有还是失去，只要平安就是最大的幸福！

# 1. 平安是福

虽然人们对幸福的理解各种各样，但平安是福是最普遍让人接受的一种理念，不管多少钱，也不管多大的官，没有安全就没有一切。

——北大幸福理念

一千个人眼中有一千个哈姆雷特，一千个人心里有一千种幸福。幸福是大家时下最关心的话题，是人们一生都在追求的东西。其实人能活着就是一种最大的幸福，健康就是幸福，然而健康的身体和幸福的生活需要平安来守护。

现代社会，人们物质条件越来越富裕，其中发展最快的一项就是交通工具。从马车到自行车到汽车，现今社会进入了汽车时代，汽车越来越普遍。汽车的运用虽然大大方便了人们的出行，但是也带来了许多令人震惊和悲痛的安全事故。如今不管是亲友送别还是平日里上下班，家人最常说的一句话就是：安全第一。

很多人明白这个道理，但是却经常忘记家人的嘱咐，一开车就得意忘形，一上路就气焰嚣张：抽烟、喝酒、打电话、犯困、聊天、赛车……要知道很多交通事故就是车主在做这些不以为然的小动作时发生的。自然灾害比如冰雪、下雨、大雾等我们无法避免，但是我们可以加强自我的防范意识：路滑车可以开慢点，雾大精神就要专注，下雨天汽车拥堵，互相谦让一下，这样就必定能减少甚至避免事故的发生。

2008 年汶川大地震造成许多人员伤亡，无数的家庭生离死别、流离失所。面对天灾人祸，我们悲痛不已。也只有在这样的时刻，很多人才体会到生命的脆弱和珍贵。当灾难降临时，只有生命才是最珍贵的，所谓"平安就是福"正是这个道理。这样的自然灾害我们是不可避免的，活着的人除了悲痛就是尽自己最大的能力帮助灾区人民，默默为他们祈福。然而同样也是在 2008 年，四川南江县境内发生了一场特大交通事故。车上所载的

51人全部遇难，无人生还。

据数据显示，2011年中国发生道路交通事故超过21万起，造成6万多人死亡，直接经济损失超过10亿元。道路交通伤害已经取代自杀，成为"伤害死亡"的首要原因。

公安部交管局的统计显示，近年来，80％以上道路交通事故因交通违法导致，其中超过两成的违法行为是闯红灯、不按车道通行、违反禁令标志等"小节"。

公安部数字显示，2012年1月至10月，全国因违反道路标志标线肇事导致涉及人员伤亡的道路交通事故87852起，造成26154人死亡，其中因行人违规导致的肇事造成262人死亡。

尤其是这两年来，世界各地校车事故频繁发生。面对幼小生命的消逝，我们除了悲叹就是愤恨。他们的人生还没开始，就结束了，这应该由谁负责呢？没了孩子的父母又要经过多少年才能对丧子之痛释怀呢？

2012年12月2日是我国首个"全国交通安全日"，主题为"遵守交通信号，安全文明出行"。其实，不管是在生活中、工作中还是在开车时，我们都要学会遵章守纪，认真对待规则；认识到生命的珍贵，多一分专心，少些安全隐患；让平安的种子时刻在心底成长，保护自己及他人免遭灾难。只有拥有平安，才会拥有幸福，家人才会有欢笑；拥有平安，让健康和快乐常伴我们左右。

## 2. 切莫拿鸡蛋碰石头

每个人的力量都是有限的，倘若我们输给别人，这一点也不丢人；但是我们没有自知之明，硬是自不量力，那就是大笑话了。

——北大幸福理念

中国有这样一句歇后语："鸡蛋碰石头——自不量力。"这就是告诉我们：人生来有弱者、强者。面对比我们强的人，我们尽量不要正面起冲突，要学会"忍"，俗话说："忍一时风平浪静，退一步海阔天空"；其次要明白"量力而行"才是最正确的抉择，切莫拿鸡蛋碰石头，不然最终吃亏的是自己。明白"莫拿鸡蛋碰石头"的处世哲理，练就成一身"忍"的功夫能让我们在复杂的社会中不至于磕碰得头破血流，而是有一席立身之地，平平安安度日，幸幸福福生活。

春秋战国时期，有一个大国名叫郑国，有一个小国名叫息国。两国一向和睦相处，可是有一年，息国为了一件小事就跟郑国翻脸了，息国国王还准备讨伐郑国。但是很多大臣都劝说国王不要轻举妄动，息国国小兵弱，怎么能打得过国盛民强的郑国呢？还有的大臣私底下说这不是拿鸡蛋碰石头吗？可是无论是谁劝说，国王都听不进去，还是要和郑国打仗，郑国就出来迎战，结果把息国打得丢盔弃甲，落荒而逃，最终郑国国王毫不留情地下令把息国灭亡了。

息国自不量力，不懂得在强国面前忍一忍，一时的冲动就让自己国破家亡。

国外同样还有这样一个故事：

有一名登山运动员，去攀爬珠穆朗玛峰，当他爬到6400米的高度时，感到自己的体力不支。于是，他停下来，跟队员们打了声招呼就下山了。很多人觉得太可惜了，马上都要爬到山顶了，这样下山不是前功尽弃吗？然而那名运动员却说："我知道自己登山生涯的最高点就是6400的海拔，我不会因自不量力而葬送自己的生命。"

这位运动员无疑是明智的，倘若他跨过6400米的高度，说不定就是跨过自己的生死线了，失掉了健康、平安、幸福，哪怕得到"登山英雄"的称号还有意义吗？

然而，生活中有些人总是自不量力，不懂得忍一忍，给自己带来了横祸，受到伤害。

一直以来流传着一个"不自量力"的故事：

一只乌鸦看见一只老鹰从山顶上冲下来轻而易举地就把一只小羊抓走了。乌鸦羡慕不已，于是决定学习老鹰，希望自己也能拥有这样的本领。

乌鸦开始模仿老鹰的俯冲姿势，每天拼命地练习。终于有一天，乌鸦觉得自己练习得很棒了，就准备露一手。它站在高高的树枝上，哇哇哇地冲向一只山羊，扑在山羊的身上，想把它抓走。可想而知，乌鸦身子那么轻，怎么可能抓住一只大山羊。而且，乌鸦的爪子被羊毛缠住了，怎么拍打翅膀都飞不起来，让牧羊人逮了个正着。

乌鸦的自不量力不仅没有抓到山羊，还断送了自己的生命。对于我们人类，也是同样的道理。不管是在生活中还是工作中，一定要学会不去勉强做自己力不能及的事情，不去做"傻事"，而是要学会量力而行，凡事学会适时地低头，忍一忍都会过去。以软碰硬只会让我们一败涂地，恐怕再也没有翻身的机会。

## 3. 争辩是一场没有胜利的战争

学者们常说："真理愈辩愈明。"我也曾长期虔诚地相信这一句话。但是，最近我忽然大彻大悟，觉得事情正好相反，真理是愈辩愈糊涂。

——季羡林

美国伟大的科学家富兰克林曾经说过："如果你一味地去争强，去争辩，即使你占了上风，这种胜利也是得不偿失的，因为你永远无法取得对方的认可。"这就告诉我们不管是生活中还是工作中，一定不要去争辩，尤其是做一些无谓的争辩。无论你是对的，理由有多充足，还是受了多大委屈，不要去争辩，即使你的据理力争让自己获得了胜利，也是空洞无意义的胜利，没有任何价值可言。

争辩不仅使事情越来越复杂，而且还会伤及人与人之间的和气；不仅不会解决问题、消除误会，还会激化矛盾，成为一场无硝烟的战争；况且争辩常常弄得面红耳赤、青筋暴露使我们的情绪暴涨，对身体没有好处，样子也是难看至极。

林肯在任美国总统时，有一位军官个性特别强，做事冲动，尤其是喜欢和别人争辩，他经常与其他军官发生激烈的争执，最终闹得不欢而散。

林肯得知后，就苦口婆心地劝导这位军官，他是这样说的："一个做大事的人，不能把自己的时间和精力浪费在斤斤计较的小事情上，或者为了一些鸡毛蒜皮的小事而进行无谓的争辩。这样不但损害你的性情，还有可能使你失去控制力，做出更加不可理喻的事情来。这就好比你遇到一条狗，千万不要跟它抢道，而是让它先走。不然被狗咬伤了，难道你还返回去咬它吗？你想着把它打死算了，你打死它了，也不能治愈你的伤口呀。"

在生活和工作中，我们难免会与他人因为一些事情发生冲突和产生矛盾。明智的人会选择"闭嘴"，适时地忍一忍，而不是扯开嗓子与对方做无谓的争辩。争辩不仅浪费口舌、浪费精力，还会让双方的争辩更加激烈，最终只能使双方关系恶化，对方说不定因此会记恨，以至于将来"复仇"，而激烈的场面也会给周围的人留下不好的印象，从而疏远我们。

孙虎原先在公司里有良好的人缘，和同事间相处得很好。一次，孙虎负责公司的一笔大生意，去和客户洽谈。其间，客户提出的条件有点刁蛮，再加上孙虎的情绪在那几天本来就有点不稳定（后来据同事说是由于孙虎跟女朋友闹分手了），就这样孙虎跟客户据理力争，反驳客户提出的条件。对方也是个年轻小伙子，说话也不客气，两人就开始争吵起来，最后越吵越凶，差点大打出手。

可想而知，孙虎没有能够拿到那个单子，给公司造成了一定的损失。公司经理找孙虎谈话，说要扣罚他的工资，结果孙虎不服气，又跟经理争辩起来，经理扬言说要开除孙虎，幸亏老板最终出面，事情才平息下来。

事后，孙虎虽然在公司里留了下来，但是同事们都跟他保持距离，纷纷远离他，这让孙虎心里很是苦恼。

外国有一家保险公司，给公司职员定下一条规则：永远不要争辩。争辩只会让大脑更加混乱，失去理智，何谈做出正确的判断呢？争辩只会让人越糊涂，争辩只会让事情越糟糕，争辩永远是一场没有胜利的战争。因此，让我们学会不争辩，该"闭嘴"时就闭嘴。

# 4. 低调做人，沉稳做事

做人如水，做事如山。

——俞敏洪

俗话说，低调做人，高调做事。低调做人会让我们一次比一次沉稳；高调做事会让我们一次比一次优秀。低调做人是无论在生活中还是工作中一种进可攻、退可守，看似平淡、实则高深的处世谋略，低调做人会让我们受益一生。高调做事是指我们在立志或者做事时一定要志向高远，充满自信，当然千万不要忘了一点，在这些基础上一定要学会沉稳做事，学会踏实、勤奋努力地走好每一步，这样我们才能离目标和成功越来越近。

生活中，对于取得辉煌荣耀的人士，我们心中都怀有赞扬和羡慕之情；但是如果胜利的人士因为自己的成就和别人的抬高，就盛气凌人，恐怕谁也不会喜欢和拥戴，唯恐避之而不及。

有一个青年年纪轻轻就做出了一点成绩，因此，他很骄傲。不久，他发现周围的同事都渐渐地疏远了他，连他的女朋友也觉得他太目中无人，劝说他"枪打出头鸟"，要小心行事。但是青年不但不听，还讥讽他女朋友，"头发长，见识短"，什么都不懂。女朋友心中气愤就跟他吵起来，青年一伸手，甩了女朋友一个耳光。女朋友哭着说要分手，然后跑掉了。

青年知道自己是一时冲动，其实他是爱这个女孩的，不想让女孩离开。青年心中很烦闷就驱车到海边，乘船出海散心。这时，他遇见一个打鱼为生的老人。他看到老人一副悠闲自在的模样，似乎没有烦恼，就问道："老人家，你一天能打多少鱼呀？能卖多少钱呀？"

老人听了笑着说："年轻人，其实我打鱼不卖的，只是自家吃呢。每天打多少对我来说不重要，只要不是空手而归，有几条能填饱肚子就行了。"

青年说道："为什么不多打点呀，打了可以卖钱，这样您就有很多钱，不愁吃喝、高高在上。"

老人答："高高在上，只会让所有人远离你，你将交不到任何朋友。"

"为什么？"青年意识到这是自己现在所遇的问题了。

"就像这大海，它之所以能够包罗万象，滋养很多生灵，正是因为它处在很低的位置中，并且敞开心胸。"青年听了老人的话心中豁然开朗。

一位哲人说过："如果你想多一些朋友，就表现得比别人笨一些；如果你想多一些敌人，你就尽可能地表现得比别人聪明。"这正是要求我们要学会低调做人，沉稳做事，这样才会让自己的成功之路走得更为顺畅。

从前，在一个水池里，住着一只老乌龟。因为一只大雁经常来这里喝水，所以跟老乌龟成了朋友。有一年干旱，池水都干涸了，老乌龟只好打算搬家。

老乌龟想着可以跟大雁去水多的南方生存，但是它不会飞，就向大雁求助。大雁爽快地答应了。于是，大雁又邀请了另外一个伙伴，分别衔住一根树枝的两头，让乌龟咬在中间，并且吩咐乌龟不要开口说话，就起程了。它们飞过巍峨的高山，飞过茂密的森林，飞过蔚蓝的大海，飞过翠绿的田野，飞到一汪水池时，在水里戏耍的青蛙看见了，羡慕地赞叹道："哇，乌龟飞得真高呀，谁这么聪明，想出了这个办法？"

乌龟听到后心中得意扬扬的，它想告诉这群没见过世面的青蛙："是我……"结果，乌龟一张嘴，就从半空中掉落下来，摔死了。

在这个社会上生存，一定要有一种低调的心态，做人不能太张扬，一定要明白"骄兵必败"的道理；要时时刻刻记住，放低姿态，谦虚做人。俗话说："天外有天，人外有人。"谁都不可能是永远的胜利者，谁都不可能是十全十美的，我们在某一领域的强盛和优势，并不代表是全方位的第一；再说倘若因为骄傲不再学习进步，总有一天会被后来者打败。

# 5. 学会控制自己的冲动情绪

强者让行为控制情绪，弱者让情绪控制行为。

——翟鸿燊

生活中，我们经常会看到有些人与别人为一点小事争吵，甚至大打出手；更有些人因为一时的冲动犯下了弥天大罪，可谓不仅害了别人，也害了自己。这正是因为他们不能及时地控制自己的情绪，才让情绪爆发出巨大的毁灭性能量。拿破仑说："一个能控制好情绪的人，比一个能拿得下一座城池的人更强大。"可见，管理自我的情绪有多难，也有多重要。

曾经在电视上看到这样一则报道，一个卖菜的中年男人因为一棵大白菜与顾客吵起来，最后一怒之下拿起手中的秤锤把顾客活活打死。据报道，这个卖菜的男人平时人很老实，对顾客态度也很好，从来不惹是生非。但是这一次却因为一时的冲动，犯下了让自己终生后悔的罪。这位卖菜的男人家里本来就不富裕，老婆孩子一直都依靠着他生活，假如失去他，日子真的不知道该怎么过。当记者采访时，卖菜的男人痛哭流涕地说道："我就是为了给自己出一口气，可是现在我却要为自己的冲动付出代价。"最后，该县检察院以涉嫌故意杀人罪依法批准逮捕了卖菜的男人。

该报道被发到网络上后，许多人唏嘘一片，纷纷称他为"冲动哥"，有的人甚至留言道：以后做事千万不要冲动，冲动会使人糊涂，看看"冲动哥"的代价，我们应该接受教训。

这个卖菜的男人其实本性不坏，但是因为自己的一时冲动，付出了很大的代价，还留下了苦命的妻儿。

在美国有一个男人嗜车如命。有一次，他新买了一辆漂亮的小轿车。为了保持车子的崭新和美观，他不仅每天都洗车而且经常给车子做全套的保养。

一天，他 4 岁的小女儿在院子里玩耍，不知不觉地就拿着一块石头在车子上学习写字画画，并且划出了长长的道痕。他的父亲回来之后，看到心爱的车子被划得面目全非，一气之下就拿出一根铁丝把小女孩的双手绑起来，吊在车库里。接着这位父亲在烦恼之下就开着车去兜风……

等他回来后，才想起女儿还在车库，而那已是 4 个小时以后了。最后女儿双手已经被铁丝勒得血液不通了，送到医院，医生说只能截肢了。

半年后，他把车子送进修理厂重新进行烤漆，车子又变成全新的了。这时，小女儿看到了赞叹道："爸爸，你的车子好漂亮啊，简直跟新的一样。"接着，小女孩伸出截掉双手的胳膊，用天真无邪的目光看着自己的父亲说道，"可是您什么时候把我的双手还给我呢？"

男人听了后，满眼泪水，他拿起手枪自杀了……

故事不仅让人震惊，更让人伤感。这样的结局不得不说都是这位父亲造成的，他不能很好地控制自己的情绪，愤怒冲昏了他的头脑，因而做出了让自己后悔终生的事情，害了女儿也害了自己。

人在愤怒的时候，智商就等于零，因此才会做出一些根本不在理性范围之内的事，在愤怒之时做出的决定和行为十之八九都是错误的，往往让我们后悔莫及。

要想良好地控制我们的冲动情绪，就要学会在发怒之前考虑后果。有一位哲人说："生气就是拿别人的错误惩罚自己。"做聪明的自己，一定不要拿别人的错误惩罚自己，认识到"冲动是魔鬼"，坏脾气会给自己带来无尽的后患，最终说不定要自食所酿成的"恶果"。

# 6. 给别人留条活路，给自己留条后路

人活在世上，不要只想着自己，要多想想别人。做事也不要太绝。要知道，你扇别人一个耳光，别人一定会回你两个耳光。

——北大幸福理念

《菜根谭》中有一句话："径路窄处，留一步给人行；滋味浓时，减三分让人尝。"意思是说，在经过狭窄的道路时，要首先留一步让别人可以走得过去；在享受美妙的滋味时，也要记得给别人分一些品尝一下。俗话说"赠人玫瑰，手有余香"，给别人方便，自己心底也会泛起一丝温暖；给别人留条活路，给自己留条后路。

在生活中，不管遇到什么事，我们都要学会"三思而后行"，不要因为一时冲动做出的决定，犯下弥天大错，不仅损害到别人的利益，还给自己也带来了祸害。尤其是那些时刻想着自己利益的人，更要懂得站在别人的角度考虑问题，为别人的利益着想，不要只为了自己斩断别人的活路，也断了自己的后路。

三国时期，赤壁之战，孙、刘联盟以少胜多打败曹军。之后，曹操只能在张辽、李典等大将的保护之下败走南郡。在华容道上，曹操突然大笑，大家觉得奇怪，吃了败仗还笑，于是问道："丞相何故大笑呢？"曹操答："大家都说周瑜、诸葛亮足智多谋，由此看来，也未必。你们看这里地势，如果在这里埋伏一支军队，我们就都要被活捉了。"曹操话音刚落，只听到一声大叫，跳出一个红脸长须的大将。曹操定睛一看，原来是刘备的结义兄弟关羽，拿着大刀挡在了面前，曹操顿时吓得没了主意。这时，曹操的谋士程昱偷偷对曹操说："平日里听闻关羽是傲上而不忍下，欺强而不凌辱，而且还是个恩怨分明的人，以'天下第一义士'著称。想当年，丞相对关羽不薄，如果把这些说出来，想必关羽会放我们一马。"曹操听了心中大喜，觉得可行。于是他纵马上前，对关羽提起当年对他的恩情，关羽听了后为之动容，于是就放了曹操等人一马。

原来，当年徐州之战后，刘备等三兄弟失散，关羽及刘备的夫人被曹操抓获。曹操是个爱惜人才的人，希望关羽能加入曹营，但关羽是个重义气之人，他与曹操约法三章，曹操也不勉强。其间，曹操对关羽十分关照，不仅赏赐他赤兔马和锦袍，还送了保护胡须的"包裹"，对刘备的两个夫人也照顾有加，后来关羽知道了刘备的下落，在过五关斩六将时，曹操下过令不要伤害他。这些都是曹操给关羽留的活路，关羽为了还曹操这个人情，不得不放他走。

由以上故事可知，凡事都给别人留条活路，这不仅关乎道德，还可能涉及生死。自古至今，凡是想成就大事的人都懂得与人方便，做事情给别人留一条后路，表面上也许暂时自己吃亏了，但福气却留在了后面。因为饶恕了别人的过错，别人就会心存感激，在某一天总会同样饶恕我们；本来是自己应得的东西，分给他人一份，他人就会懂得感恩，在某一时刻"涌泉相报"，这不是最大的福气吗？懂得给别人留后路的人不仅避免了一些是非争吵，大家和睦相处，实际上也是在给自己的成功之路铺一块垫脚石。

生活中有太多不可预料的事情，不要因为有些人一时的败落，就轻看甚至欺凌他们，"风水轮流转"，等到有一天他们东山再起了，这时遭殃的就会是我们。俗话都说"给人以活路，给己一退路"，做人做事都应该为人为己留下后路，把目光放得长远一些。

# 7. 多个敌人多堵墙

聪明的人能及时化解误会和仇恨；而愚蠢的人才会对别人的讨好一等再等或者根本就不屑一顾。最后，朋友也会变成敌人的。

——北大幸福理念

有一句话说："多个朋友多条路，多个敌人多堵墙。"人生道路上，我们会碰到形形色色的人，有的可以成为志同道合的朋友，有的却是一见面就吵架的"冤家"。俗话说"冤家宜解不宜结"，意思是说，如果两个人已经有了仇怨，应该把这个仇怨的"死结"打开，平心静气讲和，和睦相处，而不是继续怄气，那样只会"仇上加仇"，关系越来越恶化，这样对谁都没有好处。人常说："朋友多了路好走。"因此，我们一定要记住不要轻易与人结怨，让自己的人生之路平坦顺畅一点。

三国猛将吕布曾经是丁原手下的一名大将，因为受到董卓的收买，于是他便杀了旧主丁原跟随了董卓。后来又因为王允使的美人计，又将董卓杀死，投靠了王允。世人虽然知道吕布勇猛无比，但是从此都把他视为阴险毒辣、无情无义的卑鄙小人。

吕布与曹操在兖州打仗时，彻底输给了曹操，在走投无路之下，他便去投靠远在徐州的刘备。刘备想到吕布可称得上一员猛将，就毫不犹豫地收留了他。然而，没想到的是，吕布不仅不懂得感恩，还趁着刘备三兄弟打袁术的时候，占领了刘备的"老窝"。刘备无法，只好屈居于小沛。但从此以后，刘备就对吕布恨之入骨，后悔自己当时"引狼入室"。

吕布占领了徐州之后，兵力逐渐增强，于是他想在淮泗间东山再起。但是淮泗间同时有另外一股强势力就是袁术，吕布的举动引起了袁术的不满，二人产生了矛盾。但最终袁术妥协，说只要吕布把自己的女儿嫁给他，两家就可以成为一家人，共同发展，吕布想都没想便答应了。但是吕布是个反复无常的人，后来，他又听信了陈珪的言论，在女儿出嫁的半路上，反悔了亲事，还把袁术派来的媒人和迎亲队伍全部杀掉。从此，袁术便与吕布势不两立，结为仇人。

建安三年，曹操开始攻打吕布，在白门楼战败了吕布。吕布眼看着自己要被活捉，就向袁术求助，袁术派来了一千兵马救援，却不堪一击，战败之后再也没有调派兵马来了。最终，吕布被曹操活捉了，吕布向曹操表示愿意投降，让曹操为他松绑。但是曹操笑着说："你是一只老虎，不得不绑紧。"吕布又说："你如果放了我，我一定会效犬马之力，替你率兵打仗，助你完成统一大业。"曹操素来听闻吕布勇猛再加上他是个爱才之人，也有用他之心，但曹操也是个疑心特别重的人，还是不敢相信吕布。

吕布见状，便向旁边的刘备求救。刘备不但不救，还对曹操说："明公，您知道吕布当年是如何侍奉丁原和董卓的吗？"曹操听刘备这么一说，便杀了吕布，以绝后患。

倘若吕布当年没有得罪刘备和袁术，说不定还能求得他们的帮助，但是正因为他四面树敌，最终落得了被处死的下场。吕布的悲剧都是他自己一手造成的，俗话说"天作孽，犹可恕；自作孽，不可活"，因为吕布的自私自利、忘恩负义和恩将仇报，谁都不会原谅和宽恕。

其实，生活中也有很多如同吕布的人，这种人注定在社会上会四面碰壁。哪怕获得了一时的风头，等到被他打败的人东山再起围歼他时，最终也会被自己竖立起来的"敌墙"围困住，不能逃脱。我们虽然不可能让人人都喜欢，不可能和谁都成为朋友，但是起码我们可以尽量避免在人生中树敌。

# 8. 别掉进自己挖的"陷阱"

凡是那些算计别人的人,最终会吃到自己所酿的"苦果",掉进自己所挖的陷阱里。

——北大幸福理念

生活中,有些人自以为很聪明,不仅不吃一点亏,还经常琢磨着怎样才能占到更大的便宜;还有些人心怀不轨,总是想着算计别人,祸害别人,挖些"陷阱"让别人往里跳。岂不知上天是公平的,凡是一心害别人的人最终都是自食"苦果",没落得个好下场。

1835年5月12日,安吉鲁出生在法国阿尔勒小镇一个富裕的家庭中。1966年5月12日,安吉鲁整整131岁了,好多人都羡慕安吉鲁的长寿。记者还专门来采访他,当问到安吉鲁长寿的秘诀时,他笑着回答:"没有什么秘诀,就是保持平常心,不跟别人计较,不算计陷害他人,这样就可以平安健康过一生了。"

记者问道:"那您一辈子就没做过一件伤害别人、损人利己的事吗?"

安吉鲁肯定地答道:"没有。不过我倒亲身经历过一件事情。"

那是安吉鲁在100岁的时候,一天,家中来了一个不速之客。这个人名叫拉伯莱,是法国一位有名的法律公证人。拉伯莱自称是一个好心的人,不想让安吉鲁孤苦一人,非要给安吉鲁每月3000法郎的养老金,让安吉鲁安度晚年。安吉鲁虽然不缺钱花,但是有这样的喜事也是很好的,于是他很高兴。但随即安吉鲁心想:天下真的会有免费的午餐吗?掉馅饼的事这么巧就砸在他的头上?安吉鲁虽然人老但脑子不糊涂,在他的再三追问下,拉伯莱说出了事情的真相。原来,拉伯莱的养老金不是白给的,在安吉鲁去世以后,他现在住的这栋别墅要留给拉伯莱。安吉鲁听了后,微微一笑,便答应了他,两人去公证处签订了协议书。

当年拉伯莱只有47岁,年富力强。他心想,安吉鲁已经100岁了,活了这么长时间，说不定随时都有可能一命呜呼，这样他仅需支付少量的养老金就可以得到一幢别墅，岂不是太划算了。

但是让他万万没想到的是，安吉鲁不仅没有很快去世，还一活就又活了 30 年，越活越健康。这让拉伯莱心中很是担忧，他每天都想着自己要每月付给安吉鲁 3000 法郎的养老金，心里就难受。终于拉伯莱在 77 岁的时候，因为长期忧郁得了心肌梗死死掉了。到拉伯莱死时，他总共付给安吉鲁 90 万法郎的赡养费，高出了当时房价的三倍之多。

最后，安吉鲁老人笑着说："您看，拉伯莱这样聪明的一个人却做了一次亏本的生意……"

拉伯莱的"如意算盘"最终打错了，本来想着可以获得一笔横财，却没想到掉进了自己挖的"陷阱"，不仅不得脱身，还忧郁成疾，损害了自己的健康和生命。

曾经有一个叫约翰·斯坦贝克的美国作家说："人类是世界上唯一可耻的动物——为自己布下陷阱，设下诱饵并且自己步入陷阱。"也许有一部分人是为别人设"陷阱"，但更多的人是为自己设下了"陷阱"，感情、事业、生活，一切都在自己的计划之中，一切又都出乎意料，然后，最终掉进自己的"陷阱"里被困住很难爬出来。因此，我们要想不自作自受，就要学会凡事不要斤斤计较，做人糊涂一点，尤其是不要有害人之心，这样在人生道路上就会多一份平安，多一点幸福。

# 9. "落井下石"只会招来横祸

把朋友当跳板的人，总有一天会跌到河里；经常背地里说别人坏话的人，总有一天会招来横祸；喜欢落井下石的人，其实给自己带不来一点好处。

——北大幸福理念

经常会听到老一辈的人告诫年轻人：做人要厚道。如今，在这个社会上，有些人觉得做人太老实了，就会被人欺负，甚至被人当成傻瓜。但是厚道不是愚笨、老实，而是做人最基本的一个原则，是我们善良的本性。然而，生活中总是有一些人喜欢在别人背后嚼舌根，或者喜欢算计别人，最可恶的是有些人平日里虚情假意，溜须拍马，一到对方落难时，不仅不雪中送炭还会落井下石，以满足自己不平衡的心理。这种人，虽然解了一时之恨，得了一刻的便宜，但是最终会为自己的言行负责，甚至招来横祸。

孙杨和刘洪在一个房地产中介公司做销售，他俩都很能干，是公司的业务尖子，收入也是公司最高的，老板很器重他俩。

年初的时候，老板对公司的职员说，到年底，如果谁能够在上年销售额的基础上增加30%，就有两万元的奖励。公司的职员虽然觉得这有点苛刻，但是都认可老板的为人，因为老板从来都不是一个食言的人，大家对他深信不疑。

于是，全公司的销售人员都拼了命地干，加足马力朝着"目标"奔去。到了年底，有好几个销售员都完成了业绩，可是没想到的是老板家里却接二连三地发生祸事。先是老板的一个朋友骗了老板几十万元，逃跑了；紧接着老板的女儿得了白血病住进了医院，每天花费着巨额的医药费。老板一天到晚，除了跑公司就是跑医院，人一下子憔悴了不少，公司感觉摇摇欲坠。

眼看着马上要过年了，老板东凑西借地给员工发了工资，但是奖金实在是发不出了。老板很难地开口说："等法院追回了朋友骗走的钱，一定马上给大家发。"话都说到这个分上了，大家也都体谅老板的苦衷，纷纷说让老板放心。

孙杨知道老板的难处，不仅主动帮助老板打理公司，还替老板到医院照料女儿。然而，刘洪却心中很不服气，私底下挑拨公司的同事说，老板这回肯定死定了，大家再也不能相信他了。

终于有一天，刘洪跟老板翻脸了，逼着老板要奖金，还扬言不给奖金就要到他家里搬东西抵债，在大家的劝说之下，刘洪才暂时罢手。谁知过了几天，刘洪带了几个朋友果真跑到了老板家，要搬东西。双方在争执之下，刘洪打伤了老板的妻子，最终被关进了拘留所。

第二年，老板被骗的钱追回来了。老板收到钱后，马上就给大家发了奖金。尤其是孙杨，老板很是感激，不仅给他多发了奖金，还把孙杨升职为副经理，公司里除了老板，就是孙杨说了算，而刘洪则被老板开除了。

做人要学会感恩，感恩那些对我们有帮助的人；对于一般的关系，保持"君子之交淡如水"的原则最好，但是当他人遇到困难或者向我们求救时，不妨伸出援助之手，凡是乐于助人的人总有一天会得到回报的；当然生活中还有我们无法避免的一些人，就是与我们有怨的人，毕竟人人都不是圣贤，能做得让人人满意，和人人都保持好关系。对于这些人，我们平日里要保持距离或者以一颗宽容的心包容他们，千万不要因为一些事怀恨在心，在对方落难时落井下石，以报仇雪恨。

## 10. 贪欲将会把你送进坟墓

人有贪婪之心，但关键是要有度，要学会如何停下来。

——俞敏洪

有一位哲人说过："人到死的时候不能将钱带进坟墓，但钱却可以将人轻易地送进坟墓。"这是毋庸置疑的。古今中外，有太多的人因为自己的贪欲，运用不合法、不合理的手段和计谋谋求自己想要的东西，满足自己的私欲，从而走上了一条不归路，最终害己害人，甚至遗臭万年。

在澳大利亚，有一片美丽的草原。每年，草原上都呈现出一幅壮观的画面：一大群羊拼命地往前跑，草原的尽头是一片悬崖。但是羊群毫不理会，像发了疯一样纷纷跳下了悬崖……

为什么会出现这样的场面呢？很多人以为是羊群在自杀，其实不然。原来，这个草原上的草长得特别肥美，又青又嫩，美味极了。走在前面的羊群经常会吃到肥美的青草，走在后面的羊就只好吃剩下的草。可是后面的羊不愿总是吃剩草，于是就抢着往前跑。而之前在前面的羊当然不会让步，也是拼命地往前跑。就这样羊群形成了你追我赶的场面，最后，在疯狂的举动下纷纷落入悬崖。

原来，羊群并不是在自杀，而仅仅是为了贪吃那一点青草。是它们对青草的贪婪葬送了自己的生命。可见，大脑一旦让贪婪控制，就会失去理智，失去控制，从而做出疯狂的举动，最终将自己推到了"坟墓"的悬崖。

还有相同的一个故事：

在辽阔的内蒙古草原上，生活着一种鼹鼠。鼹鼠特别勤快，整天忙忙碌碌，到处不停地寻找食物。每天它们吃饱了后，就把多余的食物储存到自己的洞穴里。

据统计，一只鼹鼠在一生中要储存二十多个"粮仓"，足够十几只鼹鼠享用一生。但是，鼹鼠最终却是被活活饿死的。知道这是为什么吗？被饿死？很多人觉得这很不可思议，这是怎么回事呢？

本来，鼹鼠拥有那么多的"粮仓"，按我们人类的理解就是"丰衣足食"，哪怕是一辈子不劳动，也可以安度晚年的，怎么会饿死呢？

原来，鼹鼠有两颗门牙在一生中会无限生长，所以它们就必须经常拿石头等硬物磨掉长出来的牙齿，才不至于影响到进食。年轻力壮的时候，鼹鼠整天在外面忙碌，每天必须吃东西，所以可以保证牙齿不会长长。但是，到了老年走不动的时候，鼹鼠就会躲在洞穴里，不再出来，守着"粮仓"。当牙齿长长的时候，洞穴里却没有硬物磨，因为当时它们只顾着储存粮食了，没有储存硬物。这样，牙齿越长越长，最后无法进食，鼹鼠就被活活饿死了。

毫无疑问，鼹鼠是因为对粮食的贪婪，才被活活饿死的。据说鼹鼠是一种很有灵性的动物，所以它们根本不是因为愚蠢才忘了储存石头等硬物，而是因为贪欲，眼睛里只看到粮食，看不到其他任何的东西，才让自己陷入贪婪的坟墓。正如生活中的有些人，一生都在追求金钱、名利、地位，最终却葬送在这些东西上，或者因为这些东西累垮了自己的身体，拥有再多的金钱、再大的权力也救不了自己的命，这又有什么意义呢？

贪欲就像一只美丽的气球，人们经常想将它吹得大大的，更漂亮。结果越吹越大，快要胀破了都没有察觉到，这时，只要轻轻一触，就会"粉身碎骨"。人生在世，功名利禄都是身外之物，我们要懂得知足，千万不要因为贪欲而迷惑了自己的心智，最终不仅祸害了自己的幸福生活，甚至会失去宝贵的生命。

# 第 5 章

## 家庭：和谐婚姻，美丽生活

　　人们经常说，家，是心灵永远休憩的港湾。拥有一个美满的家庭，是幸福的根据地。人人都渴望自己的婚姻是和谐美满的，这是美丽生活的源泉。然而，托尔斯泰曾说："世界上的幸福家庭都是相似的，不幸的家庭各有各的不幸。"家家都有本难念的经，再美满的家庭也会出现暴风雨天气。

　　这是因为婚姻是由不同的两个个体所组成，而家则是多个人所组成的小团体。每个人都是一个独立体，拥有自己的思想和认识，具有不同的习惯和个性，因此，无意中就会产生许多矛盾。对此，家中的每一个成员都要学会付出，学会奉献，为家庭的和谐贡献自己的一份力量。让自己的家庭永远充满阳光，永远幸福和睦！

# 1. 家是心灵休憩的港湾

在人生的航行中，我们需要冒险，也需要休憩，家就是供我们休憩的温暖港湾。在我们的灵魂被大海神秘的涛声陶冶得过分严肃以后，家中琐碎的噪声也许正是上天安排来放松我们精神的人间乐曲。

——周国平

小时候我们都盼着自己长大，长大就可以去社会闯荡"江湖"，自由自在，逍遥快活。结果当四处碰壁，辛苦劳累的时候，总是想到家里的父母和亲人，才发现原来无论自己长多大，本领有多强，总有一个软弱的点，那就是亲人。我们无论走多远，家永远是累了的时候靠岸的港湾；永远是心灵休憩的净地。

孙耀是一名赛车手，每当他穿上赛车服，就特别认真工作，追求尽善尽美。在粉丝的眼里他就是"离F1最近的华人赛车手"。然而，褪去赛车服，孙耀就是一个普通的大男孩，对陌生人说话会腼腆。提起家人时，他就会两眼放光，毫不掩饰地说："我爱我的爸爸妈妈。"

孙耀之所以走上赛车这条路，都是拜他的父母所赐。在孙耀8岁的时候，父母就给他买了一辆"跟摩托车一样帅"的自行车。那时，孙耀发现自己对速度有一种特别的感觉和热情。有一次，父母带他去公园玩，父亲带他体验卡丁车，这是小小的孙耀第一次接触赛车，从此对赛车的热情便一发不可收拾。

到了14岁的时候，很多孩子正在为自己的中考做准备，而孙耀就开始了他的赛车生涯。回忆起那时候的生活，孙耀的眼睛湿润了。他说：那时候，只能每个周末回家，每次母亲都会给他准备两个背包，一个里面装着的是赛车训练时用的东西；而另外一个装着的是换洗的衣服。有时候因为赛车受伤了，母亲就会心疼地给他炖汤补营养。

稍大点后，孙耀就开始到各处参加赛车比赛。常年在外，跟父母的联系就是通过电话、网络视频等。那时候，母亲一接电话就喋喋不休地嘱咐好多，有时候孙耀就故意说："妈，不说了，我们开始训练了。"只要一听到这句话，电话那边的母亲就会立马说："那快去，别耽搁了。"然后就把电话挂了。孙耀知道母亲的苦心，对儿子不舍，但又怕影响儿子的事业。

也许是孙耀的特殊性吧，别人家的父母亲都希望儿女上大学，毕业后有份稳定的工作。而孙耀的父母自从发现儿子有这种优势后，不仅不阻挡还极力地鼓励儿子走上赛车的路程。赛车由于速度快有一定的危险性，父母一边为他骄傲，一边为他担忧。他的每次比赛，父母都守在电视旁死死地盯着儿子。儿子赢了他们跟着欢呼；儿子输了他们跟着叹气，马上打电话安慰。

如今的孙耀已经到了成家的年龄，每次提到这个，孙耀就低下头哽咽地说道："父母就我这么一个儿子，他们年龄大了，我却不能让他们安度晚年。这么多年，如果没有父母的支持，我也不会走到这一步，我感谢我的父母……"

人常说"可怜天下父母心"，父母永远是我们的"照明灯"，不管我们走多远，都有两颗心为我们牵挂；父母永远是我们的"守护天使"，不管我们受多大的伤，回到父母的怀抱，疼痛就减轻了。

当然，到了一定的年龄，我们组成了自己的家，有了自己的妻子（丈夫）和孩子。这时候，我们就需要为自己的家负责任，需要到外面奔波打拼；无论我们身心多么疲累，回到家的那一刻，就觉得得到了轻松和温暖。不管是父母的家还是自己的家，永远都是我们的"庇护所"，永远都是我们的"避风港"。

## 2. 学会给婚姻"保鲜"

任何水果在空气中放置久了，都会变质变色；任何东西放在角落里长时间不理，就会积满灰尘。婚姻亦是如此。

——北大幸福理念

夏尔顿奴曾言："在婚姻生活中，若要爱情持续不断，需要使它小说化。换句话说，就是要使当初哀艳动人的情节，加上血和肉。"再换句话说，就是我们要学会给自己的婚姻"保鲜"。

女人和丈夫结婚一年了，两个人还是恩爱有加。一天，女人公司组织去旅游，只有丈夫一人在家。

男人下班后，没了妻子的照顾。就随便在楼下买了点小菜和啤酒，回到家中，边看电视边喝着小酒。这时，男人以前的女友打来电话说闲着没事，想过来坐坐。男人支吾着说："自己还在外面，没回去呢。"但是前女友说："你别骗我了，我已经在你楼下了，你屋子里的灯亮着呢。"

男人和前女友在两年前分手的，当时，前女友看上了公司的上司，有钱有势，便毫不犹豫地把男人抛弃了。后来，男人遇见了现在的妻子，两个人谈了一年的恋爱，就结婚了。没想到，结婚半年后，前女友过来找男人，说她跟上司分手了，她发现自己爱的还是男人。男人叹了口气说："我已经结婚了。"

前女友到家后，看着男人吃的东西。便放下包，一边走进厨房一边说："我来下厨吧。"然后便在厨房里忙碌起来。男人在客厅里踱来踱去，想着怎么才能化解这尴尬的气氛呢？男人给几个朋友打电话，让他们到家中来吃饭，但是朋友们都有事。

这时，前女友在厨房喊他过来。男人到厨房一看，前女友正端着一盘热腾腾的饺子，这是男人最喜欢吃的面食。平时，由于妻子忙，结婚一年了，也没给他包过一次饺子。

前女友问："有没有红酒？"男人随即拿出一瓶来。餐桌上，两盘冒热气的饺子，几盘小菜，一瓶红酒，男人抬头看见前女友今天穿得特别漂亮，脸上挂着熟悉的笑容，男人心动了……

一瓶红酒之后，前女友说头晕，站起来的时候差点跌倒，男人赶忙一扶，前女友顺势倒在了他的怀里。男人听到自己的心跳得咚咚作响，他的下巴蹭在前女友的头发上，一阵香气让他眩晕。

男人说："你喝醉了，我送你回家吧。"前女友答："我没醉……我是爱你的……"男人的心又一颤，前女友软绵绵的身体靠在他的胸膛，让男人

快要窒息。于是，以前的一幕幕又浮现在男人的脑海中······

这时，客厅里的电话突然响起来，是妻子打来的。电话中的妻子温柔地问："今天吃了什么？晚上睡觉盖好被子。"男人的眼眶湿润了，这一刻，他终于坚定了自己的心。

男人开车把前女友送回了家，然后一夜无眠。第二天，男人下班后去珠宝店买了妻子一直喜欢的那条项链，等着妻子回来。

女人是在晚上 10 点钟到家的。她没有让丈夫去接，因为她怕劳累了一天的丈夫会累。回来后，女人拿出来好多东西，都是给丈夫买的，丈夫也拿出了给女人买的项链，女人像个孩子一样高兴地跳起来······

有人说："婚姻是爱情的坟墓。"再轰轰烈烈的爱情最终都会走入婚姻的殿堂，当我们初次踏入时，觉得美妙像天堂，心中很是欢喜。但是时间久了，就觉得自己真的是走进了"坟墓"，想要逃离。正如钱钟书先生所说的那句话："婚姻就像一座围城，城外的人想进来，城里的人想出去。"的确，婚姻逃离不了柴米油盐，逃离不了平淡；但是，婚姻不是靠一张结婚证书就可以维持的。婚姻需要双方共同地用心经营，需要互相信任包容，需要责任，需要不断地为婚姻注入新鲜感，这样才能让自己的婚姻永葆青春，永远幸福快乐。

# 3. 婚姻中的自然关系很重要

真正的爱情应该是不带任何功利目的的，爱情应该是自然产生的，自然存在的。自然而然产生的一种爱慕、喜悦、眷恋的情感。

——孔庆东

卢梭在《爱弥儿》中有这样一句话："我的意思并不是说在婚姻问题上可以不考虑社会关系，我的意思是说自然关系的影响比社会关系的影响要大得多，它甚至可以决定我们一生的命运，而且在爱好、脾气、感情和性格方面是如此严格地要求双方相配······这样一对彼此相配的夫妇是经得起一切可能发生的灾难的袭击的，当他们一块儿过着穷困的日子的时候，他们比一对占有全世界财产的离心离德的夫妻还幸福得多。"婚姻中的自然关系除了爱之外，还包括两个人的兴趣、爱好、脾气、人生价值、性情等方面。夫妻间倘若具有共同的自然关系，会让婚姻更加的幸福和谐。

如果说爱情是婚姻的基础，那么两人之间具有共同的兴趣爱好、共同的价值取向、共同的理念等则是婚姻最好的润滑剂，能让婚姻之路走得更加顺畅。

郭红和林海当初结婚是闪电般的，用现在流行的词说就是"闪婚"。他俩是在一个朋友的聚会上认识的，并且一见钟情。林海长得高大帅气，笑起来非常阳光，在人群中显得那么出众。郭红看见他的一瞬间就觉得是白马王子来到了她的面前；而郭红虽然没有高挑的身材，但长得非常可人，一副娃娃脸可爱动人，正好是林海喜欢的类型。

结婚之初，两人整天都黏在一起，一年后，新鲜感过去了，两人下班后在一起的时间都很少。郭红越来越觉得这样的生活无法忍受了，她除了跟林海谈谈家事以外，就没什么可说的了，有时郭红会试着说说她班上的学生，可林海对此好像并不感兴趣。

郭红这时候才发现他俩的性格、兴趣、爱好真的是天南地北。郭红是个安静的姑娘，是一名教师，喜欢看书、看电影、听音乐；而她的丈夫林海却恰恰相反，林海是个阳光、喜欢运动的"大男孩"，喜欢打篮球、骑车、爬山、野外聚餐等。而在运动里，游泳是郭红最喜好的运动，可林海却偏偏是个旱鸭子。

一天，郭红在一本书上看到一句话：夫妻间最重要的是心与心的沟通，而沟通的前提是有共同的话题，也就是你们共同的兴趣爱好、对某一件事有共同的想法和看法，这样才会让你们有说不完的话……

郭红明白了，原来他们之间不能沟通，就是因为各干各的事情，他去玩他的，而我躲在家里做我的事情。于是，郭红下定决心首先从改变自我开始，因为她觉得要想别人对你产生兴趣，首先你要投其所好。郭红首先从篮球下手，因为少女时她曾经也为一个篮球帅哥疯狂过。当郭红像林海一样弄清那些球队和球员的名字后，她也像林海一样开始喜欢看 NBA，有时，夫妻俩坐在电视旁看着精彩的球赛，兴奋地大声尖叫、拥抱。

如今，郭红觉得自己又是个幸福的小女人了。因为夫妻间除了聊工作之外，有了更多的话题可聊，比如今天的球赛怎么样？而丈夫林海觉得妻子三更半夜陪他看 NBA，心里也很感动。于是他主动陪郭红去游泳馆游泳，并且慢慢地学会了游泳，不再是一个"旱鸭子"；有时夫妻俩就坐在沙发上看一部电影，剧内剧外或喜或悲……

虽然夫妻结婚后，名义上是对方的另一半，但是彼此之间还是保持着独立的个体，有着各自的思想和观念，这是必要的，是必需的。但如果能有意识地培养一些共同的东西，就会增强沟通的顺畅，增加彼此的情感，会给美好的婚姻锦上添花。

## 4. 选择适合的结婚，而不是最好的

爱情是众里寻他千百度，是舍我其谁，是"弱水三千，只取一瓢饮"。

——北大幸福理念

有一句话说："婚姻就像穿鞋子，鞋子适不适合，只有自己知道。"对于穿鞋，我们都要选择合适的，不大不小穿着才舒服，何况是婚姻呢？生活中，大凡是想要结婚的人心中都是怀着一份爱。然而，也有些人是为了财富、为了名利、为了地位而去结婚。这样的婚姻虽然不敢说会很短暂，但有一点肯定的是，它必定不是真正的幸福。对于任何人，选择适合自己的结婚，而不是最好的，这样的婚姻才会长久幸福。

现代社会，物欲横流。很多人在物质的诱惑之下，做出一些匪夷所思的事。尤其是有些女孩子拿自己的青春和一生作为赌注，为了满足自己的虚荣心，为了攀比，想在生命中拥有最好的，就出卖自己的身心，违背自己的灵魂，嫁给自己不喜欢的人；男孩子也一样，有些男孩为了追求功名利禄，或者只是追求表面的美丽，选择的不是自己爱的人，而是最漂亮、

最让自己有面子的人。可是，没有爱情维护的婚姻会维持多久呢？没有爱情滋润的婚姻会多么苍白萎缩呢？

每个人都想拥有一份和谐美好的婚姻，都想让自己过得快乐幸福。婚姻是让人生幸福的最重要元素之一，因此，我们一定要把握好自己的婚姻，选择好自己的伴侣。正如有人说："你的另一半是拿来过日子的，不是养你的，不是炫耀的，不是比较的。最好的日子，无非是你在闹，对方在笑，如此温暖一生。"

沈夏是个漂亮的女孩子，不仅身材高挑，长得也很水灵，而且工作能力很强。因此，公司里有很多男同事在疯狂追求她。

其中有一个追求者，不仅人长得高大帅气，还坐着公司副总的"宝座"。这个副总不仅家里条件优越，自己工作能力也很强，可谓是真正的"高富帅"。面对这样的诱惑，沈夏也只是笑笑，不拒绝也不答应。对于恋爱，她很谨慎，她想选择一个最合适自己的人，而不是条件最好的。

大家都期待着沈夏选择副总，没想到沈夏最终却选择了另外一个普通的同事。这个同事是公司的一名设计师，平时为人很低调，但大家都知道他偷偷喜欢沈夏。他知道自己相貌普通，收入也普通，家庭条件也普通，根本配不上沈夏。沈夏怎么会选择自己呢？

原来，当沈夏从同事口中得知这个同事喜欢她后，觉得好奇就开始偷偷地注意他。沈夏发现，这个男孩不仅工作认真踏实，对人也很真诚。有一段时间，沈夏发现每天早上桌子上放着一份早餐，后来她才知道是这个男孩放的。

有一天，沈夏要陪客户出去应酬，有应酬喝酒是难免的。回去的时候，天色已经很晚了，沈夏叫了好几辆出租车，都没停下来，沈夏只好边走边等。走到一个拐角处，突然出来一个男子对沈夏动手动脚，沈夏吓得大叫起来。这时，从后面赶上来一个人大喝一声，把那个小瘪三吓走了。

沈夏定睛一看，原来就是公司的那个男同事。沈夏觉得奇怪问他怎么会出现？男孩害羞地低下头，支支吾吾地说："正好路过……"沈夏听了，笑了笑说："现在还有哪个男孩子连撒谎都害羞呀？"原来，下班的时候，男孩打听到沈夏要去陪客户，他怕沈夏喝酒后一个人回家危险，就一直在餐馆门外等，等到沈夏出来就尾随着保护她……

沈夏的决定无疑是明智的。不管是爱情还是婚姻，选择适合自己的才是获得幸福快乐的基础。因此，我们一定要根据自己的内心要求来抉择，不要因为贪恋表面的一些东西，而葬送了自己的幸福。

# 5. 信任是婚姻的基石

婚姻是一座房屋，信任则是基石。倘若有一天基石被抽掉了，房屋在摇摇欲坠后的某一天，就会轰然倒塌。

——北大幸福理念

信任是生活的基本态度，是人与人之间交往的前提。比如交朋友，如果不以一颗坦诚的心交往，时刻怀疑朋友对自己的忠贞，怎么可能得到对方的喜欢和认可？同样，在婚姻关系中，信任更是夫妻之间相处的必要因素，信任是婚姻的基石。倘若婚姻是一座大房子，那么信任就是这座房子的根基，没有稳固的根基，任何房子都会摇摇欲坠，总有一天会倒塌。

古代有一位女子，结婚后老是担心丈夫以后会对她不好，会休掉她。于是她就想了一个办法：隔一个礼拜就回一次娘家，每回一次都偷偷地拿些东西和钱存在父母的家里。

最后女子的行为终于被丈夫发现了，丈夫大怒，说女子对他这么不信任，还做什么夫妻。于是果真把她休掉了。

现代社会，出现的婚姻问题越来越多，离婚率越来越高。据一位婚姻心理学家分析，现代社会中很多夫妻间会出现感情的问题，比如感情不和、婚外恋、家庭矛盾等。其中有一个很重要的元素就是夫妻双方缺少信任。

两年前，有一部名叫《夫妻密码》的都市情感剧在山东卫视播放。此剧一出，在社会上引发了一场婚姻信任危机大讨论。

该剧讲述了由一个女士化妆包引发的夫妻之间一系列战争的故事。女主角无意中在丈夫的旅行箱里发现了一个女士化妆包，于是就对丈夫产生了怀疑，每天对丈夫进行"查岗"，丈夫的短信、电话、公文包，每天下班回来她都要查看一番，这些行为引起了丈夫的不满。逐渐地两人之间越来越不信任，产生了矛盾和争吵。最后导致丈夫精神崩溃，一个好好的家庭就这样将要破碎。

电视剧的名字顾名思义，其实密码就是指信任，婚姻的密码就是信任，这个密码只有夫妻二人知道。每个人都是一个独立体，但每个人又都需要给自己爱的人敞开心怀，沟通是夫妻之间的一座感情桥梁，在沟通时只有输入"密码"才能了解彼此，才能达到信任。当然每个人都有权拥有自己的秘密，有些话只适合放在心里，这就更需要双方有信任的基础。

电视中的女主角无疑是很累的，每天疑神疑鬼，担惊受怕，生活在惶恐与不安中，以为对丈夫严加查看就能抓住丈夫的心，其实这样只会让丈夫的心越来越远。谁会喜欢有一个整天神经兮兮的妻子像对待"囚犯"一样审问自己？谁会希望生活的空气中布满猜疑的阴云，遮住爱的光芒？同样倘若家里有这样一个丈夫也一样糟糕。

信任是快乐幸福的源泉，信任能增强夫妻间的情感，信任能让我们保持理智，不至于造成没必要的误解，信任能保障婚姻的长久。如果缺乏了信任，只会让彼此间产生怀疑和矛盾；丧失了信任，争吵恐怕就成了生活的全部，何谈幸福快乐？

夫妻结合，除了一个最重要的元素——爱情之外，最重要的就是信任。只有信任才会让双方和睦相处，才会给爱情锦上添花，才能创造一个和谐幸福的家庭。

## 6. 找个彼此相爱的人结婚

我在茫茫人海中，寻找自己灵魂之唯一伴侣，得之，我幸；不得，我命。如此而已。

——徐志摩

列昂尼多娃说："婚姻的基础是爱情，是依恋，是尊重，有了爱情的婚姻才会在漫长的婚姻道路上、人生征途中，相伴着走下去。"爱情是多么神圣的一个词，却让多少俗人玷污，甚至弃之不顾。虽然有了爱情不一定可以天长地久，爱也会变化，但是最好找个彼此相爱的人而结婚，这是让婚姻天长地久的基础。

现代社会中，有很多理由去结婚，五花八门：有的人是为了财富而嫁给或者娶自己不喜欢的人；有的人是想通过婚姻改变自己的生活和命运；有的人是被父母逼迫，接受一段令人难过的婚姻；当然有的人只是为了爱，为了让彼此的爱有个归宿，可以开花结果而甜蜜地结合……结婚是人们追求幸福的一种方式，大家最终想要的只不过是幸福。然而，幸福不是光顾每一个人的，因为幸福只垂青于理解它的人。

一天，60 多岁的李女士走进了心灵援助中心求教。因为，李女士发现自从离婚以后，自己就得了抑郁症，这让她身心愈受煎熬。

原来，李女士在两个月之前离婚了。当专家问及她的婚姻时，李女士娓娓道来：

我们两个人是经人介绍认识的，只谈了短短 3 个月的"恋爱"。双方都觉得性格还相处得来，条件也相配，最重要的是我们当时的目的都很明确，我是因为家里想找一个帮我调动工作的人，而前夫是为了完成他父母的使命。双方都能得到自己想要的东西，因此就结婚了。

婚后我们有了一个儿子，但是由于工作关系，他一直在另一个城市工作，我就带着儿子在娘家住，他隔段时间回家来看看我们娘俩，也没什么感觉。那个时代的恋爱，都是只谈工作，没有什么亲密的言辞，夫妻之间也是相敬如宾的感觉。

我自己的生活能力也很强，他没在身旁也觉得没什么困难，况且工作也很忙。他无论是闲事还是正事也一直都很忙，所以彼此的关照就少了很多，相处的时间也很少，彼此间也没什么要求，这样日子就相安无事地过去了，一过就是半辈子。

我们退休后，儿子也孝顺，为我们买了一套小公寓住在一起。有了闲暇的时间，也开始注重生活品质了。这时候，我才发现，自己的丈夫是一个很没情趣的人，一天到晚除了下棋就是下棋，根本不理我。

年轻时候，虽然经常不在一块，但见面了也会产生一些矛盾，吵架的时候，前夫三句不过就提出离婚。那时候我觉得虽然没有像人家有多少的爱情基础，但结婚了过到一起就有了亲情，再说还有了孩子，怎么可以说离婚就离婚呢？所以我就一直委曲求全。

但是，后来，我发现我们的婚姻生活越来越不协调，他对我越来越冷漠，我肯定他没有外遇，但是却不知道问题出在哪里。

前段时间，我们终于因为一件小事吵起来。前夫又提出离婚，我就同意离婚了，但是我觉得很不甘心，自己跟这个男人结婚了几十年，还为他生了一个儿子，难道他就一点都没留恋吗？

心灵援助中心的专家听完李女士的诉说，对她说："你们的婚姻维持了大半辈子，却没什么温情，你们两个就像独立的两棵树，谁离了谁都可以活得很好。因为你们的根部从一开始生长时就是独立的，也就是说你们的婚姻是没有以爱情为基础的。"

也许生活中，很多人会遇到像李女士这样的情况，夫妻都过了大半辈子，到了暮年，却突然发现自己枕边躺着的这个人是如此陌生。因此，趁自己还年轻时，一定要选择好自己的婚姻，最好找个彼此相爱的人结婚。婚姻的道路是漫长枯燥的，只有在爱情的浇灌和滋润之下，才能心心相印，和谐美满。

# 7. 财富是"理"出来的

一个人，富不富，不在于你存了多少，而在于你使用了多少！

——翟鸿燊

孔子云"君子爱财，取之有道；君子爱财，更应治之有道"，其中的"取"就是赚钱，获取财富；"治"自然就是理财，打理财富。这就告诉人们不仅要学会赚钱，更要学会理财。正如一个人如果只会赚钱却不知道该怎么保管或者花费，最终会让自己陷入"资金危机"。卡耐基先生曾言："每年存储下你一年收入的10%，或将其用于风险不大的投资，那么即使你不是很有钱，也会在几年后，过得很富足，很轻松。"可见，理财是多么明智的做法，让钱生钱的人才是真正会赚钱的"高手"。

胡玫和吴慧在大学毕业后，都找了一份比较好的工作，有着稳定的收入。一年后，两人先后嫁人，嫁的老公都是普通的好男人，虽然不是很富裕，但是小日子也都过得挺滋润。

胡玫和吴慧都是漂亮好性格的女人，不同的就是她俩的消费观念和理财能力。

胡玫是比较爱时尚的女人，喜欢享受生活，追逐名牌。她的工资都花费在高档化妆品、昂贵衣服上。而且还规定丈夫也要穿名牌衣服、用高档品，不然出去给她丢人；在家庭生活用品和家具上也是坚持不是名牌就不买的原则；在吃饭问题上，两人经常是下馆子解决，很少在家里自己动手做。

而吴慧却是比较"会花钱"的女人，她对于一切用品只是追求舒适和质量，有时候会买打了折的名牌东西；而且吴慧是一个勤快的女人，工作再忙，也是下班回家做饭吃，丈夫经常夸她做饭好吃；在金钱问题上，她跟丈夫商量每月除了必要的花费外，把一部分钱拿出来存在银行，生利息，再拿出一部分投资股票等。

又过了一年，胡玫和老公表面光鲜亮丽，但是囊中却羞涩，银行里一点存款都没有，因为她和丈夫每月的工资基本上都会花完；而吴慧家不仅有了一笔小存款，而且她和丈夫投资的股票也赚了一笔钱，吴慧拿这笔钱报了一个英语班。学好英语后，就跳槽到一家外企工作，工资翻倍，丈夫在公司原先是一个小职员，由于工作认真，勤奋努力，年终不仅得了一小笔奖金，还升职为副经理。胡玫看着吴慧家两口子的小日子过得不仅有品质而且越来越红火，羡慕不已，就怪自己老公没本事，不能赚更多的钱。

其实，在现代社会中，一个家庭的日子是要靠夫妻双方共同的经营才能过得和谐幸福。金钱同样也是，两个人共同打理，才能积累更多的财富。吴慧无疑是一个聪明的女人，不仅在家里精打细算，而且具有经济头脑。不像胡玫只会赚钱、花钱，却不会让钱"生钱"。

理财绝不是节衣缩食，省吃俭用，也不是靠运气或者投机取巧获取非法财物；理财是一门技术、一门学问，是支出有序、积累有度，在不断提高生活品质的基础上保证资产稳定增值。因此，要学会理财必须要掌握一定的技巧。

首先要学会攒钱，攒钱是理财的起点。要攒好钱就必须养成量入为出的习惯，在日常生活中克制自己的冲动消费；其次，就是要消费但不浪费。人常说，钱不是省出来的，而是赚来的，会花钱的人才会赚钱。"会花钱"就是合理地花钱，把钱用在该用的地方上，不要什么都想买，最终只会导致过度消费，成了浪费；最后，还要学会投资，这是理财中最关键的一步，是理财的重点。当按比例分配好家庭资金后，要让钱生钱，以钱滚钱，运用多种方法帮家庭更有效地创造财富。

# 8. 包容是婚姻中的必修课

世间的一切事物，都可以分等级，婚姻也是这样。以当事者满意的程度为标准，我多年阅世加内省，认为分为四个等级：可意，可过，可忍，不可忍。

——张中行

结婚之前，我们想象的是完美的结合。然而，结婚之后，我们发现虽然有"家"这个共同体连接，但两个人却始终是独立的个体，不能完全融合，甚至产生矛盾。这是情理之中的事情，因为男人和女人本来就是不同的性别，具有不同的思想、习惯和喜好。柴米油盐需要组到一块成为一顿香喷喷的饭，但是它们永远保持着自己的颜色和味道；锅碗瓢盆构成日子的交响曲，但是难免会磕磕碰碰。莫鲁瓦言："没有冲突的婚姻，几乎同没有危机的国家一样难以想象。"这就是说，夫妻之间不会产生矛盾、不会产生分歧是不可能的。然而，长时期的矛盾和吵架会让夫妻间有怨恨，婚姻会出现裂痕。因此，倘若我们想要和谐美满的生活，想让婚姻幸福，就必须要学会包容，互相谅解。包容是爱的升华，是无私的担当，是应尽的责任。夫妻间如果不能包容，再相爱的人终有一天会分道扬镳。

前两年，电视剧《金婚》风靡全国，紧接着又出来《金婚2》，又名《金婚2风雨情》。自古以来，金婚是多少夫妻所向往和美慕的时刻，然而，又有多少夫妻可以走进金婚呢？两部电视剧的播出引起社会上很多人的感慨，也引发许多夫妻的深思。尤其是《金婚2》的播出，更加生动地讲述了夫妻间由甜蜜到矛盾又回到温馨的一辈子。

男主人公耿直与女主人公舒曼在20世纪50年代一见钟情，进行了一段令人美慕的浪漫爱情后走进了婚姻殿堂。然而进入实质的婚姻，由于两人从家庭出身、文化背景到性格到生活习惯截然不同，导致生活中很多想法、做法都格格不入，丈夫耿直是北京小伙，具有典型的北方男人性格，

89

豪爽、刚直不阿、霸气，但非常实际、缺少小资情调；而妻子舒曼是杭州女孩，具有南方女孩特有的温柔气息，又出身于资本家家庭，小资情调极其严重。

在两个人领养了一个儿子后，婚姻生活中从衣食住行到子女教育到工作事业处处产生矛盾，为此常常有些小争执，如果大吵起来就如地震，天翻地覆、狂风暴雨，不过幸亏两人互爱对方，争吵之后总能和好如初。

中年时，正处"文革"后期，他们的婚姻既经历时代考验，也进入婚姻疲惫期，再加上两人缺少沟通，妻子舒曼开始抱怨和质疑，两人不是大吵而是开始冷战，再加上陪在妻子身边的大学同学引起了丈夫耿直的误解，他们的婚姻几乎走到尽头；直到唐山大地震后，两人才冰释前嫌，夫妻和好。

进入暮年后，他们的感情也得到巩固，相濡以沫，不离不弃，一直走到了金婚。

男女主人公，虽然一辈子有过不少的争执、吵闹、误解、冷战，一直到老年的时候也没有改变。但是每次他们都凭借爱的力量包容和宽恕对方，到了危难的时刻风雨同舟、互相扶持，走完了漫长的人生和婚姻。

我们都羡慕"执子之手，与子偕老"的浪漫和幸福。殊不知，婚姻不只是有爱就可以维持长久，在爱的基础上，更需要互相包容，互相信任，互相理解。俗话说"百年修得同船渡，千年修得共枕眠"，能结为夫妻就是两个人最大的缘分。因此，我们一定要懂得珍惜，才能长相厮守，幸福美满。

# 9. 孝敬父母要趁早

　　我们经常习惯了向父母索取一切，却忘记父母总有一天会拿不出我们想要的东西。当你叫着"爸（妈），我想要……"你敢保证以后会还给父母吗？

——北大幸福理念

　　从小时候开始，我们就习惯了不断地从父母那里汲取爱的营养还有一切的物质，并且觉得这是理所当然的。殊不知，父母也有年老的一天，他们的背会驼、腰会弯，会没有力气付出。这时，我们回头看看，我们又为父母付出了多少？回报了他们多少？

　　曾经听过这样一个寓言故事：

　　很久以前，有一棵高大的苹果树，结满了果子。一个小男孩天天跑到树底下，玩累了，就爬上树摘几个大苹果吃，然后就在树底下呼呼地睡着了。小男孩爱吃苹果，经常跟苹果树偷偷地说话，苹果树每次都爱怜地望着小男孩，默默听他诉说。

　　后来，小男孩长大一点，不再天天到苹果树底下来玩。一天，小男孩又来到了树下，满脸的不高兴。苹果树问道："孩子，你这是怎么了？谁欺负你了？"小男孩伤心地说："我想要买玩具，可是我没有钱。"树听了，叹着气说道："我多么想给你买玩具呀，可是我没有钱。"突然，树欣喜地说道："我想到一个好办法，你把我身上所有的苹果都摘下来卖了，不就有钱了吗？就可以买玩具了。"小男孩听了，兴奋地叫起来。他摘下了所有的苹果，然后高高兴兴地走了。

　　然后，过了好久，苹果树都没有看见小男孩过来玩，苹果树很伤心。有一天，小男孩终于来了。树高兴地说："孩子，你来了，我们一起玩吧。"但是，小男孩回答："我没时间，我要给家里干活呢。家里想要盖一座房子，可是我们还缺少很多木材。"树听了，想了想说："没关系呀，你可以把我的树枝全部砍下来，不就可以盖房子了吗？"于是，男孩就把树的树枝统统砍下来，高高兴兴地拉回去盖房子了。树身上虽然隐隐作痛，但望着男孩快乐的背影，它也笑了。

然而，男孩走了后，有好久都没来了，树再次陷入了悲伤和孤单中。有一年夏天，男孩终于来了。苹果树见了开心地说："孩子，过来一起玩呀。"可是，男孩又是一副愁眉苦脸的样子，说道："我现在没有心情，眼看着自己一天天要变老了，却没有轻松地玩过，我想扬帆出海，可是我没有船。"苹果树听了，毫不犹豫地说道："我还有树干呢，你可以砍去造一条船呀。"男孩于是又把树的枝干砍下来造了一条船，就出海了。这一走，又是好长时间没来了，苹果树每天都思念着他。

许多年过去后，男孩终于回来了，坐在树下。树说："对不起，孩子，我现在什么都没有了，一颗苹果也没了。""我不吃苹果了，我的牙齿都掉光了。"男孩答。"我的树枝也没了，你再也不能爬上来玩耍了。"树又说。"我老了，爬不动了。"男孩答。"我只剩下将要枯死的树根了，再也帮不上你什么忙了。"树流着眼泪说。男孩也伤心地说："活了一辈子，我感到很累，什么也不想要，只想要一个可以休息的地方。"树听了，高兴地说："那你快坐到我的树根旁吧，咱们一起休息。"男孩坐下来，树的眼泪又流出来了……

其实，这棵树就是我们的父母，为我们奉献一生，操劳一生。小时候，我们喜欢跟爸妈一块玩；但长大后，我们就离开了他们，只有在遇到麻烦或者有需求的时候，才会回来。不管什么时候父母永远在我们身边，而我们平时却很少想到父母孤单地在家没人陪。我们一直忙着追求自己想要的东西，享受生活，却忘了生我们、养我们的父母。有一句话说："树欲静而风不止，子欲养而亲不待。"不要等到父母某一天不在了，我们才想到孝敬他们，这时，已经太迟了。每个人都要记住：孝敬父母要趁早，懂得孝敬父母的人才是天下最幸福的人。

## 10. 不要只在"特殊"的时间才陪孩子

　　孩子也是家庭的一部分，让孩子有说话的权利，看看孩子需要什么，不要认为你是他（她）的大人，就可以任意为之。

——北大幸福理念

　　"孩子，爸爸这个周末忙呢，下次再陪你去公园。""孩子，你先自己玩会吧，妈妈要洗衣服呢"……"忙"这个字似乎成为现代父母的口头禅。现代社会，繁忙的工作让父母陪伴孩子的时间和机会越来越少，每一次孩子热切的心情都会被父母的一个"忙"字冰冷下来，露出失望的眼神……

　　有关专家表示，很多家庭的孩子由于缺少父母的关爱，容易出现心理问题或者走上歧途。如今，父母与孩子之间的亲情越来越淡漠，已成为一种普遍的社会现象。因此，无论工作有多么忙，都要记得多抽出时间来陪陪孩子。

　　苏亚在公司忙了一天，回到乱糟糟的家中，倒在沙发上休息了一会儿。然后她走进厨房一看：早上没来得及洗的碗碟在碗槽里堆得高高的。苏亚挽起袖子刚准备洗碗，3 岁的小儿子跑进来，高高地举起他手里的玩具说道："妈妈，快来陪我玩。"

　　苏亚脱口说："孩子，不行呀，妈妈要忙着洗碗呢，你过去和邻居家贝贝玩一会儿吧。"说完，苏亚就开始忙碌起来。两分钟后，她转过头却看见儿子嘟着小嘴还站在那里。

　　这时，苏亚听到门响，心想一定是丈夫回家来了。于是她对儿子说："听，爸爸回来了，你去找爸爸玩吧。"

　　儿子高兴地跑起来，口中叫道："爸爸，快点陪我玩。"苏亚也跟着走出来，看见丈夫正脱鞋子。她刚准备开口说话，就听到丈夫对儿子说："儿子，你自己先玩一会吧，爸爸还有工作要处理呢。"苏亚问丈夫，又要加班？丈夫一脸疲乏地回答是，然后就走进了书房，关起门来。

苏亚再看儿子，只见儿子的小脸拉长了，小嘴不再是嘟着的，而是撇着的，眼睛里噙着泪水。苏亚见了，心疼地抱起儿子说："好了，儿子，不要难过，妈妈陪你玩。不过你要答应妈妈一个条件。""什么条件？"儿子抬起头期盼地望着。"咱们一边玩洗碗一边说话，好吗？"儿子欣喜地答应了。

于是，苏亚就搬了一个椅子放在洗碗槽旁边，让小小的儿子坐在上面，两个人开始边洗碗边聊天。"你今天在学校里，老师都教了什么？有没有跟小朋友吵架呀？"苏亚刚问，儿子的小嘴就开始不停地说起来……

其实，孩子需要的不仅是父母提供物质上的满足，照顾生活起居，更需要父母能和他们说说话。孩子的想象力是非常丰富的，每天脑子里都会装着好多的问题，想要有个人来为他们解答，而父母是孩子最信任、最亲近的人，自然是孩子首先想到的人。有时候我们会发现孩子会提出一些无理的要求，甚至哭闹，让我们觉得很烦。其实，这些都是孩子用自己的形式来表达他们内心的要求，他们也有生气的权利。我们不妨仔细想想：今天陪孩子玩了多长时间？孩子发出的疑问有没有认真回答？拒绝了孩子的多少次要求？

在孩子尤其是儿童的脑中，根本就没有未来和明天的概念。不要老是回答："明天……""将来……"孩子不懂得这是我们大人的敷衍，他们每一次都会当真。如果每一次都失望，就会在幼小的心灵上留下阴影。很多时候，在孩子的心中会形成一种"只有在'特殊的时间'父母才会来陪我玩"的思想。但是，对于父母来说这并不特殊，有时甚至是勉强的，这对孩子一点都不公平。

# 第 6 章

## 事业：成功有道，事业有成

人人都渴望拥有一份成功的事业，一个成功的人生，从而让自己的生活充满满足和快乐。然而，成功不是人人轻易就可以得到的，而幸福则是唾手可得的。

成功不仅需要勤奋的努力、坚持不懈的精神、坚定不移的目标，更需要具有一定的智慧，发现成功的一些捷径。比如事业上的"软本领"，即工作中的人际关系，拥有了广阔的人脉和大量的朋友，无论我们做任何事情都会顺畅许多，人际是事业成功的"催化剂"。而幸福其实随时都在我们的身边，哪怕没有成功，我们也可以从平常的生活中体会到小幸福，比如看一本书、品一杯茶、得到一个拥抱……当然，倘若拥有一份成功的事业、一个成功的人生，则会给我们的幸福锦上添花！

# 1. 事业与生活要平衡，才能幸福

我们工作是为了生活，而不是让生活为了工作。

——俞敏洪

生活和事业是我们人生中最重要的两部分。就好比人生的两只翅膀，让我们可以飞得更高、更远。当然前提是这两只翅膀一定要大小对称、轻重相当，这样才不会失去平衡，从高空中掉落下来。我们追求的生活原则就是和谐，事业和生活任何一方失重，都会让生活一团糟，从而影响到整个人生的幸福。

事业和生活虽然是人生中两个不同的概念和领域，有时二者会产生很大的冲突，但是它们并不矛盾，而且二者是息息相关、相辅相成的。好的事业可以提高生活的品质，而好的生活则会促进事业的发展。我们只有做到生活和事业双赢，才能真正获得幸福。

孙宁远本来是一名国家媒体的记者，被派往比利时工作时，他刚结婚1年。走后两个月，太太打来电话说怀孕了。孙宁远觉得自己应该回去陪妻子，但是刚起步的工作不能轻易放弃。幸亏太太是通情达理的人，让他安心工作就行了。

太太一个人在国内生下儿子，孙宁远见到儿子时，他已经两岁多了。当孙宁远的外国同事知道了这件事后，像是看怪物一样地看着他，觉得不可思议。其实，孙宁远何尝不想回国与太太团聚，但是每天忙得晕头转向，根本就没有时间。

好不容易回国进入广告公司后，由于没有做过这方面的工作，经验太少，于是他又被公司派往上海学习，把妻儿留在了北京。去了上海，孙宁远住在公司隔壁的酒店，上下班只需走5分钟路。一学习就学了三个月，有一天下班后，孙宁远突然觉得很闷，想走走路、散散步。当他抬头看到夕阳西下时，竟然感到落日是那么新鲜而陌生，好像自己来到了另外一个世界。

在广告公司一干就是 10 年，10 年中，孙宁远不是出差就是加班，陪妻儿的时间很少，甚至带孩子去公园玩的时间都没有。孩子很懂事，嘴上不说，但孙宁远看到了每次被拒绝后孩子失望的眼神和落寞的背影。

有一天，孙宁远无意中读到一本名叫《生活在左，事业在右》的书，深有感触。书中强调生活和事业在人生中同等重要，既不能为了事业忘了生活，也不能只享受生活而没有一份事业，要学会把二者平衡。孙宁远决定改变自己的生活方式，还太太和儿子一个"公道"，也让自己开始享受生活。

那么，怎样才能达到事业与生活的平衡呢？

1. 首先我们要在心里立下"平衡"这个信念。

想要平衡事业和生活是一件很难的事情，尤其是对于女人。这就要求我们提早在自己的内心树立起信念和坚持不懈的精神。不要稍微碰到坎坷，觉得艰难或者痛苦，就扔在旁边，置之不理或者放任自流，这样下去，只会让其更加糟糕。

2. 学会一些技巧和智慧。

要想让事业和生活平衡，就必须要学会合理安排自己的时间和精力。如果可以最好是工作时候认真工作，回到家就做自己该做的事情，比如做一些家务活，和家人进行沟通，把自己的高兴事、烦心事拿出来跟家人分享。有的人经常会有这样的心理误区，就是不想说出自己的困难而增加家人的负担，岂不知这样只会与家人之间建立起一面厚厚的"心墙"。

3. 要有一种平和的心态和平衡的能力。

我们经常会看到有些人把自己的情绪带到工作上，也会由于工作的压力心情不好，回到家就乱发脾气。这些人除了分不清工作与生活的界限，心态也是极差的。当工作与生活产生矛盾时，要心平气和地解决，相信自己的能力，相信没有过不去的坎。

# 2. 再忙，也要休息

工作不是生活的全部，把所有精力都放在工作上的人不会感到快乐，也不会拥有健康。学会放松，学会休息，让生活张弛有度，让生命多姿多彩。

——北大幸福理念

现代社会的快节奏，让很多人行色匆匆。忙碌的脚步、疲惫的身影和憔悴的脸色是现代人的三大特征，尤其是成天为事业奔波的人们。亚里士多德曾经说过："放松与娱乐，被认为是生活中不可缺少的要素。"然而，对于很多人来说，休息和放松似乎比买名牌衣服、吃高档餐都要奢侈。但是，每个人的精力都是有限的，身心都是会疲累的，如果等到累得生病时才休息，就已经太迟。因此，时刻告诫自己：再忙，也要休息。

据说环球电信公司大名鼎鼎的老总亨得利先生就是一个很会忙里偷闲的人。他的口头禅就是：再忙，也要休息。

有一年，美国加州的一个度假村，正在举行一个盛大的会议——第三届电信行业高峰会议。会议紧张地进行着，甚至一到会议休息时间，一些公司的老总便会回到自己的房间，和助手展开方案的商议或者是研究竞争对手的资料，总之，这些老总都忙得团团转。

但是让所有人意想不到的是，在这个紧要关头，有人竟然在"偷懒"，而这个人不是别人，正是亨得利先生。只见在休息时间，他总是一个人迈出会议室，然后来到度假村的湖边散步或者到花园中欣赏那些奇花异草。

刚开始，有的老总甚至有点气愤。作为公司的领头人物，亨得利竟然看起来一点都不负责任，一点都不重视这次会议，而是只在美丽山水中流连忘返。这个节骨眼上，试问谁还有心情去欣赏美景呀？毕竟公司的发展是头等大事。

然而，当会议继续时，令很多人惊讶的是，亨得利的主意源源不断，在发言时，他当仁不让，精力充沛、思路敏捷，简直就是峰会的焦点人物，充满领导风范。

会议结束后，有一个老总好奇地问亨得利："平时总是见您漫不经心的样子，有的人甚至怪您游手好闲。可为什么一进入会议的状态，您就像吃了什么灵丹妙药，侃侃而谈，甚至咄咄逼人呢？"

亨得利听了哈哈大笑起来说道："我的这个灵丹妙药就是'忙中偷闲'。你们也要学学我的这个思想啊。工作当然重要，但是再重要也没有自己的身体重要；再忙，也要懂得挤出时间来让自己休息。人的大脑如果一直处在忙碌和紧绷的状态，思想就会变得迟钝，正如斧头用久了就会很钝，这是一个道理。因此，我们要懂得让大脑休息，让身心得到放松呀。"

一位哲人说过一句话："会休息的人，才会工作。"的确如此，古今中外，有多少成功人士和名人不仅事业很出色，而且更懂得享受生活。

英国首相丘吉尔给全世界每一个人最深刻的形象就是他嘴里经常叼着一支雪茄，一副怡然自得的模样。其实，丘吉尔除了喜欢叼雪茄以外，他还有很多兴趣爱好。即使是在二战最紧张的时期，他还是习惯去游泳；在英国首相竞选激烈的关键时刻，他依旧挤出一些时间去钓鱼；前一分钟他在台上激情高昂地演讲，后一分钟下台后就趴在桌子上悠闲地画画。在很多人眼里，首相无疑是一个很会放松和娱乐自己的人。

有忙碌，才会有意义；有付出，才会有收获。忙碌是必需的，但是一定要记住不要让自己忙得失去方向、失去健康、失去除了事业以外的一切。再忙也要休息，再忙也要懂得张弛有度，这样我们才不会错过人生旅途中美妙的风景，才会真正体会到生活的乐趣和幸福。

# 3. 掌握事业上的"软本领"

人脉，等于钱脉；关系，就是实力；朋友，是最大的生产力！

——翟鸿燊

交际大师卡耐基先生曾言："一个人事业上的成功，只有15%是由于他的专业技术，另外的 85％要依赖人际关系、处世技巧。软与硬是相对而言的。专业的技术是硬本领，善于处理人际关系的交际本领则是软本领。"曾任美国总统的西奥多·罗斯福也说："成功的第一要素是懂得如何搞好人际关系。"可见，我们若想干出一番大事业或者让自己取得辉煌成就，就必须学会掌握事业上的"软本领"。

从前，有一个年轻人在大街上抓到一只老鼠。他高兴地把这只老鼠送到一家药铺，得到了 1 枚铜币。

年轻人拿着钱去买了一点糖浆，泡成甜水分给了太阳底下干活的花匠们。花匠很是感激，每人送给了他一大束鲜花。年轻人把这些鲜花卖掉了后，获得了 8 枚铜币。

有一天晚上，风雨交加。清晨，年轻人起来后，发现花园里满地都是残枝败叶，年轻人对正在收拾的园丁说："您不要捡了，我来帮您捡，但是捡起来的这些树枝树叶就是我的了。"园丁听了笑着说："那些东西都没用的，我准备当垃圾扔掉呢，你要就拿去吧。"

年轻人听了连忙拿出几个铜币去商店买了一些糖果，然后分给了公园里玩耍的孩子们。孩子们很乐意帮他捡这些残枝败叶，一会儿的工夫，年轻人和孩子们就把公园里所有的残枝败叶收拾干净了。年轻人背着这些枝叶走在大街上，一个餐馆的厨师看见了就对他说："年轻人，你这'柴火'卖吗？"年轻人点点头，然后他用'柴火'赚到了 16 个铜币。

年轻人用这 16 个铜币买了一个大水罐，扛到城边的草地上，给 300 个割草工供应饮水。一天，路边过来一个进城的商人向年轻人讨水喝，他说随便喝。商人非常感谢热心的年轻人，对他说："明天有一个马贩子会带着 200 匹马进城，需要一些粮草。"年轻人明白了商人的意思，他对那 300 个割草工说："你们每人可以送给我一捆草吗？"工人们本来对年轻人慷慨提供饮水之事无法回报，这时正好是一个机会。于是，他们每人送给年轻人一捆草。

第二天，果真有一个马贩子进城了，年轻人就把 300 捆草卖给了他，得到了 800 个铜币。年轻人拿着这 800 个铜币开始做小生意，几年后，成了远近闻名的富商。

很多人问起年轻人成功的秘诀：年轻人笑着说：我的本钱就是一只老鼠换来的一枚铜币。

不得不说年轻人是无比聪明的，能从很多平常的生活中，发现"商机"。除此之外，年轻人成功还有一个重要的因素，就是他在人际关系上的"软本领"。他从人际关系中，不仅得到了友爱和温暖，更助他走向自己的成功之路。

常言道："一人成木，二人成林，三人成森林"，"一个好汉三个帮，一个篱笆三个桩"。寓意就是指一个人若想做成大事，单靠一个人的力量是很艰难的，需要有不同的人的帮助和支持，需要有广阔的人脉网。古今中外，很多成功人士深深认识到这一点，中国古代孔子言："三人行，必有我师焉。"美国石油大王约翰·D. 洛克菲勒说："我愿意付出比天底下得到其他本领更大的代价来获取与人相处的本领。"曾任美国某大铁路公司总裁的 A. H. 史密斯说："铁路的 95％是人，5％是铁。"

在我们工作和追求事业中，虽然最终要靠自己的"硬本领"才能获得成功，但"软本领"会成为成功的助推器，让成功之路走得更为顺畅。

## 4. 选择喜欢的职业，快乐地工作

我只是一个科学家，即使年轻 20 岁，也不可能成为企业家和 CEO，更不可能成为企业领袖，因为我不懂经营，对财务一窍不通，也不擅长管理，与企业家相距甚远。

——王选

生活中，我们不乏看到有些人为了追求一份高薪的工作或者具有权力的工作，就违背自己的内心喜好、兴趣和特长。当然，谁都想拥有一份好的工作和称心如意的职位。那么，怎样的工作才算是好的呢？好的工作并不是赚多少钱，也不是坐多高的位置，一份好工作的前提就是自己喜欢、适合且可以胜任。一个人只有热衷于自己的工作，才会用心去干，才会快乐地去干，才会干得出色。

何阳松从小到大一直是品学兼优的学生，一个男孩子却有着安静的性格，除了学习就是坐在角落里一个人发呆。四年前，何阳松以优异的成绩考进了省重点大学，因为他喜欢语文，就报了文学专业。

上了大学，何阳松也一直保持爱学习的习惯，功课门门优秀。平常老是泡在图书馆看文学书，转眼四年的大学时光结束了。何阳松的父母让他回到自己的母校当教师，这是一份稳定的工作，薪资待遇也很好。

何阳松从小就没有违背过父母的意愿。再说，他发现自己十几年来，一直都是埋头读书，除了看书，也没有其他什么爱好和特长了。于是，何阳松就回到了母校，开始了自己的教师职业生涯。可是3个月后，何阳松越来越不喜欢自己的工作，因为他要面对一群十几岁的孩子，这些孩子正处于叛逆期，很难管理，而且成天给他惹是生非。何阳松一走进教室，听到沸腾的喧哗声，头都快要爆了。

只有在夜深人静时，何阳松的心才静下来，他一遍又一遍地问自己是否喜欢这份工作？自己究竟喜欢做什么？什么工作才是适合自己的？后来，何阳松对工作更是心不在焉了，因为他忙着忧虑自己的未来，有时候在讲课时会走神，被学生扔粉笔头敲醒。有一次，何阳松终于勃然大怒，把那个向他扔粉笔头的学生揍了一顿。何阳松知道自己作为一名教师做法很不对，但是他实在控制不住自己的情绪。结果学生家长大闹一番后，何阳松主动向学校提出辞职，他想这正好给自己找个借口重新开始。

一向给很多人留下好印象的何阳松，竟成了打学生的老师，这让他的父母都抬不起头来。何阳松更是把自己关在屋子里，一个月没有出门。由于心中憋闷，他就在博客发表了几篇文章，表达了自己的一些心事。

一天，有个人留言说是一家杂志公司的主编，公司正在招实习编辑，觉得何阳松的文笔不错，问他是否愿意过来面试。何阳松正苦于自己没有出路，看到这条信息，欣喜若狂。他拿上自己平日里写的一些散文就去这家公司面试，很顺利地就过关了。

上任后，何阳松凭借自己的文采很快受到了主编的青睐，把他转正并且增加了工资。何阳松本人也发现自己越来越喜欢这份工作，虽然很多时候会大量加班，但是何阳松看起来经常劲头十足，精力充沛。这时的何阳松觉得自己的前程终于有了希望，他看到了自己光明的未来……

工作，只有喜欢，才会热爱，只有热爱，才有可能充分发挥；相反，如果一开始就对自己的工作不感兴趣，时间长了，只会越来越厌烦，不仅工作不会干好，还会使自己的身心很累。

一个人若是有机会干自己喜欢又有能力胜任、又是社会真正需要的工作，那是莫大的幸运。因为只有这三者的结合，才能挖掘出更大的潜力，投入更多的热情，更容易取得成功。

## 5. 培养良好的工作习惯

巨大的建筑，总是由一木一石叠起来的，我们何妨做做这一木一石呢？我时常做些零碎事，就是为此。

——北大幸福理念

穆萧是一个很阳光的大男孩，别看他平时大大咧咧的，但是做起事来很细心认真。不像其他男孩子一样邋遢，他有着良好的生活习惯。

大学毕业之前，同学们都纷纷开始找工作，穆萧也加入了找工作的大军。他一直告诫自己要保持自信，更要注重细节，这样才有可能在众多求职中者脱颖而出。

果真，在一次面试后，穆萧像往常一样习惯性地把桌上堆放的应聘者资料和简历顺手整理好，摆放在桌角。没想到他这一细小的举动，打动了严厉的面试官，随即让他留下来再谈谈，穆萧高兴地答应了，因为刚才的面试中穆萧感觉没有表现好，现在正好是一个机会。

最后，单位决定雇用穆萧。上班后一个月，穆萧感觉一直不能顺利地开展工作，因为对于刚毕业的他来说，没有任何工作经验，跟很多资深员工不能相比。但是穆萧在办公室的人缘很好。

这时，一个资深的老员工对他说："看得出来你平常的生活习惯很好，每次来都把办公室打扫得干干净净，还帮我们处理一些简单的事宜。其实，对待自己的工作也是如此，一定要养成良好的工作习惯。"穆萧听了很感谢老员工对他的教导。

穆萧在网上查了好多资料，看别人怎样培养和建立良好的工作习惯。然后牢记在心，每天都实践和学习着。并且他也留心那位老员工的工作习惯，从他那里汲取经验。

半年下来，穆萧的工作越做越顺，不仅能按时完成工作，效率也很高。得到了老板的夸奖，其他员工羡慕他每次都能把事情处理得有条不紊。

良好的工作习惯不仅是一个员工职业道德的体现，更有助于其顺利地开展工作。良好的工作习惯，是出色地完成工作任务的必要前提，是获得事业成功的铺路石。那么怎样培养自己良好的工作习惯呢？

1. 从细节做起。

比如能够按时上下班，不迟到也不早退。最好是每天早上能够提前几分钟到公司，早到几分钟就可以整理一下一天要做的事情，为开始一天的工作做好准备，还能很快地投入工作状态当中。

2. 保持自己工作环境的清洁。

环境可以影响人的工作心情。任何人处于脏、乱的工作环境中很容易产生烦躁、郁闷、紧张的情绪。比如桌上堆满横七竖八的文件，就会给人一种紧迫感，觉得自己需要处理这么多事情，忙乱中更容易出错。

3. 有计划地完成自己的工作。

对于上司布置的任务，最好提前计划一下怎么完成速度会更快、效率会更高，而且这样可以有序地开展工作，在途中遇到一些突发的事情也可以从容不迫地处理。

4. 今天的工作今天完成。

这是养成良好工作习惯的重中之重。人常说："今天再晚也是早，明天再早也是晚。"如果平时经常抱着"不紧不慢，今天的事放在明天做"的思想和态度，不仅不能保证自己的工作质量，还会影响到其他同事的工作进度。

5. 对于工作的轻重缓急要分清。

有时候会同时负责几个事情。这时，就要懂得分清工作的轻重缓急。有的事情不是太急，就先缓一缓；而有的事情是十万火急，那就需要立刻去办，不要因为一时拖沓贻误大事，造成无法弥补的损失。

6. 养成记录和评估自己工作的习惯。

记录工作有助于帮助工作顺利开展，还可以在需要之时查看；评估工作可以让自己认识到在工作中的劣势和优势，不断改正和不断进步。

7. 遵守公司规章制度和纪律。

每个公司都有自己的规章制度和纪律，倘若想融入公司的团队，就必须自觉遵守。这不仅有利于团队工作顺利进行，更能提升自己的工作效率。

# 6. 把批评化作动力

若真要评判一个人的成绩，那么应该看他们今天比昨天长进了多少，从前的缺点补正了没有，从前未发展的能力和兴趣现在发展了没有。

——胡适

每一个人都喜欢听到赞美的言辞，连三岁小孩子都是。然而，"人非圣贤，孰能无过"，生活中，谁都会犯错，谁都有缺点。因此，谁都会遭受批评，会引起别人的不满。遇到这样的情况，我们不要愤怒，不要难过，更不要沮丧、失去信心，而是要有一个正确的态度和良好的心态，勇于接受他人的批评、虚心聆听对方的教诲，最好能把批评当成一种前进的动力。

美国华尔街40号国际公司前总裁马修·布拉刚上任时，很在意别人对他的看法，因为他是个追求完美的人，不仅要求自己完美，还想让别人也认为他是完美的。如果不是这样的话他心里就感到难受和不快。

但是后来，马修·布拉终于改变了自己的想法。对于别人的抱怨和批评，他都能用一颗平和的心去接受了。

原来，有一次，一个下属在马修·布拉的面前说了一句怨言。他的心里就开始受煎熬，于是想尽一切办法去取悦和满足这个人。然而当他讨好了这个人的时候，却发现另外一个人被他得罪了。于是他又开始补偿这个人，没想到却又使其他人生气了。马修·布拉发现这简直就是一个恶性循环，让他很累，而且他的敌人不仅没有减少还不断增加。

从此，马修·布拉就下定决心，努力让自己想得开。并对自己说："只要超群出众，你就一定会听到怨言，受到批评，还是趁早习惯，因为嘴是长在别人身上，你总不能拿着针缝起来吧。"

有个人问道："那您觉得有用吗？"

马修·布拉自豪地回答："受益无穷，我发现只要我不把焦点放在讨好别人的事情上，而是用这些时间和精力努力去工作。所有的事情都能很顺利了。"

古人云："良药苦口利于病，忠言逆耳利于行。"批评就像一面镜子，照出我们自己看不到的地方和缺点。有些人面对别人的批评会雷霆大怒，不仅不能解决问题还损害自己的身心；而有些人则是很乐意地接受，并且对批评的人心怀感激之情，把批评化作改进的建议，这些人无疑是最明智的。正如一位大师说过："一般的人常因他人的批评而愤怒，有智慧的人却想办法从中学习，让自己得到进步。"

卡耐基先生曾言："如果你被人批评，那是因为批评你能给他一种满足感。这也说明你是有成就的，而且引人注意。"因此，面对别人的批评我们不要懊恼，而是不妨内心窃喜一下，只有重视我们的人才会"恨铁不成钢"，才会对着我们咆哮，其实他们是想让我们做得更好、更出色。

那么怎样让自己养成接受批评，聆听教诲的修养呢？

1. 站在他人的角度想问题。

当别人批评我们时，肯定是我们自己也有不对或者做得不好的地方，学会站在对方的角度去看自己，我们就会发现自己以前看不到的问题。

2. 把批评化为正面的能量，促使前进。

批评分为正面的和负面的，也就是说有的批评是好意的，而有的则是恶意的。无论是哪种，我们都可以用乐观的心态去赋予它一种正面的解读方式，把它化成正面的能量，化成前进的动力。

3. 感谢那些批评你的人。

不管是和颜悦色批评我们的人，还是指着鼻子破口大骂我们的人，我们都要感谢他们。感谢是一种良好的修养，是一种智慧。只有想到感谢别人的人才敢于看清和正视自己的错误和缺点，勇于努力地克服和改正，从而让自己离成功更近一步。

# 7. 不要忘了磨你的"斧头"

培育能力的事必须继续不断地去做，又必须随时改善学习的方式，提高学习效率，才会成功。

——叶圣陶

从前有个小伙子不甘心在家乡当农民，就想另谋出路。后来，经过朋友的介绍，他到一座山上去砍木材。

第一天上工，小伙子想表现好点，就很卖力地砍木材。虽然他一点经验都没有，但是凭借惊人的力气在所有砍伐木材的工人中得了第一名。小伙子高兴极了，心里想："天生我材必有用，现在我终于找到了自己的出路，原来我是一名砍木材专家。"

第二天，小伙子已经摸索到了砍木材的经验，很轻松地干着，并且在午休时间睡了很久，但是还是第一名。

第三天，小伙子为了保持第一名的荣耀，更加努力了，他甚至把午睡的时间都拿来砍木材了。结果一天下来，小伙子不仅没有得到第一名，而且落到第三名，他沮丧的同时也觉得很奇怪，自己今天这么努力地砍，怎么却只得了第三名？

第四天，小伙子更加发愤图强，他不仅不睡午觉，还把吃饭的时间也节省出来砍木材，可是最后他不仅没有得到第一名，还被挤出了十名之外。

小伙子受到了严重的挫败感，他只好跑去请教一位有经验的老伐木工。"你的斧头钝了。"老伐木工看了看他的斧头说："小伙子有上进心是好事，但是要懂得砍木材不是用蛮力，要学会省力，这样才能既轻松又高效率地完成自己的任务。"

"工欲善其事，必先利其器"，原来只是斧头钝了，砍的木材才越来越少，人常说"磨刀不误砍柴工"也正是这个道理。生活中我们经常发现自己虽然一直在辛勤地工作，努力地付出，但是工作效率却很低或者没有得到相等的回报。这就需要我们低头看看自己的"斧头"是不是钝了？有时候不是我们不够努力、没有能力，而是我们忘记了把自己斧头的"刀锋"磨利。

当今时代日新月异，各种挑战无处不在，社会竞争越来越激烈。每个人都在力求完美地"秀"出最好的自己，使自己获得别人的认可或者取得一定的成就，打拼出属于自己的天地。但是一个人再有能力，再有才华，也会有"江郎才尽"的那一刻；一个人再聪明，如果不懂得经常思考，大脑就会"生锈"。古人告诫我们要"活到老，学到老"，人生只有不断地学习，才能不断地进步，大脑中才会源源不断地涌出创新的思维和无穷的智慧。

有一句老话说："勤学如春起之苗，不见其增，日有所长；辍学如磨刀之石，不见其损，日有所亏。"有时候我们学习的各种各样的知识当时看似没有什么大的用处，却不懂得其实我们的所学会达到"润物细无声"的境界。说不定某时某刻，我们就会发现原来自己明白了其中的道理，可以很轻易地解决这个问题，这时就会体会到平时"磨刀"的奥妙。

狐狸看到一只大梅花鹿正在大树旁使劲地磨牙，觉得很奇怪，便问："你在干什么呢？现在又没有猎人赶来，你没有任何危险，磨牙干吗呀？"梅花鹿喘着粗气答："这你就不懂了吧，我现在不磨得锋利点，等到猎人真的来了就惨了，因为那时已经迟了。"

梅花鹿无疑是聪明的，"未雨绸缪"无论何时都是胜者的智慧。如果我们平时不努力地"磨刀"，等到机会来了或者需要发挥的时候，才发现自己无计可施，能力不够，白白让机会流失，岂不可惜。

# 8. "小舞台"上照样表演得精彩

只要专心于自己的职业就好，比如学化学的人最后成为世界著名的化学家，这也是成功。

——俞敏洪

世界上有很多平凡的工作岗位，但是有些人却可以在平凡的岗位上做出不平凡来，在自己的小舞台上照样有精彩的表演。人常说"三百六十行，行行出状元"正是这个道理。

刘宁松是一个在沃尔玛工作的理货员。由于他的工作突出，被评为"市劳动模范"。

说起超市里这个小伙子，那些经常光顾超市的人都知道，尤其是那些大婶大叔们，对他赞不绝口："小伙子人特别热情，工作很敬业"，而一个太太则惊讶地说："真没想到，一个小小的理货员，也干成了一番大事业。"

刘宁松只有初中学历，因为小时候家贫，父母都有病，所以懂事的他初中毕业后就自动放弃了学业。辍学后，他就去一家工厂干活。由于工厂离家太远，刘宁松觉得照顾父母很不方便，就辞职了。

后来，刘宁松看到在家附近的沃尔玛超市招聘，他就去应聘。由于是新来的，他被分配到夜间工作，成为一名夜间理货员。刘宁松觉得这样也好，因为白天他正好可以照顾父母。

黑白颠倒的工作状态再加上高强度的体力活，很多同他一起进超市的年轻人忍受不了都纷纷离去了，只有刘宁松坚持下来。

晚上别人都在睡觉，而刘宁松却在超市中忙得汗流浃背、晕头转向。那时，还是炎热的夏天，天气非常闷热，有几次刘宁松差点晕倒在地。他一次又一次地对自己说："今晚做了，明晚再也不来了。"但是，第二天上班之前，体力和精力渐渐恢复的他又回到了工作岗位。超市的主管觉得小伙子意志挺坚强，挺吃苦耐劳的，于是就给他打气说："小伙子，现在是试用期，等熬过这段时间转正了，就给你加工资，而到那时候你也就适应了。"

年轻的刘宁松听了以后无疑是受到了很大的鼓励，他心想：你看那些干大事的，哪一个没有吃过苦？受过磨炼？这一次经受住了，以后再大的苦都能吃了。

刘宁松终于胜利了，他战胜了自己。一年后，刘宁松工作不仅得心应手，还得到了同事们的称赞，他们都称由刘宁松码过的货简直可以拿"漂亮"两字形容，不但视觉上看起来很美观，而且方便顾客挑选和安全穿行。他的主管满意地说："有了刘宁松在，我就很放心，工作肯定能保质保量地完成。"

又过了一年后，主管要调走了。走的时候主管极力推荐刘宁松接替自己的岗位，而同事们都举双手赞成。于是，刘宁松就顺理成章地成了这家沃尔玛超市的主管，同时成了新进员工的工作指导员。

经过刘宁松服务的顾客，都说："由小刘在超市当导购，那真是让购物都变成了一种享受。"

此后，每年刘宁松在公司评选中，他都被评为"最优秀员工"，成为"市劳动模范"也是大家一张张选票推选出来的。

刘心武先生曾说过："不要指望，麻雀会飞得很高。高处的天空，那是鹰的领地。麻雀如果摆正了自己的位置，它照样会过得很幸福！"对于低学历的刘宁松来说，开始要想找到一份体面的工作应该很难，但是他却懂得能在自己平凡的岗位上创造出不平凡来。不仅实现了自己的人生价值，还在工作中得到了乐趣，更改善了自己家里的生活质量。能够快乐地工作，快乐地生活，这无疑是人生最大的幸福。

# 9. 站得高，望得远

没有目标的人都是在为有目标的人实现目标。不要过高地估计自己现在的能力，但是绝不能过低地估计自己将来的能力。

——翟鸿燊

古诗中，有一句说："欲穷千里目，更上一层楼。"意思是想要看得更远，就必须登上更高的地方。一个人的视野可以决定一个人的高度，一个人的志向可以决定一个人的一生。

自古以来，人类就懂得"站得高、望得远"的道理。有人曾在两千多年前就发出了"燕雀安知鸿鹄之志"的感慨，他就是当年"揭竿起义"的农民领袖陈胜。

陈胜自幼家贫，父母都是农民，他长大后也是天天面朝黄土背朝天。然而陈胜"人穷志不穷"，心中一直怀有远大的抱负。有一次，陈胜和伙伴们被雇用去给地主耕地。地主对他们催得很急，好不容易休息了。陈胜愤愤地说："有一天我们当中谁如果富贵了，一定不能忘了伙伴们。"大家听了，笑着说："我们只不过是给别人耕地的农民，哪来的富贵呢？"陈胜听了，长叹一声说："唉，燕雀怎么知道鸿鹄的志向呢！"

后来陈胜在大泽乡揭竿而起，成为反秦义军的先驱；不久后在陈郡称王，建立自己的政权，实现了自己从小的志向。

比陈胜稍晚一点的刘邦也是一个目光远大的人。刘邦少年时只不过是一个大街上的小混混，后来当上了亭长，给他提供了高一点的平台。《史记》中记载："高祖尝游咸阳，观秦皇帝，喟然太息曰：'嗟乎，大丈夫当如此也！'"说有一次，刘邦看到秦始皇浩浩荡荡出行的情景，便心生羡慕，他觉得大丈夫应该如此，从此心中就立下了"称帝为王"的大志向。

当陈胜吴广起义时，刘邦积极响应，后来投奔项梁，慢慢地在关中一带建立了自己的"根据地"。

经过数十年艰苦卓绝的南征北战，刘邦旗下汇集了一大帮谋士勇将，最终战胜了项羽，建立了西汉，成了汉朝开国皇帝，为国家和人民做出了巨大贡献。

自古以来，取得辉煌成就，由一个普通人成为众人景仰的成功人士，不是因为拥有多么显赫的背景或者多大的财富，而是因为有远大的志向和长远的目光，再通过自己的奋力拼搏才有可能成功的。

现代社会，无论是一个人、一个企业还是一个国家要想发展，必须要"站得高"，才能"望得远"。

有一家鞋厂想要去非洲开拓市场，于是他们就派两名负责者过去考察。

结果，当两名负责者考察完回来以后，分别向老板这样汇报：其中一名负责者说："那个岛上住的是土著，他们都是不穿鞋的，不穿鞋，怎么会买鞋呢？所以没有市场。"而另一名负责者说："由于土著们不穿鞋，从来没有商家进驻在那里，因此，我们过去在市场上就是独占鳌头，鞋子的销量肯定会大好，因此，市场的前景很广阔。"

两位负责者的汇报为什么不一样呢？原因就是一个目光短浅，一个目光长远；一个站在山脚下仰望市场，一个却站在高山上俯视市场。那么哪个人看到的市场大？看到的希望大？就不言而喻了。

后来，公司听取了目光长远的那个人的意见，经过仔细地策划和准备后就进驻非洲。结果，不仅让光脚的土著人学会了穿鞋子，还让自己的公司多了一个大市场，赚取了成千上万的利润。

凡是那些鼠目寸光或者害怕"登得高、摔得惨"的人，最终注定只能是个失败者；凡是为眼前的一点小利益就沾沾自喜的人注定没有大的成就。而只有那些目光远大、志存高远的人才会运筹帷幄之中、决胜千里之外。

# 10. 无畏地追求自己的梦想

人的一生是奋斗的一生，但是有的人一生过得很伟大，有的人一生却过得很琐碎。如果我们有一个伟大的理想，一颗善良的心，我们就会把许多的琐碎时间变成一个伟大的生命。

**——俞敏洪**

一百多年前，人们从来不敢奢望自己像鸟儿一样快乐地在天空中飞翔。然而，一百多年后，只要想要，谁都可以飞上蓝天：坐飞机、乘热气球、蹦极……最普遍的自然是乘坐飞机。很多人都知道飞机是由美国的莱特兄弟制造出来的，却不知道这对于当年还很幼小的两兄弟来说，是多么可望而不可即的事，是多么遥远的梦想，然而长大后他们却实现了。

小时候，莱特兄弟的家中特别贫困，他们的父亲只是一位穷苦的牧羊人。有一天，父亲带着兄弟俩去放羊，把羊群赶到一个山坡上时，一群排成人字形的大雁鸣叫着从他们头顶飞过。一家人看着大雁很快消失在远方，还在伸长脖子张望。"爸爸，大雁要往哪里飞？"牧羊人的小儿子问父亲。牧羊人答："大雁要飞到很远很远的地方，那里很温暖，没有寒冷的冬天，不会把大雁及它们的儿女们冻死。来年，天气暖和了，它们就会飞回来。"

"要是我也能像大雁那样飞起来就好了。"听父亲说完，大儿子突然说。"是呀，要是能做一只会飞的大雁该多好啊！"小儿子也羡慕地说。父亲沉默了一会儿，然后对两个儿子说道："如果你们想，就可以飞起来。""真的？"两个儿子异口同声兴奋地问道，不过一秒后，他们的眼里露出怀疑的目光。"真的，不信我飞给你们看。"牧羊人说着张开双臂，做出飞翔的样子，但是他没有飞起来。"啊……"两个儿子失望地喊道。"父亲现在是老了，所以才飞不起来，你们现在还小，以后长大了肯定能飞起来。只要敢想敢做，梦想一定会变为现实的。"父亲的话无疑是对的，长大后两个儿子不仅实现了自己的梦想，更完成了全人类的梦想。

梦想只有敢于追求才有可能实现，不然就永远只是梦想。其实梦想与现实往往只差一步之遥。

一只小老鼠生活在大山中，可它从小就有个梦想：那就是要去看大海。小伙伴们都讥笑它是在做白日梦，大海离这里那么远，一只小老鼠怎么可能到达呢？

但是小老鼠一点都不理会小伙伴们的嘲笑，它反驳道："现在不趁着年轻，老了你们就会后悔的，我会证明给你们看的。"

小老鼠告别了父母，第二天天一亮就起程了。没想到，当它翻过一座山，来到一片森林边上时，一只大猫突然从树背后蹿出来，说要吃掉老鼠。小老鼠吓得赶紧狂奔起来，最后总算逃脱保住了性命，但是心爱的尾巴却被猫咬了一截。小老鼠难过极了，但是它忍着痛继续赶路。

傍晚时，小老鼠来到一片田野边上，却被一只大狼狗袭击。刚逃脱了，空中传来一声厉叫，一只可怕的老鹰从空中扑下来，小老鼠吓得赶紧钻进一个洞里，才又活了一命。一天下来，小老鼠浑身是伤，又累又饿。当它休息的时候，望着满天星星开始想念它的父母。

第二天，小老鼠又勇敢地动身了。直到过了不知多少天，经历了多少坎坷和挫折，小老鼠终于到达了大海边。看到美丽的大海时，它觉得自己是天底下最幸福的老鼠了……

生活中，每个人都有自己的目标和梦想，然而却未必人人都敢于追求自己的梦想。那些"胆小鬼"只能一辈子望"梦想"兴叹，而那些无畏的人却最终能够如愿以偿。他们除了具有无畏的精神之外，还有着坚强的意志和吃苦耐劳的态度，当然更有着坚持的恒心。梦想其实没那么遥远，只要我们拥有勇气，总有一天会到达梦想的彼岸。

# 第 7 章

## 人际：以心交心，外圆内方

　　美国人际关系学大师卡耐基先生曾言："人类最重要的特质，不是执行的能力，不是伟大的心智，不是仁慈，不是勇气，也不是幽默感，虽然这些都极为重要。我个人认为，最重要的是交朋友的能力。"的确，人际关系无论是在我们生活中还是工作中都起着至关重要的作用。生活、事业都离不开朋友。如今社会，没有朋友，我们寸步难行；而朋友多了，则路好走。

　　朋友分为很多种，然而，不管是哪一种朋友，我们都要以心交心，将心比心。在密友面前，我们敢于展现最真实的自己，最真实的内心；然而，在一般人的面前，我们则很谨慎，适当地把自己包裹起来。这不是虚伪、不是险恶，而是一种生存之道，一种人生智慧。总之，处理自己的人际关系时，只要我们信守"以心交心，外圆内方"，就一定会让自己在社会中如鱼得水、行走自如！

# 1. 真心换朋友的真情

对待一切善良的人，不管是家属，还是朋友，都应该有一个两字箴言：一曰真，二曰忍。真者，以真情实意相待，不允许弄虚作假；对待坏人，则另当别论。忍者，相互容忍也。

——季羡林

小时候，我们交朋友感觉很快乐、很美好。因为小时候的我们都有一颗单纯的心，只是发自内心、纯粹地想要交到一个好朋友。然而，曾几何时，我们觉得要交到一个真心的朋友是那么难；有时候我们交朋友带着明显的目的性和功利性；或者有时候我们宁愿孤单着也不愿跟别人交朋友。然而，不管是生活中还是工作中，我们都离不开朋友，尤其是真正的朋友是我们一生的财富。真诚的友谊是用金钱买不来的，也是强迫不来的，而是需要付出一颗真心，因为只有真心才能换来最真实、最宝贵的真情。

《狐狸和乌鸦》是我们小学课文上的一个寓言小故事，故事讲述了狐狸花言巧语骗取了乌鸦的一块肉，给我们留下了深刻的印象：以后千万不能轻信别人的话。后来有人为这个寓言小故事编了一个续集，让骗人的狐狸得到了报应。

狐狸在骗走了可怜的乌鸦的肉后，就独自跑到角落里享用了"美餐"。它吃完肉后，美美地睡了一大觉。睡醒后，狐狸突然觉得自己很孤单，想交几个朋友一起玩耍。狐狸一边走一边想着跟谁做朋友呢？这时，它看到小狗走过来。于是就跑过去送给它一根骨头并诚恳地说："和我交朋友吧，我会永远对你忠诚。"小狗听了，鄙视地看了看狐狸说："不，我不和你交朋友。"狐狸大吃一惊问道："为什么？""因为我看到了你怎么对待乌鸦的。"狐狸听了，红着脸夹着尾巴跑开了。

狐狸又摘了果子跑到狍子面前："给你吃果子，和我交朋友吧，我会永远对你忠诚。"狍子摇摇头说："不，我不和你交朋友。""为什么？""因为我知道你是怎样对待乌鸦的。"狍子毫不留情地说出来，狐狸只好又失望地跑开了。

走着走着，狐狸又看到了梅花鹿。它觉得梅花鹿这么漂亮，心想跟它做朋友该有多好呀。狐狸跑过去刚准备跟梅花鹿说话，空中撒下来一个大网，把梅花鹿和狐狸紧紧地网住了。

原来，梅花鹿和狐狸被猎人撒下的网抓住了。它们被猎人带回去关在了一个大笼子里面。狐狸对梅花鹿说："我们做朋友吧，我会一直对你忠诚的。"梅花鹿看着狐狸，摇了摇头："我才不会和你做朋友。""为什么？""因为我知道你欺骗乌鸦的事情。"狐狸听了梅花鹿的话急红了眼，叫嚷道："你别管我怎么对待乌鸦，我对你真诚就行了呀。"梅花鹿听了轻蔑地笑着："你对一个人这样，就会对其他人也这样，因为你根本就不懂得真心是什么！"狐狸听了梅花鹿的话，顿时垂头丧气，再也不去辩解了。

狐狸透过大笼子的缝隙，望着外面美好的世界，突然觉得自己好孤独，到死都不能交到一个好朋友……

爱默生曾经说过："找到朋友的唯一办法，就是自己首先成为别人的朋友。"这就告诫我们交朋友一定要怀有一颗真心，与人相处和交往，真情实意是不可改变的前提。倘若一开始就动机不纯或者以一颗功利之心去交朋友，"狐狸的尾巴"总有一天会露出来，俗话说："路遥知马力，日久见人心"正是这个道理。

因此，我们每一个人都要明白交朋友的出发点首先必须立于"想别人怎么对待自己，自己先怎么对待别人"的基础上，我们要想得到别人真诚的友谊，就需自己付出一颗真心，这样才可以交到真正同享乐、共患难的朋友。

## 2. 朋友多了路好走

只有神仙与野兽才喜欢孤独，人是要朋友的。

——梁实秋

有一首老歌唱得好："千里难寻是朋友，朋友多了路好走。"人常说：

"多个朋友，多条路。"我们生活在纷繁的大千世界，行走在漫长的人生旅途中，难免会有众多的磨难和烦恼。而朋友则是黑暗中的一盏指明灯，为我们照亮前进的道路，有时候朋友甚至是我们危难时的"大救星"，助我们转败为胜、转危为安。

齐国国相孟尝君名叫田文，是田婴的儿子，他一生喜欢贤人，供养了大量的门客。这些门客，不论贵贱，只要有一技之长，孟尝君都以礼相待。逐渐地孟尝君的声望越来越大，其他国家的一些豪杰之士都投奔于他门下，甚至一些从监狱里逃出来的犯人都来为他办事卖命。

后来，齐国的国王听秦楚两国的人说孟尝君受到很多人的爱戴和拥护，甚至比齐王的名望都大。齐王怕孟尝君功高对自己构成威胁，就罢免了他的相国职务。

孟尝君被免职后，就打算退居到薛城生活。薛城的百姓听说孟尝君要来此地生活的消息，全城人扶老携幼走出城外几十里来迎接他。孟尝君深受感动，他这才明白这都是一直陪伴在他身边的冯谖的功劳。

冯谖是孟尝君的门客中的一员。当年，因为他足智多谋，能言善辩，被孟尝君派到薛城收债。走的时候，冯谖问孟尝君："收完债以后，国相需要我买什么回来？"孟尝君对冯谖很是信任，就随口答道："你想买什么回来就买什么吧。"

冯谖到了薛城以后，发现欠债的人都是一些贫苦的庄户。于是，他就以孟尝君的名义宣布把薛城的债款都一笔勾销了，并把城里各户的债务契约用火烧掉了。

孟尝君见冯谖回来了，便问他："你到薛城给我买了什么回来呀？"冯谖不紧不慢地说道："我知道国相您财宝、香车、美女应有尽有，已经不再需要。因此，我替您买了一样将来可以用得到的东西回来。"孟尝君听了，颇有兴趣地问："是什么呢？快点拿出来看看。"只见冯谖不假思索地回答："我替您买了'仁义'回来。"孟尝君觉得不可思议，连忙问是什么意思？冯谖便告诉了孟尝君实情。孟尝君听了后又气又急，但也无可奈何。他根本没想到，多年以后自己落难之时，是冯谖买的"仁义"给他开了一条路。

　　孟尝君非常感谢冯谖，觉得自己有了一席之地可以终老了。但冯谖说："狡兔三窟，仅得免其死耳。今有一窟，未得高枕而卧也。"意思是狡兔有三个窟才可以活得安全，您只有一处安身之地，不能高枕无忧啊。后来，冯谖准备为孟尝君谋得秦国相国之位，齐王听说后觉得不妙，便又把孟尝君请回去继续当齐国国相。

　　孟尝君起初广交各路朋友，为自己赢来了名望和地位；后来在落难之时，凭借当年的"仁义"照样得到民众的拥护和支持；最后，又依靠忠诚的门客重新坐回了相国之位。人生在世，会碰到许多困难和坎坷，光靠自己一个人的力量难免有点脆弱。人常说"人多力量大"，倘若能得到广大朋友的支持和帮助，必定较容易化险为夷。

　　一生中，我们每个人都应该学会结交各种各样的朋友。有生活情感上互诉衷肠的朋友、有事业上互相帮扶的朋友、有社交中互惠惠利的朋友……不管是什么样的朋友，只要是怀着一颗真心，我们便问心无愧；只要真诚付出，总有一天会得到回报。广交朋友，为自己的人生道路开拓条条"黄金大道"；结识新朋友，不忘老朋友，让朋友时刻陪伴我们左右。

# 3. 真正的友情，价值大于生命

　　人是社会的动物。一个人在社会中不可能没有朋友。任何人的一生都是一场搏斗，在这一场搏斗中，如果没有朋友，则形单影只，鲜有不失败者。如果有了朋友，则众志成城，鲜有不胜利者。

——季羡林

　　我们都知道，每个人都需要朋友，各种各样的朋友，尤其是知心的好朋友。拥有一份真正的友谊是我们一生的财富，有时候甚至比我们的生命价更高。

　　曾经看过这样一个故事：

　　一天，越南某个孤儿院里飞进来一个炸弹。有几个工作人员和孩子被炸死了，有几个受了重伤。其中一个小女孩伤得最重，浑身鲜血，伤口还在不断地流血，由于失血太多，孩子昏厥过去了。

等场面安定下来后，医生为小女孩止住血，进行了急救。小女孩由于失血太多，急需输血，才能脱离生命危险。但是医疗用品中，正好缺少血浆，医生决定就地取材。

很快，护士协助医生验完血后发现有好几个孩子与小女孩的血型一样。医生和护士来自外国，他们只会说一点点越南语，结果说了老半天加上许多的手势，孩子们才点点头，似乎听懂了。

可是，孩子们却一直无动于衷，没人吭声说要献血。医生以为孩子们还没有听懂，又重复了一遍："你们的朋友受伤了，需要血，你们谁愿意帮助她？"但还是一阵沉默，医生看到孩子们眼神里露出一丝恐惧。

医生等待了好长一会儿，孩子们还是没人献血。医生又急又惊：为什么孩子们不愿意救他们的朋友呢？难道他们还是没有听懂吗？医生刚准备再重复一遍刚才的话，这时，一个小男孩颤巍巍地举起了小手。医生高兴地刚要上前，小男孩举在半空的小手又很快地放下了。医生愣住了，大家都盯着小男孩……30秒过去了，小男孩又把放下去的小手重新举起来，再也没有放下来。

医生激动地把小男孩带到临时的手术室，开始准备抽血。当医生把针管插进小男孩手臂的一瞬间，僵直地躺在床上的小男孩身体颤抖了一下，他看着袋子里越来越多的鲜血，眼泪开始顺着脸颊流下来。医生问小男孩是不是很痛？他摇摇头，但是眼泪越流越多。医生慌了，那是怎么回事呢？不是痛难道是害怕吗？

这时，一个越南工作人员走进来。医生连忙让工作人员跟孩子交流一下，看是哪里不舒服？工作人员跟孩子说了一小会话，小男孩开始破涕为笑。医生不知道是怎么回事，只听工作人员笑着说："没事，孩子就是以为抽完血后，人就会死掉。"医生听了，也开始笑起来，随后问道："孩子怕自己会死掉，但是为什么还是出来献血呢？"

工作人员又俯下身子问了一下小男孩，小男孩回答得很快，声音却很坚定："因为她是我的朋友。"医生听懂了这句简单的话，眼泪不自觉地流下来，在场的所有人也都被感动了……

有时候，真正的友情是无法用言语形容的，小男孩一句简单的话却道出了什么是真正的友情。一个孩子能认识到真正的友情的价值比自己的生命更重要，这又有几个成人可以做到呢？随着时代的发展，人与人之间的感情观念越来越淡，别说生命，就连利益，有时都比友情重要。有的人甚至认为朋友就是一种工具和筹码，只有有用的时候才是朋友，一到落难时，就各奔东西。面对真正的友情，我们一定要懂得珍惜，懂得用心呵护，朋友危难时，尽我们最大的努力帮助，哪怕付出一切，包括生命。

# 4. "会说话"的人才讨人喜欢

要说真话，不讲假话。假话全不讲，真话不全讲。就是不一定把所有的话都说出来，但说出来的话一定是真话。

**——季羡林**

生活中，我们经常会看到有些人周旋在各种社交场合，赢得许多人的喜欢和拥护。他们有时把别人逗笑得前俯后仰；有时会及时地化解一场尴尬，让刚才还冰冷的气氛瞬间热乎起来。其实并不是这些人具有多么显赫的家世、多么动人的外貌或者多么高的智商，而是他们除了具有一定的智慧以外，更有一张"会说话"的嘴。

从前，有一个国王一天晚上梦到自己满口的牙齿都掉光了。国王被吓醒后，心里觉得很不好受，他担心这个梦是有什么不好的征兆。于是，国王就命人去请解梦的人。

一共来了两个解梦的人，国王把梦里的情景告诉了他们，问道："我梦见自己的牙齿都掉光了，这是什么意思呢？"

其中一个解梦人听了，连忙回答道："陛下，您这是好梦呀，好梦。"国王听了大喜，忙让他解释。

这个解梦人说道："国王，这个梦的意思是您会在您的所有的亲属都死去后，才会死。"国王听了大怒，让人杖责了这个解梦人 100 下后，把他赶出了皇宫。

国王看着另外那个解梦人，问道："你呢？你的解释是不是也同样如此呀？"剩下的解梦人说："不，国王陛下，我的解释跟他的完全不同。""是吗？那你解释一下给本王听听。"国王下令道。

"您做梦牙齿掉光意思是国王您是亲属里面最长寿的一个。"剩下的这个解梦人诚恳地说道。国王听了，怒气顿时消了，脸上露出了笑容，并吩咐手下人快点奖赏他 100 两黄金。

其实这两个人对国王的梦的解释意思完全是一样的，为什么一个被罚，一个却得到了奖赏呢？根本原因就是他们两个人一个"会说话"，一个却"不会说话"。

也许，很多时候我们会发现这样的现象：很多人有着过人的本领，聪明的头脑，但是却经常遭受失败或者不能讨得周围人的喜欢和支持。这些人不是败在了能力上，而是败在了"不会说话"上。而"会说话"的人，不仅很容易得到别人的认可和赞赏，还让自己的成功之路更加顺畅，有时候甚至因为一句话就得到了一个朋友、一份工作、一次成功。

当然"会说话"并不是说口才要有多好，并不是说要时时口吐"莲花"。"会说话"是在适合的场合、适合的时机之下说得恰如其分、恰到好处。也就是说，在不同的场合、不同的时间，说不同的话。

学会"说话"让我们在复杂的人际交往中能如鱼得水，让我们能结交更多的朋友，让我们的成功能多一个机会。那么，怎样练就自己"会说话"的本领呢？

1. 会说话也要说到别人心坎上才能起效，因此尽量捡别人爱听的话去说。

2. 会说话虽然讲究技巧，但也要讲究原则，那就是说话时必须态度诚恳，真情实意。

3. 说话时要看针对什么人。

4. 说话要注重场合，懂得一定的礼节。

5. 在适宜的时间说话别人才爱听。

6. 不要一味地说，要懂得适时地"闭嘴"，听听别人的意见和想法。

7. 语言一定要文明、文雅。

8. 会说话的最重要的一点是挑别人感兴趣的话去说。

# 5. 己所不欲，勿施于人

有些人喜欢滥用权力，经常随意给别人下命令；有些人喜欢取代别人的想法，不问问别人是怎么想的。这种人，在生活中，没几个人会喜欢的。

——北大幸福理念

几千年前，孔圣人曾说，"己所不欲，勿施于人"。意思就是说，你自己不想做或者做不到的事情，更不要强迫别人去做。自古以来，"己所不欲，勿施于人"就被人们当成为人处世上的一条金科玉律，这是人与人相处必须遵守的一条准则，是处理人际关系必须遵循的一条原则。学会"己所不欲，勿施于人"，让我们与别人之间，更加和睦、更加融洽。

何姐是一家电器公司的业务经理，平时为人比较随和，但是对待工作却是严肃认真。

近段时间来，公司出了一些新政策。何姐开会给员工们公布后，要求大家严格遵守。在会议上，大家都一声不吭，但是散会后却交头接耳，满腔怒火。

会议后第四天，何姐发现许多业务员工作都漫不经心，有的甚至偷懒，根本没有平时的积极性了。何姐找来一个"心腹"，才知道大家是对公司新出的政策不满意。

何姐不动声色，也没有训斥员工，而是召开了一次会议，重新讨论关于新政策的问题，为的是鼓励员工的斗志。

会议就绪后，何姐没有发表自己的意见，而是让员工们畅所欲言，说出自己心里的想法。为此，她还专门找来一块大黑板，对大家说："大家不要有所顾忌，说出你们心中的想法和愿望，我一定会满足你们的。不过，首先你们要敢于说出来，我才会知道。"

话音刚落，员工们就开始窃窃私语，却没人敢大声说话。"请大家大声点，我保证，一定会实现你们的愿望，根据你们内心的想法来修改这次新政策。"何姐又说道。

这时，一个员工壮着胆子提出了一条，然后一个接一个的，好多员工开始发表自己的想法。当然，其中有些还是针对何姐的。何姐一直在旁边保持着微笑，并把一些合理的有建设性的意见写在黑板上。直到黑板上写得满满的，何姐才开始说话："不错，大家提出了很多客观的想法和意见，我可以接受。以前怪我没有跟大家商量，而是根据自己的思想定出了新政策，现在我向大家道歉。不过，并不是说我对大家没有要求，我的要求我想从你们的嘴里说出来。"

这时，大家又纷纷地表态说："放心，我们一定会努力工作，8小时全力以赴"，"我们会保持激情，不会再偷懒，甚至迟到了"。何姐带头鼓起掌来，紧接着会议室里掌声四起……

何姐没有食言，她根据员工的意见重新跟公司领导商量了一番，然后推出了大家都满意的新政策，而员工们也实现了自己的诺言，一个月后，给公司做出了很大的业绩。

刚开始，何姐正是忘了"己所不欲，勿施于人"这条准则，从而引起了大家的公愤。他们所谓的新政策没有建立在"民意"的基础上，因此不能使员工心甘情愿地服从和执行。最后，何姐的宽宏大量和为员工着想的态度，让员工心服口服，更加出色地完成工作和任务。

我们要想获得别人的尊重，首先要学会尊重别人；要想赢得别人的合作，应该先得到别人的好感和认可。谁也不喜欢被命令，不喜欢被强迫，不过有时候虽然是我们的一番好心好意，但是却让自己不自觉地陷入"己所欲，施于人"的旋涡之中，本来要当好人，却做了个坏人。

# 6. 只去记住朋友的好

好多年来，我曾有过一个"良好"的愿望：我对每个人都好，也希望人人都对我好。只望有誉，不能有毁。最近，我恍然大悟，那是根本不可能的。

——季羡林

对于朋友，我们除了有一颗真诚的心，除了互相帮助、互相信任以外，更要懂得互相包容。宽容是朋友间友情永驻的重要法宝。有时候，宽容可以化解一场误会，挽救一份友情，更可以获得一份真情。但是，生活中我们也经常会听到被朋友背叛的故事，遇到被朋友出卖的时刻。这时，我们会气愤、会失望、会怨恨，有的人甚至会去报复。

然而，人常说"冤冤相报何时了"，对于一个陌生人的伤害，甚至是真正的敌人，我们有时也会"化干戈为玉帛"，那么对于曾经的朋友，我们为什么就不能放开心胸呢？一场朋友一场缘分，在芸芸众生中，能相识、相知就是生命中华丽的篇章。因此，让我们学会宽恕朋友的过错、学会忘记朋友对我们的伤害，学会只去记住朋友的好。

慧慧和媛媛本来是很好的朋友，在大学里，她们既是同班同学，又是老乡。在大家的眼里，她们亲如姐妹。然而，自从那件事发生以后，她俩的关系就降到了冰点。

原来慧慧交了一个高大帅气的男朋友，但是她从来也没冷淡过自己的好姐妹媛媛。她们最喜欢唱的一首歌就是范玮琪的《一个像夏天，一个像秋天》。慧慧觉得自己是秋天，而媛媛就是夏天。自己的性格比较多愁善感，动不动就会有小伤感。而媛媛的个性恰好相反，她天生乐观开朗，很爱笑，一笑起来就花枝乱颤。

每次跟男朋友出去玩的时候，慧慧都不会忘记把媛媛叫上，有她在，大家更热闹。久而久之，媛媛跟慧慧的男朋友混得特别熟，两个人经常会做出一些亲密的动作。但是慧慧相信自己的好朋友不是横刀夺爱的那种人，她和自己的男朋友就如同哥们一样。

然而，又一次出去玩时，大家都喝了酒，有点醉了。慧慧去卫生间，回来的时候却发现媛媛和自己的男朋友在亲嘴。慧慧简直不敢相信自己的眼睛，她怒气冲冲地冲上去，扇了媛媛一个耳光，并狠狠地说要跟媛媛恩断义绝，两人从此再也不是好朋友。

一个巴掌扇醒了媛媛，清醒后的媛媛知道自己错了，她忙向慧慧道歉和解释，说不是她想的那样，他们只是都醉了。但是慧慧根本不听，扬长而去。

事情发生后，慧慧的男朋友也向她解释说大家只是喝醉了，当时只是在做一个游戏，所以才会做出那样的举动。媛媛给慧慧打了很多次电话，但是慧慧都不接。最后，媛媛想了一个办法，跑到慧慧的宿舍，当着众人的面，大声地对慧慧说对不起，是我错了。慧慧终于被媛媛的真诚感动了，想起她们那么深厚的友谊，她真的不想这样就轻易放弃。

的确如此，当朋友帮助了我们时，我们一定要永远铭记在心；而当朋友伤害了我们时，我们一定要学会忘记。其实，有时候，朋友只是一时无心伤害了我们，如果我们死死记住不忘，那么这段友情肯定不能继续；但是朋友的帮助肯定是真心的。因此，我们不妨学会只记住朋友对我们的好、对我们的帮助，忘记一切朋友对我们的伤害，不仅是对朋友的宽恕，也是对我们自己的释放。谁都不愿意背负着仇恨度过一生，那样只会让我们的心灵永远不会快乐、不会幸福。

# 7. 多与比自己优秀的人交往

> 我们应结交那些可以完善自己品德，提高自身修养，丰富自己的内涵的人。结交那些快乐的，能够享受生命，安贫乐道的朋友。
>
> ——于丹

世界首富比尔·盖茨曾说："和那些优秀的人接触，你会受到良好的影响。"这就告诫我们要善于跟比自己优秀的人交往，这样我们就会学到自己不懂的知识，甚至获得意外的机会，从而迈向成功。然而，对于有些人，跟比自己优秀的人交往，心里就会很不舒服或者很自卑，有这种想法虽然很正常，但是过犹不及。我们不妨勇敢地面对自己的不足，学会虚心地请教，磨炼自己的意志，把自卑化作动力，激励自己去努力、去做得像他们一样好。

韩国有一位农家少年，名叫金鹏道。他家里因为贫困，读书读到高中就辍学了，但是金鹏道一直都没有放弃看书，平日里他省吃俭用，节省的钱拿来买书和杂志。金鹏道想自己创业，于是专门买关于创业和经济、财富类的书阅读。

金鹏道第一次在杂志上看到那些商界的成功人士时，心里极其羡慕。他心想：为什么这些人拥有显赫的背景，还有那么多的财富，而我却是个农家的穷小子？我也一定要成为他们那样的人，而且还要比他们更成功。

打定主意后，金鹏道就选中韩国一个伟大的实业家，决定亲自登门拜访，去向这位大实业家详细了解他的成功经历。如果能获得一些忠告和建议，或许自己可以更容易取得成功。

金鹏道专门跑到首尔，找到了这名企业家的公司，然后就开始"蹲点"。他不知道人家几点上班，于是早上 6 点钟就来到公司等待，一直等到上午 9 点，金鹏道看到一个体格结实，浓眉大眼的男子走过来，他一眼就认出正是这名企业家。

金鹏道内心直打鼓，但他还是勇敢地迎了上去。这名企业家刚开始觉得这个少年简直是个小赖皮，但是当金鹏道问道："先生，我很想知道您是怎么赚到一百万的？"这名企业家僵硬的脸上突然有了笑意，他把金鹏道请进了办公室，两人长谈了1个小时。最后这名企业家还告诉金鹏道拜访那些成功企业家的诀窍。

金鹏道按照这名企业家的指示，果真访遍了曾让他羡慕的实业界的一流名人。这些名人并没有金鹏道想象中的可怕，相反，他们都很平易近人，然后，金鹏道将内心的激动化成了无穷的动力。

后来，受到一名企业家的邀请，金鹏道成为他公司内的一名员工。5年后，金鹏道学到了经验和技术，并且攒了点钱，就开始贷款自己创业。他一直都警告着自己：要想成为优秀的人，就要多与比自己优秀的人打交道，这是成功的一条捷径。20年后，这个从乡村走出来的农家少年，终于实现了他的梦想，成为韩国成功实业家中的一员。

高尔基先生曾言："应该努力跟那些比你强、比你聪明的人做朋友。"这里比我们强的人就是指在人格、学问、品行、道德、思想等方面比我们优秀，胜过一筹的人。对于这些人，我们只要努力地与他们站在一起，汲取其丰富的经验、分享他们的智慧，凡是对我们人生有益的东西都用心去学习，这样必定有助于我们少走弯路，填饱自己的"肚子"和脑袋，具有热情的干劲，信心十足地追求自己的成功和幸福。

# 8. 不将别人拒之门外

你今天拒绝了别人，别人明天不会用正眼瞧你；你把大门紧闭，别人连一扇打开的小窗户都要关闭起来。

——北大幸福理念

生活中，我们经常会看到有些人面对需要帮助的人，往往是冷漠视之或者拒之门外，脸上是一副"事不关己，高高挂起"的样子。岂不知将别人拒之门外，就是将自己关在了门内，从而看不到外面的世界。那道紧闭着的门，隔开的不仅是我们与别人的两颗心，更切断了友谊的桥梁。我们不妨换位思考一下，假如自己遇到困难，需要帮助的时候，别人却将我们拒之门外，面对那扇冰冷紧锁的门，我们的心里会是什么样的滋味呢？

曾经看过这样一个经典的故事：

在一个飘泼大雨的夜晚，一对年老的夫妻搀扶着走进了一家旅馆住宿。但是服务生告诉他们，旅馆的客房已经满了，没有空房可以住了。夫妇俩失望地哀叹了几声，准备返身走出去，却被那个服务生叫住了。服务生是个年轻的小伙子，他热情地对老夫妇俩说他们可以到他住的房间去将就一晚，房间有点小，小伙子不好意思地憨笑着。之后，小伙子独自在前台值了一个通宵的夜班。

可是让小伙子没想到的是，他接待的这对老夫妇不是普通人，而是亿万富翁希尔顿和他的妻子。

希尔顿夫妇为了感谢年轻的服务生，便买下了一座金碧辉煌的大酒店，交给他管理，他们对他是一百个放心。后来这个年轻人把大酒店命名为"希尔顿饭店"，而他成了希尔顿饭店首任经理。

我们都羡慕年轻人的好运气、好福气，只需要一个小小的善举就可以获得辉煌的一生。但是我们扪心自问："假如我们是那个服务生，在那样的情况下会不会把自己唯一的住房让给老夫妇住呢？"也许在生活中我们也曾经碰到过这样的运气和机会，又有几个人可以牢牢地抓住呢？

有时候也许是我们不经意的一个小善举或者对别人举手之劳的帮助就会获得意想不到的收获。朋友遇到困难时，我们需要奋不顾身地帮助；他人哪怕是陌生人遇到困难时，我们也要懂得不将其拒之门外。也许当时我们会受点小委屈或者吃点亏，但是将来会得到我们意料之外的"福"。俗话说"吃亏是福"正是这个道理。

还有这样一个故事：

　　一个穷苦的大学生，为了交纳学费，不得不打工赚钱。

　　在一个寒冷的冬天，年轻人挨家挨户推销商品。眼看着夜幕降临了，他还没有推销出几件商品。年轻人的肚子饿得咕咕叫，但是他又没有钱吃饭，于是他敲开一户人家的门，打算讨杯热水喝。

　　结果开门的是一个年纪相仿的小姑娘，年轻人顿时觉得羞愧不已。小姑娘看了他一眼说等一等，就转身走进里屋。不一会儿，小姑娘端来一大杯热腾腾的牛奶，让年轻人喝。

　　年轻人一饮而尽，掏出了兜里唯一的一点儿钱，但是小姑娘却说道："我妈妈说了，我们做善事不要求回报。"

　　后来，年轻人毕了业成为一名医生。一天病房里来了一个病人，没有钱支付医药费。年轻人认出这正是当年救他的那个姑娘。于是，为了报恩，他支付了姑娘所有的医药费。姑娘说不知道该怎样感谢他，他对姑娘说："一杯鲜奶已足以付清全部的医药费！"

　　著名作家狄更斯曾这样说过："世界上能为别人减轻负担的都不是庸庸碌碌之徒。"不将别人拒之门外，喜欢帮助别人的人不仅是善良的，更是聪明的。因为帮助别人就是帮助自己，帮助别人让自己的路更宽，多一个朋友就多一条路。

# 9. 将心比心，换位思考

　　任何一个人，包括我自己在内，以及任何一个生物，从本能上来看，总是趋吉避凶的。因此，我没怪罪任何人，包括打过我的人。我没有对别人打击报复，并非我度量大，能容天下难容之事，而是由于我洞明世事，又反求诸躬。假如我处在别人地位上，我的行动不见得会比别人好。

——季羡林

　　人常说"将心比心"，表面的意思就是说用自己的心换别人的心，深刻寓意就是要学会站在别人的角度上思考问题，学会从别人的内心出发，对待别人、理解别人、体谅别人，设身处地为别人想一想，做一做。

人们总是习惯以自己为中心，想到的都是自己的利益，往往会忘记顾及别人的感受；人们经常喜欢抱怨别人不理解自己、不关心自己，那么有没有换个角度想想：自己有没有同样地关心别人、理解别人呢？

三国的时候，曹操和袁绍在官渡打仗。虽然当时曹操的军马根本没有袁绍的强大，但是最终还是打了个大胜仗。原来是因为袁绍为人刚愎自用，不听取手下忠言，所以才导致败得很惨；而曹操不仅有谋略，还善于用兵，因此以少胜多。

袁军打了败仗就撤军了，曹操带着军队来到了他们扎营的地方，结果在帐篷里搜到了一些信件。曹操打开一看竟然是他手下的一些将士跟袁绍暗中来往的书信，曹操怒极了。他的一些手下建议将这些与袁绍勾结的人都抓起来杀掉，曹操思虑了一番后，决定不这样做。

那些手下觉得奇怪，问为什么？只听曹操说道："其实将心比心想一想，当时袁绍的兵力很强大，假如我们战败了，我都自身难保了，怎么可以保得住你们这些兵将呢？假如我是他们，也会这么做的，因为可以给自己留条活路。"

曹操的手下都佩服他的宽宏大量，而那些原本勾结袁绍的人因为自己的背叛正在惶恐不安，听到曹操这样说，便放心了。于是，以后更加为曹操尽心尽力地做事情了。

历史上，很多人对曹操褒贬不一。但是在这个故事里，我们不得不称赞曹操为人处世的智慧。曹操爱惜人才是出了名的，他从来不轻易杀害文臣武将，因此，为他效力的人越来越多。最后他的势力越来越强大，也为他的儿子最终打败那些割据一方的诸侯，统一全国奠定了基础。

"二战"时期，战争导致好多人都流落他乡，英国的一个著名作家也流落到了挪威。因为自己的写作水平好，所以作家打算找个翻译的工作。

作家给好多公司都写了求职信。不幸的是每一个公司都给他寄来了拒绝信，其中有一份说："我们公司近段时间来，不雇用翻译员，哪怕雇用，也不会选你，因为你的挪威语实在太差劲了。你给我们写的求职信中，错字百出，还想当翻译员，简直是天大的笑话。"作家看到这封信后，怒火冲天，把来到挪威这段时间里的怨气都发了出来，他大骂这个没有人情味的公司，抱怨自己生活的困苦。骂完以后，他心里还是不解气，于是拿出信纸，奋笔疾书，准备报复那个嘲笑他的挪威人。

信写到了一半时，作家改变了自己的主意。他让自己冷静下来后，才意识到自己本来就不擅长挪威语，尤其是书写方面，毕竟挪威语不是母语，他还不是很熟练，别人当然不会雇用自己了。想到这里作家就撕掉这封信，重新写了一封，信中他对于自己的错字向对方表示了道歉，并感谢给予自己的鼓励。

意外的是，两天后，作家却收到了这个公司的面试邀请，而最终，他也得到了自己想要的那份工作，工资足够养家糊口了。

不管是在生活中还是工作中，我们与人交往都要学会将心比心，换位思考，善于站在别人的角度思考问题，为他人着想。这样才会有更多的人愿意与我们相处、交朋友，我们的社交圈也会越来越广，事业和人生也会越来越顺利。

# 10. 不要吝啬你的赞美

一个永远不欣赏别人的人，也就是一个永远不被别人欣赏的人。

——北大幸福理念

生活中，我们经常会听到赞美的话语。对于被赞美的人来说，此时听到的赞美之词恐怕是世界上最动听的乐曲。赞美让人的心情顿时愉快，让愁闷瞬间烟消云散，赞美在心底开出美丽的花朵。赞美并不需要技巧，并没有多么复杂，有时只是一句随口而出的夸奖，有时只是一个"好"字，有时甚至只是一个表达很棒的手势，赞美就是如此美好却如此简单。因此，不要吝啬你的赞美，对别人多说一句赞美的话，说不定就会多交一个朋友。

时隔20年，小云回到了自己的母校。走到学校门口的油条铺时，小云特地走进去，她想看一眼那个多年不见的美丽的姑娘。然而映入眼帘的却是一个身材臃肿的女人，她正在忙碌着，头上的白帽子上油迹斑斑，一身脏衣服显得更加肥胖……凭借着那褐色的头发，小云才敢认出这就是当年她心目中的"偶像"。

那时候，小云虽然知道林青霞、张曼玉，但是总觉得那些大明星的美是那么的遥远，那么的可望而不可即。在她小小的心中有一个活生生的偶像，那就是油条铺卖油条的年轻姑娘，她才是眼前的一道靓丽风景。

每天早上，小云都会去油条铺吃早点，一边吃一边偷偷地看着清秀的"卖油条姑娘"。她有着一头长长的褐色头发，每天都梳成两条大辫子垂在胸前，头顶上戴着一顶洁白的帽子，白皙的皮肤，一双清澈的眼睛，专注地炸着锅里的油条。那时的小云总是期盼着自己的头发能够长得像她一样长，就可以扎成两条长辫子了。

但是，此时此刻，已经成人的小云面对着更加年长的她，开始怀疑自己当年的审美标准。小云刚准备"逃离"，女人转过头来，面无表情地问道："吃油条吗？"小云望过去，女人的目光涣散，看不出一点热情，还不时疲倦地打着哈欠。小云连忙笑笑，掩饰自己的尴尬，说道："大姐，我小时候经常到您这里买油条呢……"小云话还没说完，女人就连忙接口道："我们是小本生意，不讲价的。"

小云愣住了，她看着面前这个冷冰冰的女人，只是突然想告诉她一句话："大姐，您误会了。我只是想说，当年我是这个学校的学生，经常到您这里来吃油条，就是因为您长得好看，那个时候您梳着两条大辫子，头上戴着雪白的帽子，我在家里时还学着您的样子偷偷打扮自己呢。"

小云刚说完，女人的两眼发光，连忙让小云坐下来，热情地给小云拿上来两根油条，边让小云趁热吃边说："唉，老了，现在哪能跟当年比呀。"

第二天，小云走的时候，坐车子经过女人的油条铺，女人又热情地塞给小云几根油条让她路上吃。小云在道谢中，发现女人的脏帽子又变得如此的雪白，褐色的鬓发给她的脸增添了活泼和妩媚。身材虽然很胖，但换了一身合适的衣服，显得精神多了，车子越走越远，小云的眼前还浮现着女人灿烂的笑容……

故事中的小云一句真心的赞美，唤起了女人的爱美之心，让女人苍老麻木的心重返年轻和热情，可见赞美的力量是多大呀！赞美不仅温暖人心，快乐人心，更给人巨大的力量，甚至可以改变一个人。

从心理学角度来说，赞美是一种有效的人际交往技巧，能有效地缩短人与人之间的心理距离；赞美是人际关系的润滑剂，可以使人与人之间的关系更友善、更和谐；赞美更是一门学问，一门艺术，是有原则性的，需要掌握好分寸，赞美一定是要发自内心的，真诚实意的。

# 第 8 章
## 自爱：自尊自爱，人性光辉

　　一个人如果不懂得自爱，就根本不懂得爱是什么；一个人只有学会自爱，才能学会去爱别人。《道德经》有言："是以圣人自知不自见，自爱不自贵。"凡是自爱的人，才能懂得认识自己、接纳自己；才能学会关心自己、爱护自己；才能学会善待自己，体会快乐。

　　自爱的人懂得敞开心扉，与自己的心灵进行沟通和对话；能够爱不完美的自己，正视不完美的人生；能够学会对着自己的人生负责，在自己的心灵花园里种下快乐的种子。一个懂得自尊自爱的人，才能释放出人性的光辉；自爱是幸福的源泉！

# 1. 自尊自爱，发出人性的光辉

对于每一个人来说，不厌烦自己是一个起码的要求。一个连自己也不爱的人，我敢断定他对于别人也是不会有多少价值的，他不可能有高质量的社会交往。他跑到别人那里去，对于别人只是一个打扰，一种侵犯。一切交往的质量都取决于交往者本身的质量。唯有在两个灵魂充实丰富的人之间，才可能有真正动人的爱情和友谊。我敢担保历史上和现实生活中找不出一个例子，能够驳倒我的这个论断，证明某一个浅薄之辈竟也会有此种美好的经历。

——周国平

法国伟大的哲学家卢梭曾说过："人一生可以说共诞生两次：第一次是为生命而诞生，第二次则是为生活而诞生。正因为人诞生两次，所以人的自尊自爱也就诞生两次：第一次的自尊自爱是相对于自然生命的，而第二次的自尊自爱则是相对于人的社会生命的。如果你生命中的第一次自尊自爱没有发生的话，那么第二次自尊自爱也就无从说起了。只有第一次自尊自爱的人是不可能发出人性的光辉的。人诞生两次才能算是一个完整意义上的人，而自尊自爱也只有发生两次才能发展成为一个真正统一的、完美的人生。"可见，一个人的自尊自爱有多么重要，力量有多么强大，只有自尊自爱的人，才能释放出人性的光辉。

生活中，我们很多人都懂得追求别人的爱，希望获得别人的尊重，但是却往往忽视了获得这些的前提：自尊自爱。只有懂得自尊自爱的人，才能获得别人的爱和尊重。

华罗庚中学毕业后，因为交不起学费而被迫辍学。回到家乡后，他一边帮父亲干活儿，一面继续顽强地读书自学。不久，他又身染重病，生命垂危。他在床上躺了半年，痊愈后，却留下了终身残疾——左腿的关节变形，瘸了。当时，他仅有 19 岁，在那迷茫、困惑，甚至绝望的日子里，他想起了双腿残疾后著《孙膑兵法》的孙膑。"古人尚能身残志不残，我才 19 岁，更没理由自暴自弃。我要用自己健全的头脑，代替不健全的左腿！"青年华罗庚就这样开始用强烈的自尊心与命运进行抗争。

白天，他拖着病腿，忍着关节剧烈的疼痛，拄着拐仗一颠一颠地干活。晚上，他在油灯下自学到深夜。1930 年，他的论文在《科学》杂志上发表了，这篇论文惊动了清华大学数学系主任熊庆来。随后，清华大学聘请华罗庚当了助理员。在名家云集的清华园，华罗庚一边做助理员的工作，一边在数学系旁听，还用四年的时间自学了英文、德文、法文，发表了十篇论文。25 岁时，他已经是蜚声国际的青年学者了。

在遭遇困难与挫折时，自尊自爱的人，总能奋发向上、自强不息，征服挫折和失败，在挫折与失败中获得成功。而丧失自尊、自轻自贱的人，在遇到困难和挫折时，往往自暴自弃。他们首先想到的是自己不行了，从而放弃了努力奋斗。所以，不懂得自尊自爱的人，是难以在事业上取得成功的。

每一个人都是有尊严的，希望别人尊重自己；每个人都向往感情，渴望爱与被爱。因为这样的人生才是有意义的，才会感受到快乐与幸福，倘若自己不懂得自尊自爱，又何谈被人尊重呢？

只有懂得自尊自爱的人才懂得把握自己的命运，做事情才有分寸、有原则；才懂得珍惜自己，保护自己；才不会在复杂的人生中迷失自己，才会让自己的生命散发出幸福的光辉。

# 2. 爱自己就接纳自己的一切

我们既不能逃避现实，又不能逃避这种种，就只有设法来对付这种种。

——北大幸福理念

曾经看到过这样一句话："你接纳了自己的全部以后，你就接纳了全世界。"的确如此，我们生活在这个复杂多变世界中，只有首先学会接纳自己的一切，才能接纳世界中的一切。学会接纳自己正是爱自己的最好表现。

有这样一个小故事：

一个 5 岁的小男孩，有一天幼儿园放学回来，跟他的妈妈聊天。妈妈问道："今天学校里都学到了什么呀？"

小男孩神秘地说："妈妈，我们班一个小朋友好可怜呀。"妈妈惊奇地问："为什么说别人可怜呀？"

"因为他对老师说，他不喜欢他自己。"儿子一本正经地说道，"如果我不喜欢别人，我可以不跟他们一块玩，但是不喜欢自己怎么办呀？总不能不跟自己玩吧？"

这位妈妈听完儿子的话，眼睛里露出了更加惊奇的目光，她觉得一个 5 岁的孩子竟然能说出这么有哲理的话，着实令人惊讶。

的确如此，一个连自己都不喜欢的人，岂不是很可怜、很可悲？连自己都不喜欢自己，别人谁还会喜欢他呢？一个连自己都不喜欢的人恐怕很难学会接受和喜欢别人吧？对于自己的一切，我们是无法逃避和置之不理的，唯一的办法就是首先接纳自己的一切，再学会享受跟自己相处。

人的一生中谁都不可能一帆风顺，万事如意。人生中有快乐就有痛苦，有好心情就有坏心情，有优点就有缺点，有正确就有错误，有得必有失。面对这些，我们能改变则努力改变，如果已是无法改变的事实，我们只能心平气和地接受。不要对自己太苛刻，不要苛求完美；尽情地享受每一次的痛苦悲伤和每一次的幸福快乐；既要期待光明的到来，也要接纳可怕的黑暗。

美国伟大的总统之一林肯就是一个勇敢接纳自己一切的人。林肯的出身很低微，他的母亲是一个私生女，父亲则是一个贫苦的鞋匠。小时候，家里很穷，林肯也就没有受过什么教育，从小就帮助家里搬柴、提水、做农活等。

9 岁的时候，林肯年仅 34 岁的母亲不幸去世了。一年后，父亲又重新娶了一个女人，幸亏这个后母对林肯视如己出。

林肯的长相丑陋，再加上穿着破烂的衣服，走在大街上没有人会多看他几眼，因此林肯很自卑。少年时，为了维持家计，林肯当过俄亥俄河上的摆渡工、种植园的工人、店员和木工，做过很多的苦力活。在 25 岁之前，他一直四处谋生，没有固定的职业。

后来，林肯爱上了读书。他从书本中学到了很多知识，最重要的是他明白也许自己的出身不好，长得没有别人漂亮，得到的没有别人多。但是他可以通过自己的努力，通过追求自己的目标去实现自我价值。

从此以后，林肯不再自卑，而是坦然地接纳命运赐予他的一切，他承认自己比别人差，长得比别人丑，出身比别人低微，但是这些都没关系。他决定不去计较这些，而是把全部精力都花费在所追求的伟大梦想上，后来他终于成为美国人民所爱戴和敬仰的总统，也被全世界的人民所尊敬。

娜塔莉·戈德伯格曾言："我们的工作是向生活中存在的事物说声你好。"因此，学会接纳自己的一切，接纳自己的身高、接纳自己的体重、接纳自己的不完美、接纳自己的生活、接纳自己的工作、接纳自己的人生……全身心地接纳自己的一切，才会让自己活得最真实、最幸福。

# 3. 爱不完美的自己

每个人都想争取一个完满的人生。然而，自古及今，海内海外，一个百分之百完满的人生是没有的。所以我说，不完满才是人生。

——季羡林

断臂的维纳斯都能受到万人的敬仰和爱慕，我们为什么不能爱不完美的自己呢？俗话说："金无足赤，人无完人。"既然如此，我们何不放开心胸，爱不完美的自己？季羡林先生说：不完美才是人生。也就是说，不完美才是真正的自己。因此，要爱不完美的自己！

在《泰坦尼克号》中饰演女主角露丝的凯特·温斯莱特曾经写过一篇文章名叫《爱不完美的自己》。她看到有些女孩子一心想变成她的模样或者跟她一样美丽，从而不惜一切代价去整容，饿肚子，甚至割胃，凯特非常担忧，为了"拯救"这些女孩子，她写下了这篇文章。

文章中凯特强调世界上根本没有完美的人。我们看到电视上的那些演员、杂志上的那些美女都是要经过很长时间的化妆、包装和准备，再加上摄影师的高超技术，才能拍出那么唯美的画面和美丽的模样。

很多女孩子想跟凯特一样拥有完美的乳房，但是凯特说每个女人当了母亲，给孩子喂奶之后，随着时间的流逝，乳房都会下垂、松懈，这是一种自然规律，无法避免。

凯特甚至在慕名前来的女孩面前，脱光自己的衣服，把自己的身体完完全全地展示在女孩们的面前。她就是为了把自己最真实的一面表现出来。她说自己没有完美的翘臀、没有平坦的小腹、没有坚挺丰满的乳房，相反，她的臀部和大腿上看起来堆着很多脂肪，她的身材根本没有我们想象中那么美好和诱人。

凯特在文章中呼吁女孩们不要为了追求美丽，就逼迫自己；不要为了追求完美，就苛刻自己。她表示她热爱自己的工作，热爱表演事业，想把自己最美丽的一面展示出来，但是她靠的是演技，她并不会为了成为火辣的明星而把自己饿得饥肠辘辘。

如今社会，人们对美的要求越来越高，对美的追求也越来越强烈，追求完美几乎是现代女性的通病。当然不只是女性，有些男性也会为了让自己更迷人而去整容、整形。

很多人除了对自身的外貌要求完美，对自己的一切都力求完美：完美的身体、完美的生活、完美的工作、完美的配偶、完美的朋友……假如发现不能达到自己的完美要求，就黯然伤神、唉声叹气。岂不知这世上本来就没有完美的事物，天上圆满的月儿都有残缺的时候，何况是人呢？我们不可能浑身上下一点儿缺点都没有，不可能一辈子都不犯错，不可能做的任何事情都是完美无缺的，不可能事事都让我们满意。那么又何苦让自己的一生都陷入不完美的心境呢？

不完美的人生才是有意义的人生，不完美的自己才是最真实的自己。那些追求完美的人其实更多时候不是为了满足自己的完美心理，而是为了取悦别人，这样岂不是苦了自己，乐了别人？人只会因为不完美才显得独特，才与众不同。不完美是一种个性，一种残缺美。因此，无论是谁，都应该学会正视自身的不足，接纳自己的缺点，爱不完美的自己。我们在这个世界上都是独一无二的，好好爱自己，好好做聪明的自己，把不完美当成一种美或者追求更加有意义的东西来弥补自己的不完美。

## 4. 把最好的自己展现出来

你可以说自己是最好的，但不能说自己是全校最好的、全北京最好的、全国最好的、全世界最好的，所以你不必自傲；同样，你可以说自己是班级最差的，但你能证明自己是全校最差的吗？能证明自己是全国最差的吗？所以不必自卑。

——俞敏洪

古人云："不宜妄自菲薄。"这是告诫我们不要轻易地否定自己、轻看自己，要学会自信，要相信自己。每个人都是一匹千里马，但是只有勇敢地把最好的自己表现出来，才有可能遇上伯乐。

一、勇于表现自己。

英国著名文学作品《飘》在 20 世纪被某电影公司翻拍成电影。当时，男主角已经被定好了，但是女主角的位子一直空缺，这让导演很是焦急。当时有一个刚从英国皇家戏剧院毕业的美丽女孩得知这个消息，想自己要是能演女主角该有多好呀？她就是费雯丽。费雯丽觉得自己很适合这个角色而且一定可以演好。但是那么多比她出名漂亮的演员都排在她的前面等导演选呢，自己一个无名小卒导演认都不认识还怎么选呢？经过一番思索后，费雯丽打算毛遂自荐。这天，费雯丽穿上女主角那样的裙子来到公司，正当她缓缓走上楼梯的时候，导演刚从外面选景回来。导演被眼前的一幕吸引住了，好久他才大叫起来："就是她了，她就是斯佳丽！"

费雯丽与女主角斯佳丽的个性如出一辙：勇敢自信。正是她勇于表现自己，才让自己获得了饰演斯佳丽的机会。电影上映后，费雯丽就一炮而红，成为一名家喻户晓的著名演员。

勇于表现自己是成功的开始，是开启成功的一把金钥匙。不表现自己怎么知道自己行呢？凡是勇于表现自己的人更容易迈上成功之路。

二、相信自己是最棒的。

一个公司有三个优秀的部门经理。一天，总经理对他们说："鉴于你们的表现都非常好，我现在给你们一个机会。我将来想把公司传给一个人，但是我首先要确定他有这个能力。因此，我的条件就是你们先要拿自己的钱去开一个公司，并且可以成功。"

三个人听完后面面相觑，一阵长久的沉默。总经理问第一个人，他摇了摇头；问第二个人，他想说话又吞了回去，随即也摇了摇头；当经理望着第三个人时，他说他接受挑战。

协议达成后，这位部门经理就开始努力，一年后，他果真成功了。当有人问到他的秘诀是什么时，这位部门经理回答："我相信自己，一定能行。"自然地，他成了公司的总经理，而原先的两位部门经理成了他的部下。

一个人只有拥有勇气和自信，才有迎接挑战的动力，才会披荆斩棘，战无不胜。我们不管做什么事，首先就要自信，相信自己能行，相信自己是最好的。自信是成功的前提，拥有自信，就已经成功了一半。

三、把最好的自己表现出来。

有一个女孩名叫胡文娟，她是一个爱唱歌的女孩，但是自从走上唱歌这条路，她就一直不顺，没有平台展现自己。

看着与她一同出道的同门师弟也有幸得到了前辈的赏识，胡文娟不由得黯然伤神。也许是上天怜悯她，终于给了她一个好机会。她最喜欢的歌星来了，胡文娟在一阵激动之后心想她一定要抓住这次机会，好好表现自己。

最后，胡文娟以《山歌好比春江水》这首民歌获得了这位歌星的肯定和认可。他连连称赞她独特的嗓音把这首山歌演绎得淋漓尽致。这次的表现虽然没让胡文娟成名，但无疑为她打开了一扇通向成功的大门。

把最好的自己表现出来，哪怕没有成功，我们的心里也是自豪的。因为我们在自己的舞台上演绎了最精彩的自己，虽然并不完美，但这已足够！

# 5. 为自己喝彩

人往往都会给别人鼓掌、献花，却常常忘了偶尔给自己一个小小的奖励。人生道路上，每个人都是孤独的，随时会有被人不理解的时刻，这时，就需要自己为自己加油。

——北大幸福理念

有这样一句格言："当英雄路过的时候，总要有人坐在路边鼓掌。"的确，生活中，我们总是习惯为别人的精彩鼓掌，然后就是无尽的羡慕。其实我们每一个人都是"英雄"，如果没有"路人"为我们鼓掌，那我们就学会为自己鼓掌，为自己喝彩！

小莉是一个安静的姑娘，但是却长着一个奇特的脑袋。因为她的小脑瓜里经常会有一些奇妙的想法，有时想得出神了就咯咯地笑起来。妈妈看到她这个样子，就骂一句："傻丫头！"

原来，小莉是因为看童话故事看多了。她总是喜欢捧着《安徒生童话》坐在角落里读得如痴如醉。读完以后，她除了幻想自己成为故事中的女主角，还想象自己要是能写出来这么迷离奇幻的故事该多好啊。

于是，小莉平时不仅勤记日记，她还开始自己写小故事，每一次老师布置的作文，她都非常认真地完成。有一次，老师问同学们长大后的理想是什么？小莉毫不犹豫地答：当一名作家！

有一次，小莉的表哥来到她家玩。看到小莉伏在书桌上正认真地写东西，就蹑手蹑脚地走过去偷看。"我要长大，长大了后我就可以当一名作家，我要像安徒生一样写出好多有趣的故事给小朋友们读……"表哥把偷看到的字大声念出来，小莉连忙不好意思地遮盖起来。谁知，表哥一阵大笑，笑过之后说："谁稀罕看你写的东西呢，还想当作家，你写的东西当垃圾卖，人家都不要。"小莉听到表哥的嘲笑，委屈极了，放声大哭起来。这时，闻声而来的奶奶问怎么回事？小莉告诉奶奶实情，但是奶奶笑着说："当什么作家呢，这世上有几个人能成为大作家呀？你一个小丫头片子能写出来什么？"

小莉听了奶奶的话，哭得更厉害了，妈妈听到了也走过来。知道了情况后，妈妈笑着说："没事，孩子，只要努力就一定会有收获的。现在没人赞扬你，你可以为自己打气、喝彩呀！"小莉听了妈妈的话，终于破涕为笑，高兴地点了点头。

还记得小时候，老师都会问小小的我们：长大后的梦想是什么？我们都会兴高采烈地大声喊出来。然而随着年岁的长大，我们懂得越多，却离自己的梦想越远。有的是我们主动放弃，有的是当我们的梦想不被别人认可，没人为我们加油时，我们就无奈地放弃。

每个人来到世上，都希望能演绎自己最美好的人生，都希望能展现出最精彩的自己，而这些都需要得到别人的肯定和赞赏才更加有意义，我们的心中才更加有动力。然而，除非有举世瞩目的辉煌成绩，除非是有一定名望的人物，才会得到大众的追捧和欢呼。我们都是平凡的人，很多时候我们在自己的舞台上卖力地演绎完，台下却没有热烈的鼓掌、没有美丽的鲜花。这时的我们，心底难免会生出失望之情，难免会黯然伤神，但是记住千万不要因此而失去信心，千万不要因为没有别人的赞赏就放弃自己。鲜花虽然美丽，掌声固然动听，别人的鼓励自然重要，但首先我们需要的是自己对自己的肯定和认可，自己给自己鼓掌和喝彩。没有观众，我们就是自己的观众；没人叫好，我们为自己呐喊！

# 6. 要学会关心自己

一个自爱的人，首先要学会关心自己。只有学会关心自己，才会用心地爱自己。

——北大幸福理念

我们总是习惯被人关心，小时候被父母关心，长大后被爱人关心，被朋友关心。被人关心是一种美好的享受，只有拥有关心与被关心的人，才能感受到天底下最真、最甜的幸福！然而，我们在关心别人的同时更不要忘了关心自己。有很多人心想：谁不关心自己呢？也许很多人都关心自己，但不一定人人都会真正地关心自己，有时是用错了方法，有时是在无意中就忘记了关心自己。

第一，要珍惜自己的身体。

俗话说："身体发肤，受之父母。"每一个人的生命都是父母赐予的，我们懂得珍惜和保护就是对父母最大的感恩。首先要学会关心自己的身体健康，人常说，没有健康就没有一切。只有拥有健康，才能更好地享受生活、事业和感情；才能真正地实现自己的人生价值，让自己的人生充满快乐和幸福。然而，现代社会，很多人有着不良的坏习惯和生活方式，不仅将自己的健康逐渐地摧毁，有的甚至因为疾病而失去了自己宝贵的生命。"逝者已矣，生者如斯"，离去的人什么也不知道了，给活着的亲人却留下了无尽的痛苦。

第二，要了解自己。

除了了解自己的人生拥有什么，更重要的是了解自己需求什么？欠缺什么？这里的需求和欠缺不仅包括物质方面，还包括精神方面。人不可能十全十美，但是人人都想做最好的自己，拥有最好的东西。面对自己的不完美和欠缺，我们可以努力地追求和寻找，从而满足自己的内心。但前提是了解自己真正短缺什么，需求什么，才能运用相符的思想朝着正确的方向前进，才能目的明确地培养自己、完善自己。

第三，要客观地评价自己。

只有站在客观的角度，我们才能一切从实际出发。有一句诗讲"不畏浮云遮望眼，只缘身在最高层"，我们经常不能客观地评价自己，不能用正确的态度对待自己的优点和缺点，正是因为我们经常习惯以自我为中心，经常只看到自己的优点，从而遮住了我们发现自己缺点和不足的眼睛。每个人都有优缺点，面对自我的缺点，我们可以努力地改正和完善；面对自我的优势，则淋漓尽致地发挥出来。因此，我们既不能高估自己，也不能低估自己。如果太高估自己了，只会让我们盲目自满，丧失了奋发的信念；如果低估自己了，只会让我们妄自菲薄，丢失了进取的动力。只有会关心自己的人才能不断地自我发现和反省，才能不断地进步。

第四，只有学会关心自己才能更好地关心别人。

能够真正关心自己的人必定是一个细心和善良的人，只有这样的人才不至于自私自利，才不会时常依赖别人。不去影响和依赖别人，就会给别人减少一定的负担，让亲人少一份牵挂，这就是对别人的间接关心。关心他人一定要从关心自己开始，只有真正学会关心自己的人才能更好地关心别人。

关心自己是一种本能，而学会真正地关心自己则是一种能力。关心自己的身体、生活、事业、感情，让亲人多一点放心，让自己多一份快乐。前方的路只能靠我们自己，人生道路需要我们独自走完，而只有拥有健康的身体和健康的心态，才能更加顺利地到达幸福的彼岸。

# 7. 做自己永远的主角

人生不过如此，且行且珍惜，自己永远是自己的主角，不要总在别人的戏剧里充当着配角。

——林语堂

莎士比亚说："世界就是一个大舞台。每个人都是在这个舞台上来来往往，上上下下。扮演着一个或是几个角色，主角或是配角，或者在这里是主角，那里又是配角，也许相反。"的确，人生如戏。我们每个人除了在扮演着自己这个角色，还在社会这个大群体中扮演着各种各样的角色：子女、父母、爱人、朋友、员工……

作为子女，我们要孝敬父母，承担赡养义务；作为父母，我们要照顾和关心子女，肩负养育和教育他们的责任；作为爱人，我们需要互相理解、互相信任，同享乐、共患难；作为朋友，我们需要尽力帮助他们，在他们需要帮助和倾诉的时刻，挺身而出；作为员工，我们需要认真工作、为公司创造价值和利益……这些角色是我们的本分和义务，然而有时候，我们扮演的角色太多，就难免会迷失自己，忘记了"自己"这个角色。

好莱坞有一个著名女影星，每当她笑起来的时候，嘴角就能翘到耳垂两边。这个大嘴美女极富有感染力的夸张笑容，被影迷们亲切地称为"一千瓦"的笑容，她就是朱莉娅·罗伯茨。朱莉娅 17 岁出道，在 20 世纪 90 年代初，她凭借在《风月俏佳人》中的出色表演，一夜成名，成为影迷心目中最有魅力的女星之一。

朱莉娅迅速走红之后，逐渐不满足于自己在轻喜剧上的成功，开始频繁在各种电影中尝试和挑战不同的角色，试图取得更大的成功。然而，令人遗憾的是，也许是由于她的演技还不到位，或者这些角色确实不适合她，她出演的那些恐怖片、惊悚片票房惨淡，无人问津。因此，朱莉娅在事业上一下子从高峰跌入谷底，而她也成了好莱坞众多导演的噩梦。

后来，朱莉娅认清了自己的失败，又重新返回轻喜剧的表演舞台上，她主演的《新娘不是我》，得到了万千大众的喜爱，票房一下子过亿。朱莉娅又回到了光耀的好莱坞一线女星的行列，这也为她赢得了金球奖。

朱莉娅在电影中饰演的女主角，演绎着"现代版灰姑娘"的传奇，她的爱情浪漫而唯美。然而，在现实中，朱莉娅的感情却失败得一塌糊涂，直到遇到摄影师丹尼。但朱莉娅作为演员，需要常年奔波在外，她跟丹尼的爱情根本得不到巩固和保障。可是朱莉娅实在太爱丹尼了，于是一向敢作敢为的她做出了一个令人惊奇的举动：她离开了自己的舞台，开始隐退。当记者问她最喜欢的地方是哪里？她毫不犹豫地微笑着回答：是家里，陪在爱人身边。

很多人除了敬佩朱莉娅的勇气之外，不免觉得有点惋惜。一个在好莱坞打拼多年，终于有了属于自己一片天地的影星，怎么就轻易放弃了高高在上的地位和荣耀的光环了呢？然而朱莉娅的回答却是这样的："我这一生一直在演别人的角色，我很享受，我很热爱我的演艺事业。但是，现在，我只想扮演好自己这个角色，自己才是人生中永远的主角。"

朱莉娅在影片中是一个好演员，在生活中她无疑也是一个好演员，因为她懂得怎样扮演好自己。面对名利、成就、财富、地位等诱惑，她毫不犹豫地选择放弃，她清楚自己追求的是什么，真正想要的是什么。身为女人，哪怕在某一天需要扮演人妻、人母、人媳这些角色，但女人这个角色永远处在首位。对于男人，同样也是如此，人生里的首要角色是男人！

每一个人都想活出自己的精彩，活出自己的价值，那就要记住永远扮演好自己的主角，做自己的主人！

# 8. 善待自己

记住该记住的，忘记该忘记的。改变能改变的，接受不能改变的。

——林语堂

哲人经常告诫我们要学会善待自己，爱自己。那么怎样才是善待自己、爱自己呢？有些人觉得善待自己总结起来就是四个"好"：吃好、穿好、住好、玩好。的确，人生短暂，我们需要懂得"吃喝玩乐"，不让自己在人世间白走一遭。但是人生在世，仅有物质的追求是远远不够的，我们更要懂得追求精神方面的享受。

善待自己就是面对人生中的喜怒哀乐，记住该记住的，忘记该忘记的；改变能改变的，接受不能改变的。懂得呵护自己的心灵，关照自己的内心，让自己拥有一个健康的心态，一颗平和宁静的心，每天都有一个好心情，每天都过得快乐幸福。

有一个男人，在他年轻的时候，不小心遭到别人的陷害，进了监狱，在监狱一关就是 8 年。

这时，男人已经是 33 岁的中年人了。经过家里人的奔波，男人的冤情终于被澄清，得以释放。出狱后，男人开始了新生活，但是却一直不能忘记他在监狱待的 8 年中所受的痛苦。男人见了人就抱怨命运的不公平，倾诉自己的苦难，到了最后就变成了恶狠狠的诅咒和仇恨。

一天，男人又对一个朋友说："上天不公平，你看我现在 33 岁了，却只是一个出租司机。本来我可以干出很大的事业，拥有自己的车子和房子。这都怪那个陷害我的人，让我在最美好的人生阶段，却进了黑暗的监狱。你知道吗？那真不是人待的地方，我每天醒了面对的就是脏兮兮的墙壁，透过狭小的天窗，我只能看见一道微弱的光线射进来，但那却不是阳光，是电灯泡。"

"冬天监狱里寒冷难忍，夏天蚊虫叮咬，伙食差得不能再差。我真的不明白，上帝为什么要让那个陷害我的人早早就死了。不然，我出狱了一定会亲手杀了他，以解我的心头之恨。"男人说到这里，面目狰狞，而他的朋友早已经逃之夭夭……

男人一辈子都没结婚，他的朋友也是少之甚少。65 岁的时候，在贫困交加中一病不起。在弥留之际，牧师来到了他的身边："可怜的孩子，去天堂之前，忏悔你在人世间的一切罪恶吧。"

男人睁开眼，吃力地张嘴说道："我不需要忏悔，我没有罪恶。我要诅咒，诅咒那个让我不幸的人，我就是做鬼也不会放过他。"

牧师听到男人的话，惊奇地问："是哪个人，让你如此仇恨呢？"

男人用尽全身的力气咬牙切齿地说："就是那个让我在监狱里忍受了 8 年非人生活的人。"

牧师听了，叹着气说道："你在监狱里待了 8 年，出狱到现在已经过了 32 年。在这 32 年之间你本可以过得自由快乐的呀，为什么还要让仇恨占据你的心胸，不能忘记过去的恩恩怨怨呢？"

的确，男人在出狱后的 32 年间，本来可以忘掉过去的一切不快，重新开始生活，努力追求自己梦想的生活和事业，让自己过得快乐幸福。他本应该明白生命与自由的珍贵，懂得善待生命、善待自己，而不是一直活在仇恨中，让痛苦折磨自己。其实他出狱后过的才是非人的生活。

善待生命吧，因为自己的生命只有一次；善待他人吧，因为善待他人就是善待自己；善待自己吧，因为这样才是真的没有虚度此生。生活中虽然有黑暗和痛苦，但也有光明、快乐和幸福，而享受这些的前提就是学会善待自己。

# 9. 请对自己的人生负责

人生就是一个人的疆界，最要紧的是负起自己的责任，管好这个疆界，而不是超越它，无所谓地悲叹天地悠悠。

——周国平

小草对花朵说："你对自己太不负责了，只开了短短几天就凋落了。"花儿却回答："我已经绽放出了最美丽的自己，我的一生已经无悔，这就是我最大的责任。"我们人也是如此，在自己的一生中，爱过、痛过、哭过、努力过、成功过、失败过……只要我们觉得自己体验了，没有虚度此生，便无怨无悔，便是对自己的人生负责了。

一个人到瑞士去旅游。他在上卫生间的时候，突然听到隔壁的卫生间里传来一种奇怪的响声。直到他走出来，那响声还没有消失。这勾起了他的好奇心，于是他想弄个明白。

透过门缝他向里面望去，看到一个七八岁的小男孩正蹲在地上，埋着头在做什么。他禁不住问小男孩在干什么？小男孩抬起头说："我在修理马桶。"原来，小男孩在上完厕所后，才发现马桶的冲刷设备已经坏掉了，没有办法把脏东西冲下去，于是就千方百计地修理马桶。

这个人听完后，非常感慨。于是，他和小男孩一起开始修马桶。

无论是生活中还是工作中，我们都应该像小男孩一样对自己做的事情负责，对自己的一切负责。有时哪怕不是自己的过错，也不要丢失负责的心。

某公司近来效益不好，于是开始裁员。裁员名单出来后，内勤部的小刘和小胡都在其中，根据公司规定，半个月后，被裁的人员必须离职。

裁员名单下达后，公司里的同事都小心翼翼不敢跟小刘和小胡多说一句话，怕触到她们的痛处，一整天只见小刘和小胡两个人的眼睛红红的，不多讲话。

第二天早上，小刘仍旧准时上班了，而小胡却迟到了整整半个小时。经过一晚上的思前想后，小胡越来越觉得自己太亏了，在公司辛辛苦苦工作5年，说辞退就辞退，她心里觉得太憋屈了。于是，一上午，小胡不是跟这个同事哭诉，就是嚷嚷着要找经理评理，搅得办公室里不得安宁。

而小刘两只眼睛也是红红的，想必也是哭了一个晚上。但是从早上来到现在她默默地坐在电脑旁继续做着自己的事情：订饭、传送文件、收发信件、整理资料。打印机是放在小刘桌子上的，平日里都是同事把文件给小刘传过去，小刘就会帮他们打印出来。但是，现在同事们知道小刘要走了，也不好意思麻烦她。小刘自己也觉察到了，她就主动和大家说话，说有什么需要帮忙的就尽管开口，在临走前再为大家做点事。大家听了小刘的话，都很感动。于是又像从前一样，开始喊："小刘，快，帮我把这个打印出来吧。"不同的是大家都在后面加了两个字"谢谢"。小刘听了，笑着说："谢啥谢呢。以后不是同事了客气的机会多的是。你们不用担心，我已经接受事实了，是福不是祸，是祸躲不过，我只希望在剩下的时间里能跟大家还像以前一样愉快。"

小刘说到做到，此后每一天她都是像从前一样坚守着自己的岗位，认真工作，同事们随叫随到。半个月很快就过去了，大家都准备送别小刘和小胡呢。没想到，经理却通知说让小刘留下来，继续工作。经理当场宣布说："像小刘这样负责任的员工我们公司永远也不嫌多。"

小刘不仅是对自己的工作负责任，更是对自己的人格负责任。当面对被辞的噩耗时，小刘懂得用一颗平常心来面对，懂得用乐观的心态看待问题，并不是自暴自弃、怨声满天。是她的一颗责任心挽回了自己的工作，拯救了自己的尊严！因此，请学会对自己负责，我们的人生会收获意想不到的惊喜。

# 10. 在心灵的花园，种下快乐的种子

生活中真正的快乐是心灵的快乐，它有时不见得与外在的物质生活有紧密的联系。真正快乐的力量，来自心灵的富足，来自于一种教养，来自于对理想的憧憬，也来自于与良朋益友的切磋与交流。

——于丹

生活中，我们经常看到有些人的脸上愁云惨雾、紧锁眉头；而有些人却每天都一副乐呵呵的样子，脸上挂着灿烂的笑容，走到哪里都犹如一股春风，带给人们清爽和喜悦。我们难免会怀疑难道他们就没有忧愁和烦心的事吗？答案是有！只是他们懂得怎样面对和解决生活中遇到的所有痛苦和不快，因为在他们的心灵花园早已种下了善良、自信、快乐的种子，他们懂得爱自己、爱生活。

有一个年轻人总是觉得自己的内心很悲伤，因为他觉得从他出生到现在没有一件幸运的事情降临在他的头上，相反，他的生活中多灾多难，总是不能顺顺利利。

于是，年轻人就寻找到一位智者，向他诉说完自己的痛苦后，请教怎样才能让自己快乐起来？智者听完了，一句话也没说，领着年轻人来到了后坡上一块杂草丛生的荒地，然后说："你把这里的荒草都除掉，在半年内想办法让这里不再是杂草丛生，而是重现生机。"

从此以后，年轻人就按照智者的吩咐，开始了开荒工作。他决心让自己变得快乐起来，于是每天带着一把铲子很卖力地铲草。十天之后，年轻人终于把这块地的杂草都铲光了，但是下了一场雨之后，铲掉的杂草又重新扎根，开始生长，并且越长越旺。

年轻人怪自己粗心，没有把铲起来的杂草捡掉，才让它们死而复生。最后，年轻人想到了一个好办法。他决定来个"斩草除根"，用烈火烧掉这些顽固的杂草。说干就干，很快，年轻人就放了一把大火，在无情的熊熊

烈火之后，杂草无一幸免。年轻人高兴极了，心想："这下跟智者就有个交代了。"

没想到的是，在一场春雨之后，地里的杂草又露出了黄绿的嫩芽，过了几天，它们就一个个往上窜，开始疯长。年轻人见了，是又气又急，眼看着半年的时间就剩两个月了，这杂草不仅没有被消灭，还重新长出来了，真是"野火烧不尽，春风吹又生"呀。

年轻人在一番思虑后，又想到了一招，那就是在地里撒上石灰，让杂草的根部烂掉，无法吸收营养和水分，就无法生长。然而，万万没想到的是，两个月过去，年轻人来到田地边上，看到的仍然是跟半年前一样的荒地，田里的野草仍然欣欣向荣。年轻人觉得自己是彻底失败了。

他垂头丧气地来到智者的身边，难过地告诉智者他还没有完成任务。智者听了仍然笑而不语，让年轻人再跟他来到田地边上。智者拿出一个小布袋，倒出一些种子，用手一挥，把种子全部撒在了田地里，然后就悠然离去。

过了不久，年轻人来到田地，发现地里的荒草全部不见了，取而代之的是一片绿油油的禾苗。年轻人除了惊讶，更对智者佩服得五体投地，他很快来到智者身边询问缘故，智者这才说道："年轻人，这些田里的杂草用普通的办法是除不掉的，你的那些办法都是治标不治本，根本的办法就是在地里种上五谷呀。你心中的悲伤就如同这些杂草，要想根除唯一的办法就是在你的心里种下感恩、平和、快乐的种子呀。"

面对人生中的众多不顺和困苦，我们悲伤是难免的。我们觉得生活不公平，觉得自己命太苦，但是有些事情发生了就无法改变，有些痛苦只能我们自己清除，除了我们自己，没人能帮到我们。其实，只要我们保持一种乐观的心态，拥有积极向上的精神，就一定会渡过所有难关；只要我们懂得在心灵的花园里，播种下幸福快乐的种子，努力认真地进行耕耘，就一定会收获生命的丰盈。

# 第 9 章

## 博爱：心怀天下，博爱众生

博爱是一种特殊的爱，是一种无私的爱，比我们经常所说的爱要宽广得多。然而，博爱又不是泛滥的爱，博爱乃为仁者之爱！凡是博爱的人必定拥有一颗广大的心胸，一种非凡的境界。

爱的力量是伟大的，有了爱，才让全世界充满了温情，让人们的心柔情似水，让百炼钢化为绕指柔。我们只有拥有一颗博爱的心，才会乐于助人，才会乐于奉献，才会慈悲为怀，才会善待自己、善待他人、善待所有生命；只有博爱的人才能达到真善美的境界，体会到幸福和快乐的真谛！

# 1. 善为至宝

就像使沙漠显得美丽的，是它在什么地方藏着的一口水井。由于心中藏着永不枯竭的爱的源泉，最荒凉的沙漠也化作了美丽的风景。

——周国平

古人曾有一副对联，上联为：善为至宝，一生用之不尽。善良是珍贵的，如果每个人都怀有一颗善良的心是最难能可贵的。"人之初，性本善"，善良虽说是人天生的本性，但是随着社会的演变，人变得越来越复杂，人们的社会观念开始发生了变化，很多人不自觉地把自己善良的大门紧紧关闭起来，轻易不会打开。然而，没有了善良就没有爱，没有善良就很难有幸福快乐。正如托尔斯泰所言："爱和善就是真实和幸福，而且是世界上真实存在和唯一可能的幸福。"善为至宝，打开善良之门，与人为善，一心向善，我们的一生会幸福美满。

台湾有一对夫妻出去旅游，由于是旅游高峰时期，好不容易才订到了两张火车票。挤上车后，两人寻找了老半天才找到他们的座位。但是，其中的一个座位被一个女士占了。先生让他的太太先坐在旁边的座位上，然后准备跟这位女士要回座位。

突然，他发现这位女士的脚有点不方便，于是就把到嘴的话又吞了回去。他继续让女士坐着，自己则站在太太的身旁。太太不理解丈夫为什么不要回座位，直到先生偷偷地给她示意了一下，她才发现了原因，也只好作罢。

一路上，先生一直都站着的，下车后，太太心疼地说："你给别人让座是为善。但是从嘉义到台北长达三个小时，不累吗？那个女士也真是，坐着别人的座位还心安理得的样子。"

先生听了笑着说："好了，这不是已经下车了。那个女士腿脚不方便，这不方便是一辈子，而我们只是三个小时而已。"

太太听完先生的话非常感动。不仅觉得自己的先生是个好人，这个世界也是如此美好，旅途上的劳累感一瞬间全消失了。

这位先生一句简简单单的话却显出他是多么的慈悲为怀，心胸豁达。他的善念感染了她的太太，相信也会传递给更多的人，让周围的环境氛围变得更加温馨，让世界变得更加和谐。

雨果说："善良的心就是太阳。"是呀，善良的光芒就犹如金色的阳光洒遍世界的每一个角落，照亮人们的心房，温暖人们的心灵；罗曼·罗兰说："灵魂最美的音乐是善良！"其实我们每个人都有属于自己的一首灵魂之歌，只要高声地吟唱出来，必定犹如天籁之音，感动全世界。

一个女士去银行汇款，由于是春节长假，银行只开了一个服务柜台。

前面排着很长的队，女士等了好久却不见人群移动。她伸出头望过去，看到营业员一直在打电话。女士心里顿时生气，人群也开始骚动，有几个人叫嚷着要投诉营业员。

这时，营业员放下电话，低着头，胳膊环抱着，不停地抖动，同时说："宝贝乖，不要哭了……"

所有人才明白，她是在哄小孩子。五分钟后，营业员好像松了口气，连忙给大家说对不起、对不起，然后开始工作。

终于轮到女士，她发现营业员的眼里泪光闪烁，便问："是不是孩子生病了？"营业员听了，眼泪瞬间涌出来，说道："是啊，早上都发烧了，现在我还有 1 个小时才能下班。"

女士说："给孩子治病要紧呀，快点忙去吧，我们下午可以来的。"后面的几个人也跟着应和着。

营业员听大家这么说，抱着孩子出来，给大家深深鞠了一躬说："谢谢大家，哪怕你们投诉我，我也会感激你们一辈子的。"

"我们不会投诉你的，放心吧。"大家说。营业员再次道了谢，就抱着孩子跑出去了。

看吧，只要人人都献出一点爱，这个世界是多么美好。善良的人永远都会为别人着想，理解和体谅他人；善良的人会驱走黑暗，迎来光明；善良是一个良性循环，快乐自己，幸福他人。

## 2. 爱心让生命之花绽放

充满了爱去对待一切。

——沈从文

德兰修女曾经说过一句话："我们都不是伟大的人。但我们可以用伟大的爱来做生活中每一件最平凡的事。"是呀，每一个人都是普通人，但每个人的爱都是伟大的。凡·高言："爱之花开放的地方，生命便欣欣向荣。"爱心会让世间万物充满生机，会让世间生活温暖缤纷。

有一个女人搬了家后，自己租了一个小公寓。她发现隔壁住着的邻居是一个寡妇，独自抚养着两个小孩，从他们的穿着看家里应该很贫困。

一天晚上，家里突然停电了。女人搜索了老半天才在一个抽屉里找到了半截蜡烛，刚准备点着，传来一阵敲门声。

女人点亮蜡烛就去开门，看到是邻居的一个小男孩。小男孩仰着头，睁着大大的眼睛问道："阿姨，你们家有蜡烛吗？"

女人听了心想：遇上个穷邻居就是麻烦，蜡烛都来借。如果这次借了，下次还不知想借什么呢？千万别让他们尝到了甜头。想到这里，女人就故意大声吼道："没有，我家没有多余的蜡烛。"说着女人准备关门。

这时，小男孩的脸上露出笑容，小手迅速伸进怀里拿出两根蜡烛，说道："看，阿姨。我是来给你送蜡烛的。我妈妈怕你一个人住没有蜡烛害怕，于是让我送来两根蜡烛。"

女人看到眼前两根红色的蜡烛，心里顿时开始自责，随后感动的眼泪直往下掉。她不仅错怪了孩子，还辜负了孩子的一片心呀。

生活中，我们经常听到许多爱心故事：大到捐款资助贫困小学生、捐髓救助白血病病人，小到日常给老人孩子让座、扶盲人过马路，等等。这个社会因为充满爱心而更温暖。

曾经有一个中国青年跑到了马来西亚，他来这里是为了做一笔生意的。虽然青年已经是身家过亿，但是他喜欢挑战自己，喜欢冒险。

这里发现了一个大型油气田，政府准备修一条高级公路。青年发现了在公路两边开发土地的商机，于是用全部资产做担保向银行贷款。

然而，几个月过去了。油气田没有开发，公路也没有修，青年心里万分焦急，而且他身上带着的钱已经再也住不起高档酒店，吃不起大餐了。于是，他就搬到一个小旅馆，在小饭店吃家常菜。最后，青年连旅馆都住不起了，他不得不搬到旅馆的小仓库，每天吃最便宜的盒饭。青年每天晚上偷偷地溜到旅馆大厅看晚报想得知油气田开发的消息。

后来，管理仓库的一个老华侨非常同情青年的处境，便免了他租仓库的钱，还每天自己订阅一份晚报拿到仓库，读完就交给青年读。可是青年读了44天的晚报了，还是没有任何消息。青年绝望了，现在的他穷困潦倒，连自杀的念头都有了。

一天，青年发现老华侨拿回报纸却是倒着读的，才发现他不识字，老华侨这才说为了方便青年读报才订的。青年感动极了，心中涌过一股暖流，似乎看到了一丝希望。而就在当晚，青年在报纸上发现油气田项目要成立的消息，他兴奋到落泪。一周后，青年买的土地价格就翻了两倍，青年的生活从地狱又到了天堂。

暴富后的青年为了感谢老华侨对他的关照，就给他买了一套高档的别墅。然而，老华侨却拒绝接受："我只不过是给你买了几十天的报纸，哪能值这么多钱呀。"青年说："您是一个有爱心的人，您的爱心是无价的，这根本不算什么。"

老华侨听了笑着说："孩子，你若真想感谢我，就把这些钱捐给真正需要帮助的人，多为社会尽一份力吧。"

青年听从了老人的话，从此以后一心行善，把他的爱心传遍全世界。

爱心是无价的，爱心能凝结出人间的真情，会聚成爱的海洋。爱心会让我们的生命之花灿烂绽放。做一个有爱心的人吧，让爱之花开遍全世界。

# 3. 慈悲为怀，慈善成行

关爱别人就是仁慈，了解别人就是智慧。

——于丹

莎士比亚曾言："慈悲不是出于勉强，它像甘露一样从天下降到尘世，它不但给幸福于受施的人，也同时给幸福于施与的人。"慈悲是一种大爱，是一种大德，因悲而爱，因爱而发光，照亮世间万物。佛语中说"慈悲为怀"，劝诫人们要以恻隐怜悯之心为根本，心中时常怀着慈爱之心。其实我们不仅要慈悲为怀，还要慈善成行，有了行动才能真正帮助别人。

山上有一个小寺院，寺里住着十几个僧人。他们自己耕田种地、种菜，才勉强度日。这几年，由于闹天灾，日子过得越来越清贫。

一天，寺院来了个穷苦的年轻人。给老僧人诉说了自己家里的困难，说孩子们都几天没吃饭，快要饿死了，求老僧人给他施舍点粮食。

老僧人长叹一声，准备到缸里拿点粮食，却发现空空如也。小和尚这才告诉师父，寺里已经没有粮食了，今天还不知道怎么开饭呢。

老僧人觉得很为难，一时不知该怎么办才好。忽然他想到了在自己那里存放着的一些铜币，这本来是积攒下来准备修缮佛像的。但是为了救助那个可怜的人，老僧人决定拿出一部分来。

老僧人把钱给了年轻人，对他说："快点买点粮食回去给孩子们吃吧。"年轻人千谢万谢之后，便拿着钱离去了。

年轻人一走，小和尚们就连忙凑过来对师父说："师父，你怎么能把咱们辛辛苦苦积攒下来修缮佛像的钱给他呢？让他买粮食，我们现在还没粮食吃呢。"

老僧人沉默不语。小和尚急了，大声说道："师父，您没有把佛像管理好，就是犯了大错，佛祖会怪罪您的。"

老僧人听了终于说道："我知道自己犯了大错，不过我还是会这样做的。"小和尚们听了瞪大了眼睛盯着师父，不知道为什么。老僧人继续说道："我想佛祖会原谅我的。你们想想，假如佛祖在这里，他会怎么做呢？他会拿着钱去修缮佛像而眼睁睁地看着那些可怜的人饿死吗？"

小和尚听了师父的话，都无话可说。老僧人笑着说："我知道你们一心修行，敬重佛祖。宁愿自己饿肚子也要保护佛祖。但是修行不仅要有一颗向佛的心，更要有向善的心，不管到了什么时候也不能失去慈悲的心。俗话说：'救人一命胜造七级浮屠'，我们救了那可怜的一家人，就是对佛祖最大的敬重，这也是佛祖的本意呀。"

小和尚听完师父的教诲，终于都心服口服了。

现实生活中，我们也有很多人像小和尚们一样，虽然怀着慈善之心，看到感人的事迹就会落泪，听到动心的故事就会感慨，但是等到真正别人需要帮助的时候，却未必会伸出援助之手。有怜悯之心固然是好的，懂得同情别人也是一种慈悲，可面对别人的痛苦却冷漠视之，甚至见死不救，这不是很讽刺的事情吗？

有一颗慈善的心，口口声声说别人可怜，却没有行动，没有善意之举，还不是照样帮不到别人，爱心根本就不能温暖到别人。因此，我们不仅要懂得慈悲为怀，更要用行动和实践去付出，让慈善成行。这样才能把爱和幸福传遍各个角落，让全世界充满温暖。

# 4. 爱别人就是爱自己

用我一颗爱心，去温暖每一寸泥土的寒凉；把每一个陌生的面孔都换成亲人的模样！

——翟鸿燊

有一首歌是这样唱的："爱你就等于爱自己。"这就是说爱别人就是爱自己。被人爱是享受的，爱别人也同样是幸福的。只要心中有爱，把爱分给值得爱的人，比什么都真实，都幸福。

有一个小孩子跑到山上玩，他高兴地对着对面的山谷喊了一声："喂……"结果他刚喊完，对面的山谷也回过来一声"喂……"

孩子很惊讶地想，大山怎么说话了？于是，孩子又喊了一声："你是谁呀？"紧接着，大山又回过来："你是谁呀？"

孩子又喊："小气，你怎么不告诉我呀？"大山也说："小气，你怎么不告诉我呀？"

孩子终于忍不住生气了，他用尽全身力气喊道："我恨你！"然后，大山也毫不留情地回过来："我恨你……"

孩子哇哇大哭起来。他一边哭，一边跑回家，告诉了他的妈妈，大山不喜欢他，说恨他。妈妈听了笑着说："孩子，那你试着对大山喊'我爱你'吧，大山就会喜欢你的。"

孩子听了妈妈的话，又跑到大山上。大声喊道："我爱你！"果真大山也说："我爱你……"

孩子终于破涕为笑，飞快地跑回家告诉了妈妈。

这个故事给我们的启示就是假如你不爱别人，别人也不会爱你；假如你想得到别人的爱，首先就要学会先去爱别人。

生活中，我们经常会看到很多人抱怨和责备别人对自己不好，不关心自己，对自己发脾气，却从来不会想想问题是不是出在自己身上？别人对待我们的态度正是一面镜子，可以照出我们对待别人的态度。我们没有首先对别人好、没有关心别人、没有爱别人，才同样没有人来对我们好、关心我们、爱我们；我们首先要懂得付出，才能得到同样的回报。

读过一篇课文，名为《爱之链》，故事是这样的：

乔依开着自己破烂的车找了一天的工作，但是还没有找到。眼看着天色要黑了，天气非常寒冷，雪花纷纷扬扬地飘落下来，乔依开着车抓紧往家赶。乔依工作的工厂在前不久倒闭了，他的心里很是凄凉。

走到一条偏僻的路上，乔依看到一辆车停在了路边，车旁有一个人招呼让乔依停下来。乔依下车后，才看到这是一个身材矮小的老太太，她的身旁是一辆车。

原来，老太太的车坏了，需要帮助。老太太说："过去一个多小时了，没有人停下来帮我，你肯帮我吗？"

乔依虽然急着往家赶，但是看到老太太焦急的脸色。于是说道："太太，我很乐意，您放心。"说完乔依就开始检查，发现车子不过是轮胎坏了，但是对于一个老太太来说这可是个麻烦的事。乔依让老太太到车里暖和，自己钻到车底下换轮胎。不一会儿，轮胎换好了，老太太对乔依非常感谢，问乔依需要付多少钱？

说句实话，乔依非常需要钱。但是笑着拒绝了，说："如果您遇上一个需要帮助的人，就请您给他一点帮助吧。"然后，乔依继续开着破烂的车子赶路。

老太太开着车前进，走到一个小镇上看到一个小餐馆。老太太就下去想吃点东西，喝杯咖啡，暖暖身子。餐馆里面十分破旧，光线昏暗。店主是一位年轻的女人，她热情地送上一条雪白的毛巾，让老太太擦干头发上的雪水。老太太感到心里很舒服。女店主热情地给老太太服务，忙前忙后，脸上始终挂着微笑，可掩盖不住极度的疲劳。更重要的是，她至少怀孕有 8 个月了。

老太太用完餐，付了钱。女人给老太太找零钱回来，却发现老太太人已经不见了。只见餐桌上有一个纸包，里面装着一些钱。餐桌上还留有一张纸条，写着一段话："刚才有人帮助过我，现在我也想帮帮你。"

她关上店门，走进屋里，发现丈夫不知什么时候已经倒在床上睡着了。他为找工作，已经快急疯了。她轻吻着丈夫粗糙的脸额，喃喃地说："一切都会好起来的，亲爱的，乔依……"

故事很感人，同时也教给我们一个道理：爱别人就是爱自己。爱可以形成爱之链，最终还是会回到自己身上。

# 5. 心暖心，助人乐己

"帮助别人，快乐自己"，这是亘古不变的一条人生哲理，也是一条生存法则。

——北大幸福理念

在人生的旅程中，每个人的生活都离不开别人的帮助，但在接受别人帮助的同时，我们也要学会去帮助别人。帮助别人就是用自己的心温暖别人的心。在帮助别人的过程中，不仅让自己感到快乐，还提升和丰富了自己的人生。

有一个小姑娘到公园里玩，路过一片草地时。她看到一只美丽的大蝴蝶从半空中掉落下来，摔在地上，扑扇着翅膀。

小女孩跑过去把大蝴蝶捡起来一看，原来蝴蝶受伤了，有一根荆棘的刺扎在它小小的身体里。小女孩小心翼翼地帮蝴蝶拔出刺，然后轻轻地对蝴蝶说："蝴蝶，快点飞吧。"

但是蝴蝶没有飞，而是化成了一位美丽的仙女。小女孩惊奇地望着仙女，仙女笑盈盈地对她说："小姑娘，谢谢你的帮助。为了感谢你，我会帮你实现你心中的愿望，你快点许个愿吧。"

小女孩想了想说："我什么东西也不要，我只希望自己快快乐乐的。"仙女听了就俯下身子在小女孩的耳边细语了一番，然后很快消失了。

此后，小女孩果真快乐地度过了她的一生。原来，小女孩快乐的秘诀正是仙女在她耳边说的话，仙女说："如果你经常帮助身边的人，你一定会快乐的。"

的确，让自己快乐的秘诀之一就是帮助他人。"助人为乐"一直以来都是我们人类的灿烂文化，是温暖社会的最大元素。

曾经看到一个故事，名叫《盲人提灯笼》。大家看到这个题目，肯定觉得很奇怪，一个盲人怎么还提灯笼呀，反正看不见。

有一个年轻人也有同样的疑问。年轻人有好几次看到盲人在夜晚出门都提着一个点亮的灯笼向大街走去。有一天夜晚，特别漆黑。天空中没有星星，也没有月亮。年轻人加完班后，连忙往家赶，因为妻子在家等着他吃饭呢。为了节省时间，年轻人就抄了一条捷径。这是一条偏僻的小巷，年轻人突然有点害怕，万一出现歹徒就糟糕了，他后悔自己不该走这条路。突然，年轻人看见远处有一道亮光，越来越近。

走近了，年轻人才发现又是那个盲人提着一个灯笼在走。年轻人实在忍不住了，就走上前问道："老人家，您不是看不见吗？为什么每次走路要提着灯笼呢？"

盲人听了，笑着说道："年轻人，我这不是给我自己提的，是给你们提的呀。其实呢，提灯笼对我自己也有好处呀。"

"有什么好处？"年轻人不解地问。

"我提着灯笼，这样别人就容易看到我，不至于在黑暗的夜里撞到我，这不是保护了我的安全吗？这么多年来，我每次都提着灯笼出门，虽然我看不见，但我的耳朵能听到。很多人在走过去后，都会感谢我为他们照亮路，而此时是我最快乐的时刻。而且，那些好心人也会帮我度过一个个沟坎，使我免受一些危险。我帮助了别人，别人也帮助了我，大家都快乐，这不是很好吗？"

帮助别人，也是在帮助自己；最可贵的是帮助别人可以给自己带来好心情，让自己快乐起来。正如美国著名文学家爱默生所说："人生最美丽的补偿之一，就是人们真诚地帮助他人之后，同时也帮助了自己。"凡是喜欢帮助别人的人心中一定有着伟大的爱。爱是一盏明灯，在照亮了别人的同时，也在温暖自己。

# 6. 拥有一颗仁爱之心

> 人与人之间，部落与部落之间，种族与种族之间，国家与国家之间，为什么会仇恨？因为利益的争夺，观念的差异，隔膜，误会，等等。一句话，因为狭隘。一切恨的根源溯源人的局限，都证明了人的局限，爱在哪里？就在超越人局限的地方。
>
> ——周国平

早在几千年前，孔子就提出了"仁爱"的思想，后来这也成为儒家思想的核心。而在几千年的流传中，"仁爱"这一思想一直是中华正统文化的根基和主题。"仁"是人们的一种情感诉求，也是一种伦理原则；是一种治国之道，更是一种精神境界。

《说文解字》中说："仁，亲也，从人二。"可见，"仁"就是我们人与人之间相亲相爱的一种关系。有了"仁爱"，我们就必须尽到一些义务，也就是做应该做的事，主要包括家庭义务和社会义务两大部分。

仁爱是分为几个层次的，最根本就是孝悌。只有那些懂得孝敬父母、与兄弟姐妹朋友友爱的人，才懂得去爱社会上的众人，承担社会上的义务，做到"泛爱众"。假如社会中的每一个人都能拥有仁爱之心，做到尊老爱幼、助人为乐，那么社会将呈现出和睦、欣欣向荣之景。

自古以来上至帝王将相，下至寻常百姓，都深受仁爱思想的影响，在生活中也身体力行地实践和发扬着仁爱的思想光芒。

唐朝有一位特别有仁爱之心的皇帝，那就是唐太宗李世民。

李世民登基后，就把先皇留下的那些嫔妃宫女从深宫里释放出来，并且分给她们银两遣送回家。年老的可以安度晚年，年轻的就嫁人生子。

过了两年，陕西关中一带遭遇旱情，引发了"大饥荒"。李世民自责地说："发生了旱情，这都是君王的罪过，百姓们没什么罪过。因为我的德行不能让上天信服，所以上天想惩罚我呢，但却让我的百姓受苦受难。我还听说有些百姓穷到卖儿卖女，未免是太可怜了，今天我派御史大夫杜淹拿着钱财去把那些被卖掉的儿女赎回来，交给他们的父母吧。"

又过了十几年，高丽猖狂，李世民率领大军亲自前往讨伐并驻扎在定州。一日李世民前去安抚慰劳士兵们。当得知一个士兵由于生病不能拜见时，李世民就派人去探望这个生病的士兵，并派太医给他治疗。士兵们知道太宗非常体恤他们，于是就很卖力地打仗。

仗打完后，李世民率大军回京。在途中遇到阵亡的将士，李世民就下令把他们的骸骨收集起来好生安葬，宰杀牛羊祭奠，更难得的是他亲自前去哭泣祭拜死去的将士。

活着的士兵们回到家里告诉了父老乡亲们，咱们有一个多么好的皇帝呀。那些死去儿子的父母听了说道："有天子为我们的儿子哭泣，他们尽管是战死也无憾了。"

正是因为唐太宗李世民的仁爱之心，在他在位 50 年中，百姓安居乐业，国富民强，各民族融洽相处，为后来的开元盛世奠定了重要基础。

不管是个人、民族、国家，还是社会，拥有了"仁爱"才能和睦相处，才能生生不息。"仁爱"是我们人类最基本也最深沉的感情。拥有一颗"仁爱"的心，才会互相理解、互相关心、互相尊重，才会相亲相爱，"仁爱"更是我们构建和谐社会的重要依据和根本准则。


# 7. 奉献，让世界更美好

向人索求的越少，给予人的越多，就越是接近于成功的品质。

——林语堂


一滴水可以滋润土地，一粒粮食可以孕育生命，一缕阳光可以温暖人心。那么，一个人呢？一个人可以做出的奉献很多很多，然而前提是想做不想做。有些人生来自私自利，唯我独尊；有些人却有一颗大公无私之心，为他人、为国家、为社会贡献出自己的绵薄之力；有些人甚至把自己宝贵的生命都奉献出来。

小学课文上，我们知道了董存瑞、黄继光、邱少云，才明白什么是伟大，什么是英雄，什么是奉献！没有那些革命烈士的无私牺牲，就没有我们今天的光明生活。因此，我们不仅要懂得珍惜，更要懂得学习和继承他们的奉献精神，让我们的生活更加幸福，让世界更加美好。

相传在欧洲的一个小镇有这样一个故事：

小镇上一个教堂准备铸造一个大钟，按在教堂的顶楼上。这样，到了每个周末做礼拜的时候，钟声一响人们就会自动聚集到教堂。为了把大钟铸造得更加美丽、声音更加清脆，人们开始纷纷捐款筹钱，奉献出自己的一点力量。

小镇上有一个小姑娘名叫安娜提，她的父亲很早就去世了，家里没有什么收入来源，全靠母亲给别人洗衣服当佣人维持家计。

虽然生活贫困，但是安娜提和她的母亲都非常诚心，每天吃饭前必须要进行祷告。有一天，小安娜提跟着母亲给别人搬运杂物，得到了一个铜币。安娜提本来没有想要钱，想要推辞，结果，好心的主人一定要她收下。征得了母亲的同意，安娜提就收下了铜币。

她来到献钱处，打算把这枚难得的铜币奉献出来，为铸造大钟尽自己小小的一分力量。但是，没想到，收款人看到安娜提光着脚丫子，穿得很破烂，脏兮兮的手里仅仅握着一个铜币，就说："一个铜币起什么作用呀，小孩子不要捣乱，快点回家去。"安娜提伤心地回到家中，告诉了她的母亲。母亲安慰她说："孩子，不要紧，上帝知道你的心意就行了，不要伤心。"安娜提这才安心地把铜币收藏起来。

大钟铸好了后，发出的声音总是听着不和谐，经过几次的修正还是如此。让那些铸造大钟的名匠们很是沮丧，他们也不知道是哪里出了问题？

小镇上的人都对此议论纷纷，有的人说是工匠们技艺不高；有的人说是不合时宜；有的人说莫不是谁惹怒了上帝，上帝在惩罚人们。

最后，铸造大钟的负责人问收款人，小镇上人们所捐的钱都用上了吗？收款人答：是。突然他想起来有一个小女孩曾经来捐献一个铜币，他没有收。负责人听了就说："天哪，原来问题出在这里呀。我们若不收那一枚铜币，就永远别想让钟声和谐。快点把那个小女孩找来。"

收款人连忙来到安娜提家中，让她带着那枚铜币来到收款处。负责人对安娜提说："孩子，快点把你的一枚铜币献上吧，上帝会感谢你的。"安娜提照做了。

当人们再次敲钟时，大钟发出了和谐悦耳的声音，传遍了整个小镇。大家都高兴地欢呼起来，说："安娜提的奉献最大呀！"

可见，奉献不分大小。哪怕是微小的奉献，只要有颗奉献的心，就是无价的，是最宝贵的，值得尊敬。奉献要从小事做起，要做力所能及的事，并且是无私的、真诚的、发自内心的。伟大的科学家爱因斯坦说过："一个人的价值，应当看他贡献了什么，而不应当看他取得了什么。"人生的意义和价值在于奉献而不在于索取。只有每个人懂得奉献，这个世界才会变成美好家园。

## 8. 善待所有的生命

自己生存，也让别的动物生存，这就是善。只考虑自己生存，不考虑别人生存，这就是恶。

——季羡林

近几年，人们越来越注重环境保护和动物保护。好多爱心人士，倡导人们不要滥杀动物，不要污染环境。著名运动员姚明曾以"鲨鱼大使"的形象拍了一个公益广告片，告诫人们不要吃鱼翅，呼吁大家保护鲨鱼。然而，如今有些餐桌上照样放着山珍海味，有些人身上照样穿着貂皮大衣，有些人行走在路上，照样随意乱丢垃圾……对于自己的生命人们非常珍贵，然而对于其他的生命，却漠然视之。岂不知，我们在伤害这些生命、在污染地球的同时，是在残害自己的生命。

前几年流行的 SARS（Severe Acute Respiratory Syndromes，传染性非

典型肺炎）及禽流感病毒曾经让人们惶恐不安，包括近几年来有些人们吃了海鲜就会得各种怪病。可见，人类很多的疾病和死亡都是由动物引起的，但是其实反过来说动物体内含着的毒素都是人类"注射"进去的。随着科学技术的发展，人们饲养动物、种植植物都会运用大量的激素、抗菌素、农药、化肥等化学物品。人类通过食用部分带化学残留物的动植物，又威胁到自己的健康和生命。由此看来，从根本上说，是人类自己害了自己。因此，我们不仅要懂得善待自己的生命，更要懂得善待所有动植物的生命。

地球上所有的生物都是息息相关的，凡是有生命的生物之间会形成一条生物链，这其中包括我们人类。有树的地方常有鸟，有花草的地方常有昆虫，而人类生存的环境中有"鸟语花香"才是最美好的。人类、植物、昆虫、鸟和其他生物靠生物链联系在一起，相互依赖、相互生存，其中倘若有一种生物受难，其他生物就也跟着受到影响。整个生物界是一个相互依存的有机整体，只有互相平安，互相健康，整个生物链才会生生不息。

由于不法分子的大量偷猎和环境的严重污染，很多珍贵的动物都濒临灭绝，温室效应愈演愈烈，全球变暖，冰山融化，大量陆地和城市会被湮没，人类的生命自然会受到威胁。

地球是我们共同的家园，地球上的所有生命都有存在的合理性和价值。因此，我们关注人类的生命和健康，就必须同样关注动植物的生命和健康。对于大自然，我们不仅要有敬畏之心，更要有保护之心。保护大自然，保护所有的生命，珍惜所有的生命，善待所有的生命。

# 9. 爱是平等的

你爱他（她）多一点，自己就会痛苦一些。不要太傻，爱不只是一个人的付出，爱需要两个人共同的努力。

——北大幸福理念

"你以为，就因为我贫穷、低微、不美、矮小，我就没有心，没有灵魂吗？你想错了！我的灵魂跟你一样，要是上帝也赐予我美貌和财富的话，我也会让你难以离开我，就像我现在难以离开你一样！"这是英国文学名著《简·爱》中最经典的一句话。作者借小说主人公简·爱的口表达出了自己对爱的理解和追求。人类的爱主要包括三大爱：爱情、亲情、友情；这三种感情会聚成了我们人生中爱的长河，给我们的生命带来温暖和曙光。拥有爱的人是幸福的，虽然每一个人对爱的期望值和追求不同，但是一定要明白，所有的爱都是平等的。每个人都有爱与被爱的权利，每份爱只有是平等自由的，才可以长长久久。

爱是无私的，尤其是父母对孩子的爱；然而，爱又是自私的，比方说爱情，有的人为了爱会不择手段。但不管是什么爱一定要纯真，要懂得付出，只有口头的爱轻如羽毛，风一吹就会飘走，真正的爱是实实在在的付出。

对于父母的爱，我们经常会觉得这是理所当然的，是父母应尽的义务；但倘若父母完完全全地爱着我们，而我们却不懂得孝敬父母，回报父母，终有一天他们会心寒，而我们则会一辈子顶着"不肖子孙"的骂名，让世人笑话，况且爱父母、孝敬父母这也是我们做子女的应该承担的责任；爱人一心一意地爱着我们，而我们却不懂得珍惜和把握，那么，终有一天，他们会觉得身心疲累。试想总是一方在努力地付出、努力地改变，不断地包容和退让，而另一方却不懂得做出相应的反应，甚至背叛和远离对方，怎么可能长久呢？每个人的忍受能力都是有限的，每个人的承受能力也是有限的。如同绷紧的琴弦，到了一定程度就会绷断。

有这样一个故事：

有一天，一群农民在翻新谷仓时，发现谷仓的墙角有一个老鼠洞，大家猜想里面肯定有老鼠，于是就用灌水、烟熏的办法逼老鼠出来。不一会儿，有一只老鼠从洞里窜出来，紧接着一只、两只……跑出来十来只老鼠。

大家想洞里的老鼠应该都逃完了吧。有一个人不放心，趴在洞口往里望去，结果看见还有两只老鼠正在洞口推挤着，逃不出来。那个人连忙让众人看，众人看着那两只小老鼠你推我挤的样子，都笑得前俯后仰。

经过一番的努力，两只小老鼠终于逃出来了。但是奇怪的是，它们逃出洞后并没有迅速地逃走，而是在众人的面前互相追赶，似乎在咬对方的尾巴。

大家觉得好奇，于是走上前一看，原来其中有一只老鼠的眼睛是瞎的，看不见路。而另外那只老鼠应该是在设法咬住它的尾巴，然后领它一起逃跑。最后，它们终于达成一致，逃跑了。

事后，大家讨论这两只老鼠的关系，有的说它们是君臣关系，有的说它们是主仆关系，有的说是夫妻关系，而有的说是母子关系，更有的说只是好朋友互相帮助了。

最后，最先发现两只老鼠的那个人说道："你们为什么就认为它们之间一定是某种关系呢？不管是什么关系，不管它们有没有血缘、情义、利益关系，只要它们之间的爱是纯真的、相等的就行了。"

世间万物都是处于平衡的阶段，才不至于失衡，才会和谐、欣欣向荣；人们的爱也是如此，只有爱的天平平衡，心中才会充满希望，充满幸福。因此，不管是什么关系、什么爱，都须是互相珍惜、互相爱护、互相关爱，爱才会永葆青春，天长地久。

# 10. 以德报怨，乃是大爱

以直报怨，以德报德，提倡的是一种人生的效率和人格的尊严。

——于丹

佛家有这样一个故事：

师父问弟子："如果有人在你的脸上吐口水，你会怎么办？"弟子回答说："我会擦干。"师父说："不，你应该让它自然干。"西方也同样有一个故事：

有人问耶稣："假如有人打你的左脸，你会怎么办？"耶稣答："那我会把我的右脸伸过去让他打。"这两个故事说明了一个道理：以德报怨。

生活中，我们经常习惯以德报德，对我们有恩的人，我们会尽力回报他；对于别人的帮助，我们心里会感激不尽。然而，对于我们的仇人，跟我们有过节的人或者伤害过我们的人，我们总是耿耿于怀或心怀怨恨，有的人甚至伺机报复，很少有人会用宽阔的心胸去宽恕和原谅他们。俗话说"冤冤相报何时了"，报仇只会让彼此更加仇恨，对自己、对别人都是一种痛苦。既然如此，还不如冰释前嫌，让温暖和感动进驻心房。

春秋战国时期，齐桓公与公子纠争夺权位，曾被辅佐公子纠的管仲射过一箭，这一箭差点要了齐桓公的命。但是齐桓公登上国君之位后，在师傅鲍叔牙的劝说之下，觉得管仲这样的人才很难得，齐国宏图大业的发展需要他，于是就不计前嫌，忘掉了他和管仲的仇恨，用博大的胸怀宽容并重用他。管仲领了齐桓公的恩情，从此就尽心尽力地辅佐齐桓公。最终帮助齐桓公登上了霸主之位，使齐国成为强大的国家。

有很多人面对别人的欺辱和伤害，用一颗平和的心态去对待。宽以待人，以德报怨，避免了悲剧的发生和更大仇恨的产生。

小时候我们学过一篇课文，讲了战国时期蔺相如与廉颇的故事。

赵国的丞相蔺相如以他超人的勇气和智慧，战胜了强大的秦王。让其归还了赵国的镇国之宝——和氏璧，并且避免了割让土地。

后来，秦王和赵王共赴渑池之会。面对秦王的侮辱，赵王显得非常的尴尬。这时，又是机灵的蔺相如让赵王摆脱了窘境，同时也维护了赵国的尊严。

赵国的民众都对蔺相如的才智佩服得五体投地，赵王对蔺相如也是感激不尽，回国后重赏了他。但是这件事让赵国的老将——廉颇知道了，他的心里很不服气。廉颇觉得自己是一名战将，曾经南征北战，给赵国立下了汗马功劳。而蔺相如区区一个文臣，竟然得到如此重用，官阶还比他高。因此，廉颇就扬言一定找个机会好好羞辱蔺相如一番。

蔺相如听说后，不仅不计较，还尽量避免跟廉颇发生正面争执。为此，他一直远远地躲着廉颇，有时上朝车马不巧相遇了，蔺相如也会主动让道以礼对待廉颇。廉颇刚开始以为蔺相如害怕他，后来听说，蔺相如这样忍让他，是为了不影响国家的社稷大业。廉颇这才觉得自己堂堂一名武将，却小肚鸡肠，心胸狭隘。

廉颇自觉惭愧，就到蔺相如府上"负荆请罪"，请求蔺相如原谅他的鲁莽和不善，蔺相如自然以宽厚和仁义之心原谅了他，两人便消除了误会和间隙，开始和睦相处，并且结为生死之交，共同为赵国的江山社稷贡献力量。

以德报德是人之常情，而以德报怨是一种修养，一种境界，是一种大爱。如果我们每一个人都能做到以德报怨，那么，世界就会更加和谐美好。

# 第 10 章

## 宽忍：宽忍境界，修养身心

　　俗话说："退一步海阔天空，忍一时风平浪静。"宽忍是人生中的一种平和心态，是一种崇高的境界，是一种生存的智慧和艺术。宽忍的人必定具有广阔的胸襟，仁爱的心灵。懂得宽忍的人不仅会得到他人的感激和回报，也会让自己的人生道路越加宽阔，让自己的内心时时充满温情和平和；懂得宽忍的人在人生的逆境中，能够用坦然的心态、进取的精神战胜一切苦难，获得自己想要的结果。

　　宽忍是一种修养、一种气度。学会宽容、学会忍耐、学会妥协、学会吃亏、学会远离仇恨，用一颗宽忍的心拥抱所有、化解一切。让世界的每一个角落都充满宽忍带来的芬芳和美丽，幸福和希望。

# 1. 宽容多一点，希望多一些

太阳光大，父母恩大；君子量大，小人气大。

——翟鸿燊

我们总是抱怨命运不公平，生活太困苦，人情太冷淡，有时甚至对一切都绝望，觉得世界太黑暗，根本看不到希望的曙光。其实，也许是我们心灵不够强大、心胸不够宽阔，才让自己禁锢在黑暗的牢笼中，不能获得自由和希望。不管是对命运、生活，还是人情，我们只要敞开心扉，多一点宽容，希望就会多一些，生活也会美好许多。

曾经和科比大战三百回合的克里斯·保罗不仅在球场上受到人们的赞扬，在生活中他的善良仁慈也受到人们的敬仰。

曾经在保罗身上发生过这样一个事件。那是保罗童年时，他每天放学后就会跑到外祖父那里，和外祖父玩耍。后来，外祖父发现保罗在篮球方面极具天赋，就不断地训练他，爷孙俩经常在球场上玩得不亦乐乎。几年后，保罗的天才篮球技术远近闻名。

2002年，保罗的外祖父采购东西回来时，路上遇到一群歹徒。凶恶的歹徒不仅抢走了外祖父的财物，还对他拳脚相加，之后就扬长而去。外祖父年老体衰，再加上受伤，心血管疾病复发去世了。

外祖父的去世对保罗打击极大。他陷入悲伤中不能自拔，甚至对生活也失去了希望，没有外祖父的陪伴，保罗连篮球都不碰了。

在外祖父的丧礼上，有一支大学篮球队前来祭奠。之后，他们诚恳地邀请保罗加入球队，一同征战新赛季。这是一个难得的机会，保罗也很动心。但是他害怕自己现在的状态不能打球，他对自己仍旧没有信心，于是他准备拒绝。

这时，一个长辈对保罗说："孩子，你外祖父一直希望你变成一名伟大的球员，为了他你一定要去。"

保罗听从了这位长辈的话，再加上大家的鼓励，他重新燃起了对生活的希望，对篮球的热爱。后来，在一场 NCAA（National Collegiate Athletic Association，美国大学体育总会）的比赛中，保罗用自己的实力获得了 61 分，他激动得热泪盈眶，随即主动下场，他想把分数保持在 61 分，因为这正好是外祖父去世时的年龄。

紧接着，杀害外祖父的那些歹徒也被警方全部抓住了。任何人都想将这些歹徒绳之以法，接受惩罚，但是保罗却有他自己的提议："虽然我很想念我的祖父，但我知道他不会再回来了。当时我很高兴听说他们要进监狱，但是现在我成熟了，我思考得更多了。"保罗甚至为这几个人上诉申请减刑。

"外祖父教给我很多东西，比我去当博士学的都多。尤其是做人的道理，我想我应该宽恕他们。"保罗说。

也许对于很多人来说，自己的外祖父遭到一群恶毒的人抢劫并因此去世，难免会对他们恨之入骨，希望他们坐 100 年的牢。但是心胸豁达宽广的保罗却原谅和宽恕了他们。

人生旅途中，我们经常在面对突然的变故时，会陷入悲观绝望之中；面对别人的恶言相向和欺凌侮辱痛恨不已；面对世间的世态炎凉、人情冷暖失去希望；有的人甚至把自己封闭起来，希望过一种与世隔绝的生活，这样就不用与人相处。但是这样我们的人生就会更加迷茫、更加悲惨。其实只要我们有一颗宽容的心，原谅他们；始终怀有一颗慈悲之心，感化他们，生活中就会充满更多的温暖、希望和幸福。

# 2. 解开"心结"，宽恕自己

宽容一点，给自己留下一片海阔天空。

——于丹

我们知道绳子打成一个死结后，得费老半天劲才有可能打开，倘若实在打不开，就必须拿剪刀等剪断或拆散。那么心里有一个死结呢？这就是人们经常说的"心结"。心结犹如人们心中一个解不开的疙瘩；是人们心里放不下或者耿耿于怀的事情，是内心所受的一种压抑，也就是通常所说的一种心病。俗话说"心病需要心药医"，对于心中的死结，最好的心药就是宽恕。因此，要想打开自己的心结，那就学会宽恕自己。

漫长人生道路上，我们总会不可避免地遇到各种各样的不如意事，比如所遇到的苦难、曾经犯下的错误，面对自身无法改变的缺点和缺陷。倘若我们太认真、太较真，就会使这些不如意的事形成一个个死结盘踞在我们的心头，无法释怀。我们经常感叹自己的不幸，却不知道不解开心中的死结，才是最大的不幸。

苏湖在朋友眼里是一个很幸福的女人。她有一个疼爱她的丈夫，有一个可爱的孩子，还有一份稳定的工作。一家人和睦幸福，很是让人美慕。

然而，有一天苏湖喝醉酒后，却跟最好的朋友道出了自己心中多年的苦恼：原来，苏湖在上大学时，认识了一位英俊的青年——穆强，她一下子跌入了情感的旋涡，无法脱身。然而穆强只是来自一个偏远山村的穷小子，在一家汽车修理厂工作。因此，苏湖的父母极力反对，他们觉得穆强不能给自己的女儿幸福。但是苏湖一直很坚持，大学还没毕业，苏湖就未婚先孕，于是她偷偷地退学。苏湖的父母知道后强烈要求女儿把孩子打掉，但是年轻气盛的苏湖说不用他们管，自己可以养活孩子。父母觉得女儿丢尽了他们的面子，一气之下就对女儿说，不把孩子打掉，如果跟穆强结婚，他们就不认这个女儿。性格倔强、敢爱敢恨的苏湖连夜就跑出了家门，跟穆强私奔到另外一个城市。

后来苏湖还是把孩子打掉了，因为她死死爱着的穆强并没有她想象的那么爱她。她跟穆强分手后，开始了自己一个人在外的艰难生活，好强的苏湖觉得自己没有脸面回去，她不能原谅自己对父母所犯下的过错。一晃眼，十多年过去了，苏湖从来没有回去看过自己的父母，虽然期间父母写过信让她回家看看，但是苏湖觉得自己没脸见他们。

有一天母亲又发来电报，说父亲病危，想见见苏湖。苏湖起初一直犹豫不决，她没有勇气回去。最后在丈夫的劝说及陪同之下，苏湖才踏上了漫长的回家路。可是当她回到家，却再也见不到她的父母了，他们已经双双去世了。原来她的母亲在父亲去世的那天晚上，由于伤心过度，导致脑出血，也去世了。

从此，苏湖就更不能原谅自己了，她快要恨死自己了，她觉得是自己害死了父母，她简直伤透了他们的心。

苏湖的朋友不知道苏湖内心竟然藏着这么大的悲伤。她劝说："事情都过去了就过去吧，父母在天上也希望自己的女儿过得幸福呢。其实，你的父母肯定早已原谅了你，天下哪有父母仇恨自己儿女的，现在只是你自己不宽恕自己罢了。"

人生难免会有很多的遗憾和后悔之事。在悲伤和痛苦之后，我们必须要懂得释怀、懂得看开；学会宽恕自己、放过自己。"作茧自缚"，只会让自己更加痛苦；"飞蛾扑火"，只会让自己永无回头之路。

## 3. 宽恕别人，为自己种下幸福的种子

自己萎弱，恶人健全；自己恶动，忌人活泼；自己饮水，嫉人喝茶；自己呻吟，恨人笑声，总是心地欠宽大所致。

——林语堂

古人云："以恕己之心恕人，则全交；以责人之心责己，则寡过。"有一位哲人说过："用一颗宽恕的心化解生活的一切矛盾，宽恕的受益者不光是被宽恕者，还有宽恕者自己。"由此可见，我们不仅要学会宽恕自己，更要懂得宽恕别人。宽恕别人就是善待自己；宽恕别人，为自己种下幸福的种子。

曾经看过这样一个真实感人的故事：

故事是发生在"二战"时期。有两个美国士兵在混乱中跟大部队失散了，他们在森林里迷失了方向。

这两名战士是同乡，关系很亲密，像亲兄弟一样。两个人互相扶持着在森林里熬过了好几天。可是十多天过去了，他们还是看不到一个人影，

他们失去了与部队联系的希望，更致命的是还要面临饥饿的危机。因为战火连天，很多动物都被杀光或奔逃了，连一只小兔子都很难见到。

这一天，他们终于幸运地逮到一只鹿。两人高兴地分享了鹿肉，又相安无事地度过了几天。但是鹿肉眼看着快要吃光了，而且这几天他们再也没碰到别的动物。这预示着鹿肉吃完了，他们又要挨饿了。

不幸的是，有一天他们在寻找食物时，竟然还碰到了敌人。幸亏两人机智，又巧妙地逃脱了。正当他们以为甩开了敌人高兴地前进时，突然一声枪响，前面背着鹿肉的那人应声倒在了地上。后面的人连忙跑上前，发现兄弟的肩膀中了一枪，血流不止。他撕下自己的衣服给兄弟包扎了伤口。这时，天黑了，他们躺下来休息。受伤的士兵眼神迷乱，嘴里喃喃地念叨着，他似乎在憧憬着什么，但对自己的生命一点儿都不抱希望。虽然很饿，但两个人谁都没有动那块仅剩的救命鹿肉，而是在饥寒交迫中度过了一晚，他们以为自己会死，但是第二天睁开眼，他们看见阳光又洒满了茂密的森林。

也许是命不该绝。不久他们听到一阵嘈杂的声音，两个人惊喜地看到自己的部队，他们终于获救了。此后，两个人又一起并肩作战，最终熬到战争结束，幸运地活下来。

三十年过去了，受伤的那个士兵回忆起当年的生死经历，缓缓地说："其实我知道是谁开的枪，他就是我的老乡兄弟。"很多人惊讶不已。他又平静地说："这么多年来，我从来没有说出口，我想把它烂在肚子里直到死，但是他先比我死了，我觉得应该公布出来。"

"在森林里，我被打伤后，他跑过来抱住我时，我感觉到一个热热的东西指着我的身体，那是他的枪，但是我什么都没有说。那是因为他的母亲还在家中等着他。很遗憾的是，回到家时，他的母亲已经去世了。当时，在他母亲的坟墓前，他终于跟我承认了错误，说他不该伤害我，请求我原谅。其实，我心中早已宽恕了他。"

"此后，我们谁也没有再提此事，彼此还像亲兄弟一样互相照顾、互相爱护。我们的心中都没有种下仇恨的种子，因此，我们的一生都过得很幸福。"

雨果在《悲惨世界》里曾经说过："尽量少犯错误，这是人的准则，不犯错误，那是天使的梦想。"的确，人非圣贤，孰能无过呀。对于已成的错误和伤害，我们别无选择。除了以平和心对之，还要学会宽恕。宽恕别人，不仅可以减少纷争、避免更大矛盾的产生，更会得到别人的感激，化敌为友。俗话说"人情留一线，日后好见面"，宽恕别人，让自己的人际关系保持和谐，这不正是为自己的人生道路种下幸福的种子吗？

## 4. 活得糊涂，容易幸福

"难得糊涂"是一种经历，是人屡经世事沧桑之后的成熟和从容，是人生大彻大悟之后的宁静心态的写照，只有饱经风霜，经过坎坷的人才能深得人生的真谛。

——叶舟

生活中，很多人喜欢较真，做事容易钻牛角尖。这样不仅不能很好地解决问题，还经常让自己很累。俗话说："水至清则无鱼，人至察则无徒。"因此，凡事不必追求完美，凡事过犹不及。对于人生的某些东西，看得太清楚就会带来更多的烦恼，想得越明白就越让人失望难过，计较得越多失去的就越多。如此，何不让自己"睁一只眼，闭一只眼"，活得糊涂，容易幸福。

古人流传下来的"难得糊涂"四个字，是这样解释的：聪明难，糊涂难，由聪明而转入糊涂更难；放一着，退一步，当下心安，非图后来福报也。可见，糊涂也是人生的一种大学问，一般人轻易不能做到。糊涂分两种：一种是真正的糊涂，是与生俱来懵懂的处世思想，不是装出来的；而一种则是真正的聪明，是假糊涂，其实心中黑白分明，一清二楚，但偏偏装作不明白。曾经有一位哲人说："聪明的最低境界是糊涂，而它的最高境界依然是糊涂。"糊涂是一种真正聪明的方式，是一种超人的高深智慧。

毛主席曾经口赠叶剑英元帅一句诗："诸葛一生惟谨慎，吕端大事不糊涂。"后来成为流传甚广的一条至理格言。

其中的吕端是宋朝一个名宰相，长相看起来很愚笨，平日里做人也很糊涂，但是遇到大事他却一点也不糊涂。当年，宋太宗想任命吕端为相，很多人反对说吕端为人太糊涂，宋太宗说小事糊涂，大事不糊涂就行了，于是决意提拔了吕端。

当时还有一位名臣也是同样的办事干练，很有才能，他就是寇准。但是寇准性子有点刚烈，凡事都很认真固执。吕端担心宋太宗提拔他为丞相，寇准心里会不服气，因此耍脾气，这样会影响大臣之间的关系，更会影响朝政。于是吕端就请宋太宗重新下了一道指令，让寇准和自己轮流掌印，领班奏事，平起平坐。寇准心服口服，不仅情绪得到了平复，还跟吕端和睦相处，共同辅政。

后来，宋太宗对吕端说："以后，有什么事，你处理完了就给我上报吧。"但是吕端每次都叫来寇准一起商量，从不专断。最后，吕端干脆把丞相的职位让给了寇准，自己去当参知政事。

许多人认为吕端这种主动让权的做法让自己吃了大亏，别人捡了便宜。于是都暗地里称吕端为"老糊涂虫"。吕端听到了笑笑，也不理会，不计较，照样一个人整天赏花遛鸟，自得其乐。吕端一生经历两代帝王，一直受宠。他一生为官长达 40 年，但却没遇到什么被人陷害的大事，人缘极好，这在历代封建王朝中也是十分罕见的。

老子曾言"大智若愚"，看似糊涂的吕端把"大智若愚"演绎到了极致。他一辈子糊涂，做了位高权重的大官，还是糊涂。但是正如宋太宗所说，他小事糊涂大事不糊涂。面对关乎社稷江山的大事，他处理得有条不紊，一切都在把握之中；而对于功名利禄，他却装作糊涂，不去计较、不去刻意追求。正是凭着他的"糊涂之道"，吕端才在复杂多变、钩心斗角的朝政中，平安度过一辈子，也幸福一辈子。

真正高境界的"糊涂"是一种明哲保身、化险为夷的韬晦术，是一种心中有数，不动声色的涵养，是一种与世无争，悠然自得的乐趣。人常说，聪明反被聪明误。活得太聪明、太清醒，生活中烦恼遍地开；活得糊涂简单一点，幸福就多一些。

## 5. 让自己活得有质量一点

> 大智者必谦和，大善者必宽容。唯有小智者才咄咄逼人，小善者才会
> 斤斤计较。

——周国平

把一滴墨汁滴在一杯清水里，干净的清水会立刻变混浊，喝当然是不行的；而把这滴墨水滴在蓝色的大海中，大海毫无变色，是一如既往的蓝。这是为什么呢？因为两者的容量不一样。同样是一件糟糕的事情，有的人大声抱怨、责备、怨恨，而有的人平静地接受、冷静地面对、愉快地宽恕。这是为什么？因为他们的度量不一样。青涩、不成熟的稻谷、麦穗直冲着天空；而金黄、成熟的麦穗却谦虚地弯了腰、低了头。这是为什么呢？因为两者的分量不一样。曾经看过这样一句话："宽容别人，就是度量；谦卑自己，就是分量；合起来，就是一个人的质量。"那么，不妨让自己活得有质量一点。

在一个不大不小的寺庙里，住着一个老和尚和他的几个徒弟。几个弟子都很听师父的话，也很勤快，每天早上都要把寺院打扫得干干净净，然后才吃早饭念经。

但是其中有一个弟子仗着自己是大师兄，不仅经常偷懒，让师弟们把他的活都干了，还抱怨和责备他们干得不好。比如地扫得不干净、菜炒得咸了、衣服没有给他洗……最后，老和尚实在看不下去了，他决定开导这个弟子一番。

老和尚故意派这个弟子去集市上买一袋盐回来，这位弟子又开始抱怨了：厨房里不是有盐吗？为何还要让他辛苦跑一趟去集市上只买一袋盐？老和尚笑笑不语，弟子也不敢再顶嘴，只好硬着头皮去买盐。

盐买回来后，老和尚吩咐他把盐倒入一杯水中，然后对他说："等盐完

全溶化于水中，你便去喝一大口。"弟子摸不着头脑，不知道师父葫芦里卖的是什么药，但还是张口喝了。

"味道如何？"老和尚问。"又咸又苦。"弟子答道。

老和尚笑笑道："你随我到井边来。"说完，师徒二人就来到了后院的水井旁边。老和尚又吩咐弟子把盐全部撒进水井里，弟子照办了。

"再尝尝井里的水吧。"老和尚道，弟子听罢弯腰拿起一个桶从水井里打上来半桶，舀出来喝了一口。

"味道怎样？"老和尚又问道。"甘甜爽口。"弟子答道。

"没有咸味吗？""自然没有。"

老和尚笑着说："孩子，你现在明白这个道理吗？你经常抱怨别人、责备别人，对待别人的过错不能容忍，那是因为你的心太小了。就像这盐一样，它的咸淡取决于盛它的容器，因此，你要把自己的心扉打开，让心的容量变大就好了。"

弟子听了师父的话，知道自己错了，决定改过自新。

人常说，心胸宽阔如海。其实，我们的心是天底下最大的容器，只看你把它打得有多么开。不管是对待生命中的苦难，还是面对别人带给我们的烦恼和痛苦，我们都要学会用一颗"宽心"去包容它们、接受它们。心胸太狭隘的人只会让自己更痛苦、人生道路更狭窄。

物质生活上，我们懂得追求高质量；有的人更明智一点，会去追求精神上的高质量；而真正高智慧的人会选择让自己本身活得有质量一点，不管是物质还是精神，都是充实、有品质的。懂得珍惜一切，活在当下，过好每一天；怀有一颗包容的心宽容一切，让自己少点痛苦；做人谦和、大度一点，快乐别人，幸福自己。

# 6. 宽容可以带来财富

宽容有时带来的不仅是精神财富，还会带来意外的物质财富。总之，宽容是人生永远不会失去的一种财富。

——北大幸福理念

有人会想：宽容怎么可能会带来财富？宽容也许可以让自己的心里好受点，精神上得到些许慰藉，但宽容就预示着自己要吃亏，受到的伤害要自己抹平，哪里还会得到财富？那么请看以下这个故事。

一个中国妇人在美国纽约一条街上卖蔬菜和水果。因为她的果蔬便宜又新鲜，所以顾客非常多。但是这引起了其他小贩的不满，他们经常有意无意地把垃圾等堆放到妇人的门前。可妇人一点都不计较，每次都是默默地把垃圾清扫得干干净净。

后来一位好心人实在看不过去了，问："您为什么不跟他们理论呢？您甚至可以控告他们。"妇人笑着说："在我们中国有一个风俗，就是过年的时候会把垃圾往自家门里扫，因为垃圾代表着财富。如今有自动送上门来的财富，我乐得要呢。"

果真，妇人把垃圾堆里的有用的东西收起来，变废为宝，给自己带来一小笔额外的收入。

不管是生意场上还是生活中，我们难免与人打交道。这其中必定会出现一些意想不到的摩擦和矛盾，当别人损害到我们的利益或者做出伤害我们的事情时，要学会得饶人处且饶人，学会原谅和宽恕别人的过错，这不仅是善待自己，更会给自己带来精神和物质上的财富。

也许宽容表面上会给我们带来不便和损失，但从长远利益来看，宽容的价值是巨大的，它给我们带来的财富也是源源不断的。做一个宽容的人，让自己不管是物质还是精神上的财富都取之不尽。

# 7. "仇恨袋"只会越踩越大

> 好人，就是没时间干坏事。多花时间来要求自己，少花时间去指责别人；多花时间来成长自己，少花时间去忌妒别人；多花时间去爱，没时间去恨。
>
> ——翟鸿燊

社会是一个复杂的网，人生是一条多坎的路。社会中，我们与人相处和交往会遇到形形色色的人；生活中，我们会碰到许多意想不到的不如意事。尤其是人与人之间一旦关系到利益的问题，产生矛盾，发生冲突是常有的事。有的人会对我们恶语相向，或者拳脚相加，有的人会给我们穿"小鞋"，背后"捅刀子"，有的陌生人甚至在无意中就伤害到了我们。面对这些，我们悲愤不已、痛苦不已、仇恨不已。

但是痛苦和仇恨不会改变已经发生了的事实，不会起任何作用，只会进一步恶化关系或者伤害自己。正如莎士比亚忠告人们说："不要因为你的敌人而燃起一把怒火，灼热地燃伤你自己。"挡在人生路中央的"仇恨袋"，只会越踩越大。

古希腊神话中有一个大英雄名叫海格力斯，他力大无穷，为人也很讲义气。但就是个性莽撞，脾气有点暴躁。

一天，海格力斯在山路上行走，突然脚下踩到一个东西。他低头一看，一个类似于袋子的东西，挡住了他的去路。

海格力斯心想，小小袋子竟然敢绊我，害我差点摔一个跟头，也不看看我是谁。于是他抬起脚用力朝袋子踩去。结果"袋子"不仅没有被踩破，反而膨胀变大了。

海格力斯心中顿时怒火滔天，他抬起脚又狠狠地踩了几脚，没想到那个"袋子"眼看着越胀越大，海格力斯急忙抢起路旁的一根粗树枝砸了下去，但是那个"袋子"不仅没有被砸个粉碎，竟然胀得大到把路也堵住了。

海格力斯正在又恼又气，这时，一个白胡子圣人走过来对他说："朋友，快点不要跟它较真了，它是仇恨袋，你越碰它，它会胀得越大。就像人一样，你若犯它，它便犯你，你若不犯它，它便会缩回到原来那么小。"

人常说别拿别人的错误惩罚自己，别人伤害我们无法改变，自己伤害自己才是愚蠢的。富兰克林说："对于所受的伤害，宽容比复仇高大得多。"其实，我们不需要多么高大，只需宽容会带给我们快乐、幸福。

有两户人家，面对面地住在一个楼层。都是一家三口，但是情形却截然相反。

一家和睦相处、其乐融融；但是另一家却跟仇人似的，每天一睁开眼睛就争吵、怨气满天。

一天，这家人问那家人："你们家从来不吵架吗？为什么呀？"那家人回答："因为我们家都是'坏人'，而你家都是'好人'。"

这家人不解。那家人说："打个比方，一个放在茶桌上的杯子打碎了。我们家打碎杯子的人会主动承认是自己打碎的，赔礼道歉，而放水杯的那个人也会连忙说是我不好，不应该把水杯放在这里。大家都承认自己是'坏人'，互相谦让、互相包容就会相安无事了。"

"而你家的人，看到自己的水杯被打碎了，首先就会大声地骂起来，是哪个笨蛋把我的水杯打碎的？而打碎水杯的那个人听到了心里自然不会舒服，也开始骂起来，是你自己懒把水杯放在那里的，还怪别人……你们家都觉得自己是'好人'，如此下去，不吵才怪。"

这家人听了，点头称是。

凡是愿当"坏人"的人，其实才是真正的好人，他们懂得自己先退一步，给别人让道，方便他人，自己也会心安理得；犯错误时首先自己道歉以求得原谅，这才是最明智的做法。当别人伤害我们时，真正的聪明人不是以"其人之道还治其人之身"，把"仇恨袋"越踩越大，而是懂得"化干戈为玉帛"，用宽容的美德换来自身心灵的豁达，用宽容的胸怀赢得更多的友情。

## 8. 记住这条真理：吃亏是福

一个人追求美德还是陷入恶德，说到底，乃是他有无智慧的结果和标志：陷入恶德是"占小便宜吃大亏"，得不偿失，显然是一种真正的愚蠢和不智，是愚蠢和不智的结果；反之，追求美德是"吃小亏占大便宜"，得大于失，无疑是一种真正的智慧。

——王海明

自古以来，就有一条真理：吃亏是福。虽然我们都耳熟能详，但是要做到却是难上加难。"怕吃亏"是每个人的正常心理，谁都不愿意让自己的利益受到损害，让自己的身心受到伤害。然而，吃亏往往都是暂时的，其实它会给我们带来更大的益处，所谓"塞翁失马，焉知非福"，吃亏是福是一种先苦后甜的福气。

生活中，有很多人一时春风得意，就盛气凌人，小看或者欺负比它低下的伙伴，以为自己占尽了便宜，占尽了风光；也有些人面对别人的欺辱，笑笑作罢。用宽阔的胸怀包容对方对自己的伤害，赢得自己的心安，别人的称赞。而那些一点也不愿吃亏、爱占便宜的人，最终会给自己种下恶果。

有一个商人，要穿越沙漠到另一个地方做生意。商人牵着一头驴子、一只骆驼。由于骆驼擅长在沙漠中行走，商人就把很多的货物让骆驼驮着，而驴子只驮了一点点。

走到半路上，骆驼很累，它请求驴子帮助它，给它分担些货物。但是驴子说："是主人让你驮的，又不是我。"

又过了一会儿，骆驼说："兄弟，我实在不行了，你帮我一下行吗？以后我也会帮助你的。"但是驴子瞟了一眼骆驼，再也不理它了。

后来，骆驼终于倒在了地上，累死了。商人很伤心，但是必须前进，于是就把所有的东西都放到驴子的身上，最后，驴子也累死了。

驴子不愿意吃眼前的一点小亏，最终害人害己，这又是何苦呢？吃亏，虽然意味着舍弃和牺牲，但也不失为一种品质，一种风度；吃亏更是一种人生真谛，一种人生智慧。一个懂得吃亏，懂得忍让，懂得帮助别人的人，正是给自己留了一条长长的后路，给自己种下了幸福的种子，总有一天，种子会生根发芽、开花结果，给我们带来惊喜的收获。

# 9. 妥协不是软弱，是一种智慧

古人说："文武之道，一张一弛。"有张无弛不行，有弛无张也不行。张弛结合，斯乃正道。提倡糊涂一点，潇洒一点，正是为了达到这个目的。

**——季羡林**

妥协是我们不陌生的一个词，生活中我们经常要妥协，但很多人却给妥协二字赋予贬义的意思：妥协就是软弱、卑微的表现，就是屈服、低头的样子。妥协真的一无是处吗？在字典中妥协是指在冲突双方互相让步的过程中达成一种协议的局面，以让步的方式可以避免冲突或争执。这就说明，妥协是有益的，尤其是适当的妥协，更是人生的一种智慧。

乔治是一家手机软件研发公司的老总，他平时看起来一副严肃、气势逼人的样子，但是其实大家都知道，乔治最好说话，尤其是关乎公司的大事，他从来都懂得做出让步和妥协。

有一次，公司新研发出来一项产品，上市之前需要考虑周全，以保万无一失。于是乔治就召集所有员工开会，大家提出了很多建议和想法。之后，乔治就跟助手商议，助手说："我看了一下大家的建议，有的挺好，有的简直是胡闹。"乔治笑着说："其实面对这些建议，真正下决策的是我，可每次我都觉得40%的决策可行，剩下的60%不可行，但我会有所保留的。"助手听了，惊讶地问道："您为什么要保留呢？对于有些人的意见没必要妥协，尤其是公司里有些人只是一心想着吃白饭，却不为公司干实事，绝不能跟他们妥协，绝不能容忍。"

乔治笑着说："不是你是头儿就能实行'独裁专制'。很多人可不吃你这一套的，做人一定要留有余地，一定要学会给别人留下尊严。有些人的意见我们可以保留，然后给予指导；有些人的诡计，我们则不要打草惊蛇，而是要默不作声、巧妙地化解。公司是一个大家庭，需要靠每一个人的努力。只有大家齐心协力、共同合作，才能让公司日益强大。而这前提一定是要公司员工之间关系融洽、和睦相处。适当的妥协，大家心里都高兴和舒服，谁会不认真做事情呢？"

在生活中，我们经常面临着各种各样的妥协，感情之间的妥协，工作之间的妥协，朋友之间的妥协，生活中会有很多的选择逼迫我们做出最后决定。有时看似是暂时无奈的选择，但是最终我们会发现，很多时候，事物的顺利发展都是因为曾经的妥协。

妥协是事情得以顺利进行的润滑剂，是成功道路上的垫脚石。小到人与人之间的交往相处，企业与企业之间的愉快合作，大到国家与国家之间的和睦相处，妥协都会起到至关重要的作用。学会妥协，让我们的人际关系更加和谐，工作更顺畅，生活更加美好。

妥协绝不是示弱、不是害怕、不是放弃、不是投降。因此，学会妥协，就要适当地妥协。凡事都有度，我们一定要把握妥协的"度"，要有一定的原则。面对有些人的咄咄逼人，得理不饶人，或者存心使坏，我们也不要一味地做出让步，一味地任其践踏，而是要学会昂起头，捍卫自己的尊严和人格。

真正的妥协应该是一种潇洒的生活态度，是一种大度的心理。人生中有些事情必须要学会妥协、学会放弃。人生，有失必有得，有取必有舍。不断地妥协，让我们不断地成长、成熟，在纷繁的世界中，更加如鱼得水。不断地妥协，修炼我们平和的心态，面对一切事情都会心平气和，理智做出选择和决定。

生活中，面对很多事我们无可奈何，无力回天。这时，就要学会接受、学会妥协。妥协未免不是一种合适的选择。一时的妥协说不定会换来一生的扬眉吐气，一次的妥协会换来一世的安宁平静。

# 10. 忍住心头的"刺"

忍耐是一种能耐，看似没有希望，其实是暗中酝酿发酵，总有一天会爆发出巨大的力量。

——北大幸福理念

古语说"小不忍则乱大谋"，小忍才能大成；佛语说："一切法得成于忍"，不忍就不能成就。"忍"是一种莫大的修行，"忍"可以赐给我们最强的意志和最大的力量。生活中有很多"刺"，需要我们忍，尤其是心头的"刺"，忍受住了疼痛，经历过了哭泣，一切便会安好。

阿拉伯有句谚语："为了玫瑰，也要给刺浇水。"深刻的寓意就是说，在复杂的社会中打拼，我们难免会遇到很多"刺"，比如失败的痛苦，比如别人的欺辱，比如朋友的背叛……而我们要想出人头地，成就一番大事业，让自己的人生像玫瑰一样开得鲜艳，就必须要学会忍受这些心头的"刺"。俗话说"不经历风雨，怎能见彩虹"，只要坚持和忍耐了，总会"守得云开见月明"。

李辉毕业后被分配到一个遥远的海上油田钻井队工作。

上班第一天，李辉穿上工作服，信心满满地上岗了。没想到，领班却让他做跑差事的工作。主管坐在高高的井架顶层，领班交给李辉一个漂亮的盒子让他爬上去送给主管。

李辉不知道领班和主管葫芦里卖的是什么药，但是也不敢违抗命令。于是开始向高高的井架顶层爬去。

当李辉满头大汗地爬到顶层，气喘吁吁地把盒子交给主管，对主管说这是领班让交给他的。主管接过盒子，在上面大笔一挥签了个名字就交给李辉，让他送回去。

李辉又咚咚地跑下舷梯，把盒子交给了领班。但是让李辉不敢相信的是，领班签完了字后又让李辉把盒子再次给主管送上去。当李辉第二次爬上高高的井架时，腿已经开始发抖，浑身大汗。可是，主管头也没抬地签完字交给李辉，让他送回去。李辉下来后，领班签了字又让他送上去。

李辉的心中升起一股怒火。当他第三次爬到顶层时，浑身的衣服已经粘在身上了，喉咙干涸得要命。当他把盒子递给主管时，主管这才抬起头看着他，慢条斯理地说："你把盒子打开吧。"

李辉撕掉盒子外边的包装纸，打开盒子一看，里面放着两个玻璃罐。一个装的是咖啡，一个是咖啡伴侣。李辉失声笑道，用不可思议的目光看着主管。主管不理，只对他说："你把咖啡泡上吧。"这时，李辉再也忍不住了，他用力把盒子往地上一摔，叫道："我不干了，你们这是故意在折磨我是不是？"

然而，主管没有回答李辉的问题，而是直视着李辉的眼睛说了一句："你可以走了。不过看在你刚才跑了三次的分上，我可以解释这是为什么。你刚才做的这些动作叫'承受极限训练'，我们这里的每一个队员都需要训练，因为我们的工作是海上作业，随时会有危险，队员们必须具备极强的承受力，经得起任何考验，才能既很好地完成任务，又保住自己的性命。可喜的是你已经通过了，但是最后却搞砸了，因为你把你的咖啡扔到地上了，现在你可以走了。"

英国有位作家曾这样说过："富者能忍保家，贫者能忍免辱，父子能忍慈孝，兄弟能忍意笃，朋友能忍情长，夫妇能忍和睦。"可见忍的力量，忍使我们受益终身。有人问一个智者："如果有人谤我、辱我、轻我、笑我、欺我、贱我，如何处置？"智者回答："忍他、让他、避他、耐他、由他、敬他、不要理他，再过几年你且看他。"我们经常只会看到"忍"字头上的那把刀，却看不到下面的那颗心。学会用心忍，忍住心头的"刺"，再过几年且看。

# 第 11 章

## 快乐：阳光心态，快乐人生

有人曾说过："人生以快乐为本，没有快乐，我们的人生便是暗淡无光的。"快乐是人人毕生追求的东西。谁不想天天拥有一份好心情，天天快乐呢？

生活中，我们经常苦苦地追求快乐，希望自己得到快乐，然而快乐从何而来呢？快乐不是来自于金钱，跟物质没有关系，跟地位、名利、年龄等都无关。快乐只是一种感觉、一种心境、一种心理上的满足。快乐没有多么复杂，快乐也没有多么遥远，根本无须我们苦苦追求，快乐就在我们身边、在我们心中，只要我们愿意，快乐随时降临。学会知足、学会微笑、学会分享，我们一定会快乐，让快乐充满自己的生活、别人的世界，大家快乐，才是真的快乐！

# 1. 快乐就在心中

只有快乐的哲学，才是真正深湛的哲学；西方那些严肃的哲学理论，我想还不曾开始了解人生的真义哩。在我看来，哲学的唯一效用是叫我们对人生抱一种比一般商人较轻松较快乐的态度。

——林语堂

西方一位哲学家说过，人有避苦趋乐的本性。追求快乐是我们的本性，生活中，每一个人都追求快乐、渴望快乐。但是很多人在苦苦追求快乐时，却并不觉得自己快乐，相反经常让自己的身心很累。

正如以下这只追求快乐的小狗。

有一个人养了一只可爱的小狗。小狗很乖巧，主人对它也很关爱，每天都把它喂得饱饱的。但是，小狗一会儿就饿了，又要吃东西。

后来，主人发现，原来小狗有一个习惯，就是每天吃饱后，就会不停地在院子里转圈圈，似乎在追自己的尾巴玩。主人给它扔了一个皮球，它也不理，继续转圈圈，直到累得趴在地上气喘吁吁。

主人觉得很奇怪，问小狗："你为什么每天都围着自己的尾巴转呢？把自己弄得那么累，究竟是在寻找什么呢？"

小狗委屈地回答："有人告诉我，只要我能够追到自己的尾巴，我就可以永远快乐幸福了。所以，我时刻都不会忘记追逐我的尾巴，我想让自己永久地快乐幸福。"

主人听了叹着气说道："其实我在年轻的时候，也听别人说过同样的话。所以，那时候我就乐此不疲地追寻幸福和快乐，直到把自己弄得跟你一样筋疲力尽，疲惫不堪。但是，最后我发现我自己还是不快乐、不幸福。而且，那些追寻的时间也让我白白浪费掉了。后来，我想通了，就主动放弃了。当我随性地生活时，才发现原来幸福和快乐就在我们身边，到处都是。其实快乐是不需要追寻的，快乐一直住在我们心中。"

古印度有一句古老的哲理："上帝把快乐的秘密藏在人们的心里。"快乐的秘密说复杂便复杂，说简单其实就简单。快乐其实很简单，快乐无处不有。比如说阅读一本自己喜欢的书，吃到自己好久没有吃的美食，在商场中挑到一件称心如意的衣服，睡一个美美的午觉，和朋友大肆地疯笑和玩耍，难得一年一次的回家，甚至解决了一个小问题，想明白一件事情……这些时刻想必我们心中都是愉悦的，因为这是发自内心的真正快乐。

快乐并不需要历经千辛万苦才能得到，并不需要很大的财富才能买到，并不需要天天有惊喜从头上降临。快乐存在于生活中的每一个细节，快乐是一种心态、一种心境、一种随性而为。

一位老者特别喜欢种植兰花，于是就精心养了几盆。

有一天，老者出去游玩，让其弟子照看兰花。但是一个弟子在给兰花浇水的时候，不小心滑倒了，撞倒了放置兰花的花架，所有的兰花都掉落在地上，花盆打碎了，兰花也面目全非。

弟子心中虽然恐惧，但还是决定把实情告诉师父。老者归来后，知道了事情的经过，不仅没有责备弟子，还笑着说："无妨无妨，我养兰花本来就是随性而为，为了修身养心。倘若我生气，岂不是破坏了这份心境，把快乐驱赶得无影无踪？这不是适得其反嘛。"

兰花好与坏，无关要紧，重要的是自己快不快乐。像老者一样学会保持一颗平常心，快乐就会时刻装在我们心中。很多人在生活中，因为在乎太多、牵挂太多、忧虑太多，从而让快乐的心情远离自己；很多人，刻意地、费尽心思地想要获得快乐，却不知道是自己的快乐就会在身边，是别人的就强求不来。属于自己的快乐，不需要苦苦追求，只需要一双发现快乐的眼睛和一颗善于体会快乐的心。

## 2. 保持纯真更易快乐

小孩子为什么那么快乐？不是他们没有情绪的变化，不懂情感，只是他们忘得快而已。

——北大幸福理念

生活中，我们很多人觉得自己不快乐、不幸福，觉得生活充满不如意之事而痛苦烦恼；很多人甚至讨厌长大，不想长大，因为长大后我们就必须像成人一样面对许多事情，像成人一样脸上经常充满忧心。我们害怕自己的眼神变得混浊，心变得复杂，再也找不到那份快乐的纯真。

其实，我们不必畏惧长大，只有长大才会有经历，而经历会让我们的人生更加丰富多彩。长大不可怕，只是看我们拥有怎样的一颗心去面对长大后的生活。罗兰曾说过："一个人如能让自己经常维持像孩子一般纯洁的心灵，用乐观的心情做事，用善良的心肠待人，光明坦白，他的人生一定比别人快乐得多。"

有一个母亲拉着自己 7 岁的儿子，赶着回家。地上有一块冰，母亲差点滑倒，她开始诅咒这可恶的冬天，要冻死人，出行还不方便。这时，她的儿子抬起头对母亲说："妈妈，你不应该骂冬天，我喜欢冬天。"

母亲愣住了，她担心儿子都要冻坏了，儿子嘴里却还说喜欢冬天。母亲蹲下身子问为什么呀？只听儿子不假思索地答道："我觉得在冬天，我很快乐，因为冬天会下大片大片的雪，大地会变成洁白的一片，很美丽。雪停后，我和小朋友们可以在雪地里堆雪人、打雪仗，多好玩呀。"

还没等到母亲回答，儿子又急切地问道："妈妈，夏天什么时候来呀？"

母亲笑着问："怎么，你也喜欢夏天？"儿子高兴地回答："当然了，夏天来了，我们可以吃雪糕、游泳、抓蝉玩……"儿子越说越兴奋，小脸冻得红彤彤的，却洋溢着快乐和幸福。

母亲也被儿子的快乐情绪打动了，说道："是呀，春夏秋冬都很美好呀。"

一个成人跟一个孩子眼中的世界，区别是多么大呀。在冬天，我们成人看到的是混浊的天空、光秃秃的树枝，感觉到的是寒气逼人、寒风凛冽；在夏天，则是臭气熏天，汗流浃背，酷热难耐，让人煎熬不堪。而同一个世界，在孩子的眼中，则是另一番天地。孩子没有抱怨、没有诅咒、没有仇恨，有的只是享受、快乐和欢笑，这是为什么呢？

因为孩子的心始终保持一份纯真，他们看到的世界是纯洁、干净的，他们的追求是如此简单，欲望是如此之小。而每一个成人每天都在忙忙碌碌，一颗心漂浮在浮躁的空气中，根本无暇体会和享受生活中的每一个细节；眼中看见的更多的是这个世界的灰暗，社会的丑陋。一个成人的心中装着的大部分是名利、欲望、烦恼、痛苦、怨恨、抱怨……还有什么地方放置快乐呢？

有人曾说过，人最可怕的不是容颜衰老，而是心态的未老先衰。同样，有一颗成熟的心是可喜的事，而失去一份纯真的心却是很可怕的。曾经有一位先生在他的书中提到一个观点："儿童阶段是人生的最高境界。"也就是说，一个人若想达到人生的最高境界，真正得到心灵上的自由，就像孩子一样生活吧，像孩子一样看待这个世界。

即使生活中，我们必须要学会人情世故，必须要学会以成人的思想考虑问题、处理事情，必须让自己学会处世的技巧，让自己变得聪明圆滑一点，但是只要我们保持"外圆内方"，保持做人的原则，少一点欲望，少一点强求，让心灵得到释放和解脱，便会像孩子一样拥有一颗纯真的心，感受生活中的每一个快乐细节，让生活充满幸福。

# 3. 人生苦短，别为小事生气

减少生气的次数便是修养的结果。

——梁实秋

很多时候我们生气，其实都是为了一些鸡毛蒜皮的小事。人生真正大悲大喜的事又会有几件呢？人常说："不如意事常八九。"据有关专家表明，人的情绪有 3/10 的时间都处于不良状态，而这些不良情绪大部分是由小事引起的。我们要明白为小事生气根本不值，为小人生气更是愚蠢。

曾在某报纸上看到过这样一篇报道：一个老婆婆竟然为区区 300 块钱活活把自己气死了。

一天，刘婆婆的旧病复发，于是被儿女们急忙送到了县医院。经过抢救后，刘婆婆终于脱离了危险，儿女们都松了口气。

刘婆婆醒来后，看到自己身穿病服，而原来的衣服却不知道到哪里去了。她突然想到什么似的，急忙问病床边的儿子："我的衣服呢？裤子呢？我裤兜里装着钱呢。足足 300 元呀。"

儿子听母亲这么一说，就连忙四处寻找，但是病房里各个角落都找遍了也没有。原来，由于刘婆婆在昏迷中，大小便失禁，女儿为她换下衣服后就随手扔在了角落里，但是如今却不见踪影。

"是不是让护士小姐拿走放到了哪里呢？"女儿这样说道。刘婆婆一听，就连忙要下床找自己的裤子去，儿女们劝了好一阵才把她老人家安抚住。儿子心想估计是护士小姐在打扫房间时，把它当成垃圾扔掉了。就这样儿子又查看了医院的好几个垃圾桶，才发现母亲的脏裤子，可里面没有钱。

刘婆婆知道儿子没拿回钱后，就要询问护士小姐去。正好护士小姐听到吵声走进来，了解了情况后，护士小姐说确实没看到钱，估计是让捡垃圾的捡去了吧。

刘婆婆一听，心里气急了，但是当着护士小姐的面又不好发作，把气都憋回了自己的肚子。一想到自己辛辛苦苦卖鸡蛋的钱就这样"鸡飞蛋打"，刘婆婆开始哭诉。儿女们劝母亲这是医院，不要影响了大家的休息。刘婆婆就赌气说："我就知道你们盼着我死，不想给我治病，那好，我现在自己回家去。"说完，刘婆婆就拔下针头，要回家去。

儿女们劝不住母亲，当晚就办理了出院手续。回到家，刘婆婆把自己一个人关在了屋子里，不出来见人。还拒绝进食，儿女们怎么劝也不起作用。直到第三天，儿子听到母亲屋子里没有了声响，于是把门撬开，结果发现刘婆婆直挺挺地躺在床上，没了呼吸……

村子里的人们平日里知道刘婆婆脾气倔，没想到却活活把自己气死了，哀叹之余也觉得可笑；而不知情的还以为是儿女们不孝，把刘婆婆饿死的，经医院证实，刘婆婆正是因为满肚子气才又导致旧病复发，抢救不及时才过世的。

刘婆婆为区区 300 元钱活活把自己气死了，简直可叹可悲，然而生活中被气死的实例屡见不鲜。当年周瑜正是因为生诸葛亮的气，才吐血而亡的。

喜欢经常为小事生气的人，一方面是因为心胸狭窄、任性等原因；另一方面是由于养成了生气的习惯，这种人往往不懂得控制自己的情绪。艾皮克蒂特斯曾说："计算一下你有多少天不曾生气。从前，我每天生气；有时每隔一天生气一次；后来每隔三四天生气一次。如果你一连三十天没有生气，就应该向上帝献祭表示感谢"。喜欢为小事生气的人，不妨学会减少生气的次数，逐渐就会养成不生气的习惯，尤其是不为小事生气的习惯。

人生苦短，不要因为琐事苦了自己；人生宝贵，有生气的时间还不如争气或者平静地享受，快乐和幸福自然从内而生。

# 4. 知足者常乐

幸福从不嫌贫爱富，也不厚此薄彼。人生的不幸福不如意，常因为不考虑自己的实际情况，要求过高和过分攀比所造成的。

——叶舟

老子曰："祸莫大于不知足，咎莫大于欲得。故知足之足，常足矣。"意思是说，祸患没有大过不知满足的了，过失没有大过贪得无厌的了。所以知道满足的人，永远是觉得快乐的。的确，知道满足的人会获得恒久的快乐。虽然人们对知足常乐的道理一目了然，但是现实中很多人却难以做到；有些人甚至因为不知足，存在过大的贪心，在尘世间追求永无止境的欲望，终日奔波在名利场中，身心皆累，根本不知人生之乐。

从前，有一个年轻人，家里很贫困，只好外出打拼。由于没有钱，他就跟几个朋友一起挤在一个七八平方米的屋子里。后来他的同乡过来玩，看到他住的地方，就惊奇地说："你怎么住这样的房间呀？又黑暗又拥挤，甚至连站脚的地方都没有。"年轻人笑着说："没事，挺好的，出门在外有个地方住就行了，我已经习惯了。"同乡看着年轻人乐呵呵的样子，说道："亏你还能笑得出来，几个大男人住在一起，都没有自己的时间和空间学习吧？"

年轻人听了笑着回答："不是那样的，这几个伙伴是好伙伴，我们在一起住着不仅感情和睦，还可以随时交流思想和学识，难道不值得开心吗？"

几年后，几个伙伴结婚的结婚，上学的上学，先后搬了出去，只剩下年轻人一个人。但是，他看起来每天还是很快乐。一次，一个邻居问道："小伙子，看你现在孤零零的一个人，赶快找个女朋友呀！"

年轻人笑着说："我虽然想找女朋友，但是我并不孤单。有那些书陪着我呢，书就是我的良师益友，这些有思想、有感情的'朋友'陪伴我，我高兴还来不及呢。"

又过了几年，年轻人自己也结婚了。有了家，他就搬进了一个7层的公寓，但是他只付得起最底层的那套房钱，住在最底层不仅环境潮湿脏乱，而且不安全。有一次，年轻人的同事过来玩，看到这样的条件，就问："你看你家的环境这么差，你和妻子还一副其乐融融的样子，你们真的那么快乐吗？"

年轻人答："我们的确很快乐呀！住在一楼，办什么事都方便，不用很累地爬楼梯，进门就是家，而且你看窗外可以种些花草，种点蔬菜，给生活增添不少乐趣呢。"

又过了一年，年轻人却搬到了第7层。原来，第7层住着一个腿脚不好的邻居，上下楼很不方便，于是好心的年轻人就把一楼让出来，搬到了7楼。邻居都说年轻人傻，住在顶楼多不好呀。

年轻人听了又是这样说的："我喜欢住在顶楼，有充足的阳光照进来，光线很亮，看书写字对眼睛也好，累了的时候在阳台上吹吹风是多么美妙的一件事啊。而且由于没有时间锻炼身体，就把爬楼梯当成锻炼身体了，一举两得，这不更好吗？"

　　年轻人的知足精神是多么的可贵，他的知足给他带来了无穷无尽的快乐。人常说"人心不足蛇吞象""吃着碗里的望着锅里的""这山望着那山高"。这些都寓意有些人的贪念太重，总是得不到满足。人有欲望才懂得追求，有欲望才有快乐，但是欲望太强、太多，则会在欲望中迷失自己。人生在世，不可能任何事情都是称心如意的，不可能事事完美，这就要求我们一定要懂得知足。只有懂得知足的人，才更能明白快乐和幸福的真谛。

# 5. 乐观，让一切都好起来

　　伟大的心胸，应该表现出这样的气概——用笑脸来迎接悲惨的厄运，用百倍的勇气来应付一切的不幸。

**——北大幸福理念**

　　经常听人们说一句话：开心一天是过，不开心一天也是过，既然如此，为什么不开心地过呢？是呀，人生在世不如意事常十之八九，很多事情都是我们无法改变的。我们不能改变天气，但我们可以适应天气；我们不能改变环境，但我们可以换个心情。世界之大，无奇不有，遇到令人不愉快或伤心痛苦的人和事或者面对自身所遭遇的苦难，我们必须怀有乐观的心态，相信一切都会好起来的。

　　大家都很羡慕媛媛每天快乐、无忧无虑的样子。她就像一个"开心果"，走到哪里，哪里开心。每次，朋友或同学有什么伤心事，媛媛就主动安慰他们。她的口头禅就是：没事，一切都会好起来的。大家都很敬佩媛媛的乐观精神，因为媛媛心里其实是很苦的。

　　一年前，媛媛每天放学回来迎接她的都是爸爸的笑容满面和妈妈的可口饭菜，一家人其乐融融地围着饭桌吃饭，媛媛叽叽喳喳地讲着学校里发生的有趣的事情，父亲平和地带着笑容倾听，不时地附和一声，而母亲这时就装作拉下脸，生气地说："热饭都塞不住你们父女俩的嘴。"媛媛就咯咯地笑个不停……

而如今的家里，再也没有了往昔的欢声笑语，取而代之的是静谧诡异的气氛，父亲低低的哀叹声和母亲痴呆的眼神。

父亲在去另外一个城市出差的路上出了车祸造成大半身瘫痪，而母亲则受不了这个打击在号啕大哭之后竟然变得精神有点不正常。家里突如其来的变故让年轻的媛媛一夜间就长大了，她再也不是以前那个在父母呵护之下，无忧无虑的小女孩了。媛媛是个坚强的姑娘，把一切痛苦藏在自己的心里，实在难过的时候她就一个人躲在黑暗的角落里痛哭流涕。后来媛媛的姑姑过来看望她，语重心长地对媛媛说："孩子，事情发生了，谁也不能改变。这时候你的父母亲都需要你来照顾，千万不要让自己垮掉。你一定要对自己说，一切都会好起来的。"

从此以后，媛媛把姑姑的话记在心里。在学校里，她照样跟同学们打成一片，说说笑笑。每天放学回家，帮母亲做好饭，媛媛就把桌椅搬到床边，一家人一起吃饭。这时，媛媛一边喂父亲吃饭，一边像以前一样眉飞色舞地讲学校里有趣的事情，有些没发生的事也会让媛媛编得有模有样。刚开始，父母亲都没有回应，父亲苦着一张脸，母亲则是面无表情，媛媛就一个人在那里自言自语。逐渐地，父亲听着听着脸上露出了笑容，旁边的母亲也跟着"傻笑"起来……媛媛心里更有了信心，每天放学回家走进门的一瞬间她都会在心里对自己说：一切都会好起来的。

功夫不负有心人，在媛媛的坚持不懈下，母亲逐渐好转起来，开始照顾父亲。父亲的脸上也不再是阴云满布，在饭桌上，还没等媛媛开始，父亲就迫不及待地问："丫头，今天学校里有什么好玩的事呀？"媛媛就开始滔滔不绝，讲到兴奋处又像以前一样大笑起来。

媛媛始终保持着乐观的心态，始终相信一切都会好起来的，果真事情慢慢好转起来。一个小女孩有着如此坚强和乐观的心境实在不易。有人说，悲观很容易，而乐观很难。的确，乐观需要努力，需要坚持，需要勇气，需要智慧。生命是脆弱又美好的，人生有喜有忧，只要我们用乐观的情绪支配生命、构架人生，就会发现：原来上天在关起一道门的同时，也打开了另一扇窗。

# 6. 微笑是快乐的源泉

不懂得快乐之道，烦恼便永远跟随你。当脸上出现笑容的时候，我们的胃我们的肝我们的骨骼，都会感觉到我们的快乐，出现相应的笑容。就像我们在愤怒的时候，全身都燃烧火焰般的颤抖。所以我们要学会微笑，它是体内所有脏器的柔漫的舞蹈。

——北大幸福理念

快乐是一种能力，而微笑则是一种本能。上天赐给我们"微笑"这个特有和美丽的表情，这是对人类的偏爱。因此，何不好好利用和享受自己的微笑呢？人常说：笑一笑，十年少。经常微笑，不仅会让人看起来年轻，更有益于自己的身心健康，而拥有健康才会拥有一切，只有身心健康的人才能真正的幸福快乐。可见，微笑是快乐、幸福的源泉。

威尔科克斯说过："当生活像一首歌那样轻快流畅时，笑颜常开乃易事；而在一切事都不妙时仍能微笑的人，才活得有价值。"的确，生活中遇到令人愉快或满足的人和事，我们就会情不自禁地感到快乐，微笑很随意地浮现在脸上；当遇到糟糕、令人痛苦的事情时，我们脸上就会阴云满布，愁眉不展，微笑早不知跑到哪里去了。而有些人则不一样，哪怕他们心里有多么难过、多么悲伤，脸上仍然绽放着温暖的微笑。这些人是勇敢的、令人敬佩的，他们更容易体会到快乐和幸福的美妙，他们更懂得发现快乐、创造快乐。

马克今年50岁了，他和妻子结婚已经25年了。他很爱他的妻子，因为是他的妻子给他带来了欢乐和幸福，让他明白了微笑的力量是有多么强大，微笑是有多么美妙。

马克年轻时是一个十分抑郁的人。因为他来自一个贫困的家庭，很早就辍学走入社会。马克经受了各种各样的苦，他做过很多的体力活，但是仍然不能摆脱贫困。

一天，马克又没钱了。他饿极了，于是他想到了盗窃。深夜，当马克翻入一个小院，撬开门时，他看到了一个美丽的女孩正在伏案阅读。女孩看到有陌生人来访，吓得差点大叫起来。但她看着马克手中空空的，好像没有带什么凶器，便壮起胆说："先生，请问您需要什么？"说完，女孩便微笑着望着眼前这个哆嗦的年轻人。

马克从来没有干过这种事情，他瞬间感觉到自己是疯了才会干这个，他的脸开始发热，红到耳根。马克嘴里嘟囔着说不出话来。女孩又笑着说："要不要喝一杯？"

随后，女孩拿出酒，拿出好多好吃的招待马克，马克的心里感激不尽，决心回报女孩。此后，女孩还给马克介绍了一份工作，马克开始努力工作，他想着有一天要出人头地，然后娶这个美丽善良的女孩。

两人在相处的过程中，马克发现女孩很爱笑，脸上经常挂着微笑，让马克很动心。女孩看到马克眼里的忧伤，对他说："你要学会微笑，如果微笑起来，你的眼睛会更美，你会发现周围的一切都会美好起来。"

马克记住了女孩的话，开始学习微笑。刚开始很难，马克觉得自己没什么值得高兴的事，笑不出来，相反一想到自己经历的苦难，马克就觉得悲伤。但是后来，马克试着想象跟女孩一起的美好日子，甚至憧憬他们的将来，这让马克兴奋不已，脸上不由自主就露出了微笑。

后来，马克养成了微笑的习惯，并且运用到工作中，他在交易市场工作，对待那些满腹牢骚的人喋喋不休的抱怨时，马克都是微笑着聆听；对待刁蛮的顾客时，马克也是以微笑化解一切不快。微笑让马克的工作越做越好，他的收入也越来越高，最终娶到了自己喜欢的姑娘。

微笑的力量是强大的，微笑会让生活更美好。微笑可以赶走生活的阴霾，可以战胜一切苦痛，甚至改变一个人的一生。莎士比亚说："如果你一天之中没有笑一笑，那你这一天就算是白活了。"因此，记住让自己保持微笑，笑一笑，快乐多！

# 7. 独乐乐不如众乐乐

让自己快乐，是一种美德；让别人快乐，是一种功德；人际交往，最忌讳的是一脸死相。

——翟鸿燊

孟子曾言："独乐乐不如众乐乐。"意思是说一个人享乐还不如大家一起享乐。还有一句话说："把痛苦与人分享，痛苦将会减少一半；把快乐与人分享，则会让快乐增加一倍。"可见，一个人快乐，不如分享出来大家一起快乐。快乐是可以传染的，把自己的快乐传染给别人，让世界的每一个角落充满快乐。

白梅由于近日工作压力很大，还经常受到上司的批评，因此，每天下班时她的心情都很糟糕。

一天，加完班后，白梅拖着疲惫的身体往家走，走到楼底下，坐电梯时，白梅在电梯的镜子里无意中瞥到自己吓人的一张脸，那是一张多么灰暗、憔悴、没有一丝血色的脸。整张脸的五官甚至都有点扭曲：松弛的皮肤、下垂的嘴唇、忧郁的眼神、肿大的眼袋、紧锁的眉头。

看着看着，白梅惊恐起来：天啊，如果我的孩子丈夫看到我这副模样，会怎么想呢？我的父母亲看见我这个样子会有多难过呀？假如我自己看到别人也是这样的面孔，会不会觉得不舒服？

接着，白梅想到这几天跟孩子和丈夫的关系也不好，孩子都不愿意接近她，丈夫睡觉都是背对着她。本来她认为这都是他们的错，自己为了这个家累死累活的，还被这样冷漠对待。可是现在白梅觉得是自己的错了，根本原因在于自己！

想着想着，白梅心里更加难过，她不禁啜泣起来，但是一会儿后，她擦干眼泪，在进家门的那一瞬间，她振作精神。

当晚，白梅在卧室跟丈夫进行了沟通谈话，夫妻俩很快和好了。白梅决定以后在进这个家门之前，一定不能愁眉苦脸的。可是心情往往都是不由自主地就被影响了，怎样才能控制自己的心情，提醒让自己快乐起来呢？

后来，白梅终于想到了一个好办法。她拿出一个木牌钉在了门上，上面写了几个大字：进门之前，丢掉一切烦恼，带着快乐回家。这个办法果真有效，每次白梅身心疲惫地走到门口，看到这句话时，她的心顿时振作起来，脸上露出微笑，然后打开门。

后来，白梅的这一举动被邻居们知道了，一传十十传百，最后整个楼层，甚至整个小区的人都仿照白梅的举动，大家都戏称这个小区是一个"快乐家族"。

有一句谚语说："你哭，只有自己哭；你笑，全世界都在笑。"的确如此，我们笑，人人会陪我们笑。笑是会感染的，快乐是会传染的。英国曾有人研究证明：如果你认识的快乐的人越多，你快乐的可能性就越大。也有心理学研究表明：追求快乐是人的本能，每个人都会发自内心，愿意接近那些能给自己带来快乐的人，远离那些整日愁眉苦脸的人，这就是快乐吸引法则。可见，人人都喜欢跟快乐的人相处，因为与快乐的人打交道，自己也会变得快乐起来，何乐而不为呢？

让自己快乐是一种美德，让别人快乐则是一种功德。一个人让自己快乐地活着是一种幸福，但如果能把自己的快乐传播给每一个人，让每一个人都快乐，这种幸福是无法用言语来形容的。带给别人一份快乐，留给自己一个好心情；用快乐的心看待全世界，世界会更加美丽，更加温馨。学会做快乐的自己，让快乐感染每一个人，温暖生活的每一个细节，感动世界的每一个角落。

# 8. 热忱，让生活更美好

对于一个洋溢着生命热情的人来说，幸福就在于最大限度地穷尽人间各种可能性，其中包括困境和逆境。"目极世间之色，耳极世间之声，身极世间之鲜，口极世间之谭。"依照自己的真性情痛快地活。"圣人者，常人而肯安心者也。"

——周国平

有一个年轻人问一个智者，生活怎样才能快乐？智者回答："很简单，热爱生活，对生活保持一颗热忱的心。"我们经常觉得生活太平淡、太无趣，反过来说，我们又给生活赋予了多少热忱和色彩呢？

拿破仑·希尔曾说："若你能保有一颗热忱之心，那是会给你带来奇迹的。"以下是关于拿破仑·希尔与他母亲的一个故事：

在一个浓雾弥漫的黑夜，拿破仑·希尔和他的母亲在一艘航行的大船上。他们从新泽西乘船去纽约。拿破仑站在甲板上，扶着栏杆，望着伸手不见五指的黑夜，他的心情有点苦闷，他担心船不能辨别方向，无法前进。

这时，他的母亲走出来，欢快地叫道："孩子，你快看，这是多么令人惊心动魄的情景啊！"

"这有什么动魄的呀？"拿破仑奇怪地看着母亲。借着船上微弱的灯光，他看到母亲的脸上绽放着灿烂的笑容，表情兴奋得像个孩子。

"向远处望去，穿过浓雾，你看那些若隐若现的光，是多么奇幻的景象，我们好像在天堂飘着。"母亲充满热情地说。

或许是被母亲的快乐所感染，拿破仑·希尔深呼吸一下，开始试着怀着一份愉快的心情望向远处，果真看到厚厚的白雾里点缀着忽明忽暗的灯光，缥缈奇幻，有点不可思议。拿破仑·希尔麻木的心逐渐变得舒畅，他全身的血液好像开始沸腾起来。

母亲看着儿子红润的脸庞，把他的头转过来，注视着他说："孩子，你从小到大，母亲只想给你一些忠告。不管母亲的忠告你接不接受，我都要说。这次母亲给你的忠告是：其实世界本来没有美丽、愉快、兴奋的存在，那是我们人赋予它的；但世界本身又是动人、美妙的，需要我们有一颗热忱的心去感受它、体会它，才能让自己与世界融为一体，变得充满活力。"

此后，拿破仑·希尔一直记住了母亲的这句话，他在做每一件事之前，都让自己始终保持着一颗热忱的心，告诉自己一定不能迟钝，只有灵敏的豹子才能抓到礼物，战胜敌人。

对待生命，我们需要热忱；只有热忱才会懂得珍惜生命、爱护生命；对待生活，我们需要热忱，热忱让我们的生活更加美好，让单调的生活变得五彩缤纷，让人生更加有意义和有价值。

只有有一颗热忱的心，才有可能让事情顺利地完成。比如只有对工作充满热情和喜爱，才会用心去做，专心致志换来的必定是好收获。热忱是一种良好的心态，让我们充满激情和活力，激发出更大的潜能，爆发出更大的力量。无论是生活中还是工作中，只要保持一颗热忱的心，相信就会有奇迹的诞生。

麦克阿瑟将军的办公室墙上曾经挂着一幅牌子，上面写着他一生信奉的座右铭：你有信仰就年轻，疑惑就年老；有自信就年轻，畏惧就年老；有希望就年轻，绝望就年老；岁月使你皮肤起皱，但是失去了热忱，就损伤了灵魂。那么怎样保持对生活的热忱，让生活更美好呢？

1. 有一颗乐观的心态。

2. 把生活的每一天都当成生命的最后一天。

3. 保持自信，坚定自己的信念。

4. 有一颗爱心。

5. 有一颗感恩的心。

6. 有自己的梦想，对生活充满希望。

# 9. 生活处处有情趣

我曾套宋词写过三句话："午静携侣寻野菜，黄昏抱猫向夕阳，当时只道是寻常。"我的小猫虎子和咪咪还在世的时候，我也往往在二月兰丛里看到它们：一黑一白，在紫色中格外显眼。

**——季羡林**

美国著名心理学家唐纳德·卡特曾说过："现代人面临的压力越来越大，很多人都不堪忍受，因此不管是男人还是女人，都需要找到一些方法来缓解这些压力。我认为最有效的方法就是以情趣来调节生活，情趣让生活变得多彩，让你从中体会到快乐。但是未必需要花费你太多的钱。"

很多人把情趣理解成情调，觉得那是上流社会人群才能享受到的奢侈。也许情调是需要金钱、奢侈品、华丽的布置才能调动起来的气氛，但情趣却跟金钱、地位、名利一点关系都没有。情趣很简单，简单到生活中的一些小细节就有，也许只是一盆花、一本书、一杯茶，只是看我们能不能在其中发现情趣。

有这样一个故事：有一对兄弟都喜欢画画，也都很有天赋。于是他们的父母就给他们请来了一位老师，教授两个儿子画画。

一年过去了，两个儿子画画的水平都得到了很大的提高。这一天，老师给他们出了一道题目，要他俩画出一幅描写宁静风景的画面，但宁静中还要透着情趣。

兄弟俩都觉得自己画得好，平时就互不服气，现在终于可以一争高下了。老师走后，兄弟俩就伏在案桌上开始认真地画起来。

半个小时后，两人都画好了。老师走进来，先看哥哥的画：哥哥画的是一幅山水图，画面上是一汪湖水，湖面上毫无涟漪，风平浪静，湖边有水草，也是一动不动；远处的山肃穆宁静。哥哥得意地给老师讲解着他的画："老师，您看这湖泊是刚经历了一场风雨呈现出来的，湖面平整如镜，蝴蝶、鸟儿都安静地栖息在枝头。这风景完全是远离尘嚣，犹如仙境呀。"老师听完微笑着点点头，随即来到了弟弟的画桌旁：弟弟的画中是一条飞舞的瀑布，从高山上飞流直下的瀑布，水花四溅，悬崖上的小草显得格外青翠碧绿；瀑布底下的两边是灌木林，长长的树枝都伸到了水里。左边的一棵灌木上有一个鸟巢，鸟巢里躺着三只小鸟，蜷缩着身子互相依偎着睡觉。水冲打着树枝，树枝不停地摇曳着，但枝头的鸟儿好像毫不知情地熟睡着。哥哥看见弟弟的画说道："你这哪是表现出宁静呀，完全是一幅动态画，我好像都要听到瀑布雷鸣般的声音了。"

但弟弟却回答："那你看鸟巢里的小鸟却安详地睡觉，完全没有被打扰到。"旁边的老师听了称赞道："不错不错，哥哥的画略显呆滞，而弟弟的画不仅显出了宁静，宁静中还透着情趣和灵气。"

我们的生活也许正如哥哥的画，有时候会让人觉得平淡无奇，沉闷无趣。有人说：生活就是柴米油盐酱醋茶，每天不断地重复着，毫无意思。但其实柴米油盐酱醋茶不同的味道混起来，就能调制出一道道色香味俱全的菜肴；每天的锅碗盆瓢叮当响，用心聆听，也会演奏出一串串美妙的乐曲。

为什么同样面对普通的生活，有的人过得苦闷惆怅，而有的人却每天面如桃花，快乐无比呢？这正是因为两者的心态不同，两者对待生活的态度不同。其实生活中处处有情趣，生活中快乐无处不有，后者正是因为有一颗有情趣的心和一双会发现快乐的眼睛，更有创造情趣、创造快乐的能力和本领，才让自己的生活充满快乐和幸福。

# 10. 平淡是真，简单是福

享受悠闲生活当然比享受奢侈生活便宜得多。要享受悠闲的生活只要一种艺术家的性情，在一种全然悠闲的情绪中，去消遣一个闲暇无事的下午。

——林语堂

著名作家刘心武曾经说过这样一句话："在色彩斑斓的现代生活中，我们一定要记住一个真理，那就是在简单的生活中感受平淡才能真正获得心灵的快乐。"的确，随着社会越来越进步，物质条件越来越丰裕，人们的生活看起来越来越美好，然而，很多人却觉得自己越来越不快乐，身心越来越累。因此，越来越多的人想要在纷繁的社会中寻求到一种平淡简单的生活，想让自己的心灵归属到一种平和的美妙中。

有一本小说里有这样一段话："真正幸福的生活，并不是什么轰轰烈烈，而是一壶水，简简单单，平平淡淡，而在加热时，却也会泛起一些波澜……"平淡简单的生活并不是平庸、乏味，并不是没有追求和希望，平淡简单的生活是一种生活的真谛，一种"独自清"的心境。

从前，有一对夫妇生活在一个景色宜人、山清水秀的山林中。他们的房屋是用木材简单地搭建起来的，房里的摆设也很简陋。他们没有钱，家里没有什么值钱的东西，对他们来说最宝贵的东西就是一把斧头和一套弓箭。

斧头是丈夫用来砍柴的。每天早上，妻子和丈夫吃完早饭后，就各自忙乎起来。妻子在家里缝缝补补，而丈夫则带着斧头上山砍柴去了，他也会顺便背上弓箭打猎。

到了下午三四点钟，丈夫背着柴火和猎物到集市上卖掉，然后购置些家里的生活用品和粮食。有时候浪漫的丈夫还会给妻子带回小小的礼物：一支头钗、一对耳环，都能把妻子乐得喜笑颜开。家里的日子虽然过得清贫简单，但小两口却很快乐幸福。

吃过晚饭，夫妻俩就坐在房屋的台阶上，一起看星星、月亮，欣赏夜景。有时会喃喃地说着情话，有时则是拉家常。寂静的夜，他们的生活是那么简单却美好。然而，这美好却被一件突如其来的事打破了。

一天，丈夫照样像往常一样上山砍柴打猎。他抓到了一只梅花鹿，梅花鹿竟然开口说道："求求你，放了我吧，只要你放过我，我就帮你实现三个愿望。"善良的丈夫带着梅花鹿回到家中，把事情告诉了妻子。

妻子听到后十分高兴，她一直以来想要好多好多的东西，但是一下子却不知道自己要什么。很多很多的金子？宽敞明亮的大房子？漂亮美丽的衣服和首饰？当上女王？让自己变得更加美丽？……这一个个愿望妻子都想实现，可是究竟哪一个比较重要呢？只有三次的机会，可妻子想要实现的愿望太多了。

妻子开始苦苦思索，不能做出决定。于是她什么也不干了，而是把自己关在屋子里不停地想、不停地想，想得都忘记吃饭睡觉。半个月后，妻子的身体越来越虚弱，最后竟然疲惫而死。

哲罗姆·克拉普卡·哲罗姆说："让你的生命之舟轻装前行，只装上你需要的东西——一个朴实的家，简单恬淡的快乐，一二知己，你爱的人和爱你的人，一只猫，一条狗，烟斗一二，够吃的食物、够穿的衣服，水要多带一些，因为口渴可是要人命的。"其实生活本来就是如此简单、朴实，重要的是我们能否在这简单平淡中体味出幸福和快乐的真谛，这也是一种能力、一种境界。

欲望太多、生活太复杂，只会让我们丢失曾经拥有的快乐幸福。学会在喧嚣的尘世中删减自己的生活，让自己的心灵保持简单和自由吧。因为，人生在世，平淡是真，简单是福。

第 12 章

# 取舍：一念之间，水火两重天

　　《拉封丹寓言》中有这样一个故事：一头布利丹毛驴，面前放了两堆干草。一时间，毛驴不知道该选择先吃哪一堆干草。一直到最后，毛驴也没能做出决定，最终被活活饿死了。我们人类也同样如此，人生中，会有很多人因为面对取舍、面对抉择，不能做出及时或正确的决定，最终让自己后悔莫及。

　　人生就是一个不断取舍的过程，所谓有取必有舍、有得必有失。取舍是一种精神，是一种处世哲学。学会取，是一种领悟；学会舍，更是一种智慧；学会取舍，则是一种为人处世的至高境界，是一门生存的至美艺术。取与舍就如同水与火、阴与阳、天与地，既相互矛盾又相互统一。人生中有了取舍，我们有生存的价值、前进的动力，才能在人生道路上怀着一份愉快的心情轻装上阵。

# 1. 学会取舍，是生命的重点

我们要学会取舍，对于好的东西，诸如西方的先进技术，我们要"取"，要拿来。对于又好又坏的，我们可以取他好的一面，如鸦片，可送入药房，对于无用的如"姨太太"，我们要"舍"。

——北大幸福理念

在人生道路的岔路口上，我们要面临许多抉择和取舍。人生是一个不断索取的过程，也是一个不断放弃的过程。有取必有舍，有失必有得。因此，既不能过分地索取，也不能没有目的地舍弃。

胡智深大学毕业后他来到北京找工作。但是由于种种原因，工科出身的他找到的人生中的第一份工作竟然是房地产销售。在这个行业压力很大，胡智深每天早出晚归，把自己累得筋疲力尽。

后来，他跳槽到了一家业内知名的企业，依旧从事的是房地产销售工作。慢慢地，凭借自己的能力和勤奋，胡智深由一名普通的销售升职成为销售经理。几年后，他在北京有了房子，有了汽车，有了家，有了自己的孩子。在别人的眼中，他是年轻有为的成功人士。公司里很多小青年都以他为榜样和标准，希望有一天能像他一样在偌大的京城混出个名堂来。

但是出乎意料的是胡智深却在大家的羡慕中打算放弃自己目前的工作，然后重新开始自己的事业。一时间，所有的亲朋好友都不能理解和接受，就连公司的同事都纷纷劝他再三考虑。在各种反对声音中，胡智深又犹豫了。虽然自己如今什么都有了，也有一些存款，但是在竞争激烈的北京要重新开始一份新事业，并非易事。这时，已经人到中年的胡智深站在自己的人生十字路口，开始感到迷茫。

后来他认识了一位智者，便前去探访，希望智者能给他指条明路。胡智深对智者说出自己多年来深藏在心的秘密。原来，胡智深其实是个内向的人，但同时具有倔强的性格。他怕大家说自己没出息，才选择了销售这份工作，发誓要干出一番事业来。但其实他不喜欢应酬、出差、频繁的商业交往，尤其是随着年龄的增长，他越来越感到厌倦和力不从心。他想放弃现在的工作，安静地做一些自己喜欢的事情。

智者听完胡智深的诉说，只说了一句话："回归自我。"

人生在世，必须有取，有取才有意义，才有动力，才有希望；而我们也必须学会舍，有舍才能拥有，才能成长，才能快乐。

人生必须学会取舍，这是我们生命的重点。生命在不断的取舍中，才能达到和谐平衡。有些人经常徘徊在取与舍之间，无法做出抉择。因为害怕，选错了就会影响到结果，选错了就会让自己后悔一生。其实，不管选对选错，都是我们人生中的一种经历，一种成长。因此，不要害怕取舍，害怕得失。学会取舍是我们为人处世的真谛；学会取舍，生命才会更加有价值。

《伊索寓言》中有这样一则小故事："一只山羊为了逃脱狮子的虎口，跑进了一个神庙。狮子在外面咆哮着让山羊出来。山羊却说：'我宁可把自己奉献给神，也不会让你吃掉。'"山羊的取舍不管对错，都是自己的选择，只要自己觉得正确，就不要害怕，不要后悔，更不要害怕别人的评判。

人生短暂，我们每一个人都要懂得取舍，该放弃的放弃，该抓住的抓住，做出决定了就不要后悔，尤其是要懂得珍惜，珍惜每一次取舍的机会。世间万物中有利必有弊，因此，我们更要学会"取其精华，去其糟粕"。

# 2. 舍得，才能拥有

幸福和快乐是一种相对的感受。如果为失去一件事物而懊悔苦恼，那么，失去的就不仅是那件事物，还有心情、时间和健康。

——徐光宪

人们常说："鱼和熊掌不可兼得。"此言出自孟子所说："鱼我所欲也，熊掌亦我所欲也，二者不可得兼，舍鱼而取熊掌者也。"最终，孟子舍弃了鱼儿留下了熊掌。人生中存在的"鱼和熊掌不可兼得"的现象太多了，生活中，我们要舍弃的东西太多了。但所谓舍得舍得，先舍才能得。

有人说："取是一种本事，舍是一门哲学，没有能力的人取不来，没有通悟的人舍不得。"要学会当去则去、当舍则舍，要明白舍得也是一种智慧、一种境界、一种哲学。

有一个年轻人在十几年后，由一名普通的油田工人变成了公司的董事长。这期间究竟发生了什么，使他的变化这么大呢？

1998 年，年轻人与几个同事和朋友，辞去了在油田的工作，开始自己创业。他们来到了新加坡，开了自己的公司。刚开始时，公司只有他们几个人，没有固定的办公室，住宿、办公都在一起。但两年后，他们的事业发展迅速，成立了真正的公司，公司净资产达到 500 万元。

后来，年轻人独立出来，开了自己的公司。他发现了一种产品很赚钱，于是建立了一个工厂，想好好赚一笔。结果人算不如天算，虽然第一年工厂赚了一笔，但第二年却由于他不懂得销售额和净利润之间的区别，导致公司欠款巨多，最后工厂倒闭了，损失达一千多万元。

年轻人又变得两手空空，一无所有。他不想麻烦朋友们，打算自己从头开始。他找了一份销售代理的工作，开始到各家石油公司进行上门推销。后来，他慢慢地积攒了一些钱，在朋友的帮助下，又开了一个小公司。

当时，西气东输的工程正要开始实施，这是一个多么大的工程。好多知名企业都虎视眈眈地盯着这块"大蛋糕"，想分得一块。年轻人也想借这次机会赚足资金把自己的公司扩大。但是，自己的公司无论是资金、实力、能力都不够，怎样才能分得一小块"蛋糕"呢？

后来，年轻人得知一家实力雄厚的知名企业也想竞标，于是他就主动找上门去求合作，一同竞标。可是这家知名企业的老总根本没把年轻人的公司放在眼里，对这么小的公司压根儿就没兴趣。

最终，年轻人说服了这家知名企业的老总，两家合作以倒数第二的低价获得了西气东输工程的其中一个市场。但是大家都知道知名企业的老总肯定是不会让自己公司报这么低的价的，因为这意味着公司不仅会损失利益，尊严也会丧失掉。

原来，这一切损失都由年轻人的公司承担，年轻人搭上时间、人力、成本等才降低了竞标的价格。大家都觉得不可思议，商人经商都是为了赚钱得利，哪有做赔本生意的呢？但是年轻人说："舍不得孩子套不着狼。如果不这样做，人家一个堂堂的知名企业会跟我这小公司合作吗？更别说赢得西气东输的一个市场。"

最终，年轻人以损失几十万的利益，不仅赢得了合作伙伴，更赢得了一个难得的机会。经过努力，年轻人的公司终于打响了知名度，通过西气东输工程也足足赚了一笔。

凡是懂得舍弃的人，最终的回报是"舍小求大"。舍得，舍得，唯有先舍，才能获得。没有付出，哪有回报？没有努力，哪有成就？尤其是对于有些必须要舍弃的东西，我们更要懂得舍得，只有这样才能腾出更多的精力去做另外一件事情，而不是把一切都浪费在毫无希望的目标上。正如这句哲理的话，"当你错过太阳而流泪时，就再也不要错过群星了"。生活、感情、工作，人生中的一切，莫不是如此，只有舍得，才会拥有！

## 3. 有得必有失，有失必有得

人生有两大快乐，一是没有得到你心爱的东西，于是你可以去追求和创造；一是得到了你心爱的东西，于是你可以去品味和体验。

——周国平

面对得失，我们都会喜悲。然而，人生因为得失才显得更加珍贵，更加有意义。一直得到，就会永远不满足，永远不懂得珍惜，总有一天会都失去；而一直失去，就会失去活着的信念和生活的希望，生命的构架会轰然倒塌，悄无声息地消失。因此，对于生命中的得与失，我们应该正确对

217

待，以一颗平常心面对。

有一个富翁，做了很大的一笔生意，本想大赚一笔，却没想到出了差错，不仅赔光了本钱，还欠下很多的债。富翁只好卖掉房子、车子才把债务还清。

但是，他成了一个无家可归的流浪人。富翁无儿无女，只有一只猎狗陪伴着他，怀里揣着一本书。在一个大雪纷飞的晚上，他来到一个村庄，找了一间废弃的茅屋住下来。桌子上放着一盏油灯，他将其点燃，借着灯光看书。

突然，来了一阵风，把油灯吹灭了，屋子里立刻一片黑暗。他没有再点燃油灯，而是静静地坐在黑暗里，陷入了孤独绝望中，他想也许死了就解脱了。蹲在身旁的猎狗好像看透了主人的心思，连忙呜咽了一声。他抚摸着猎狗的头，深深叹息了一声，便睡去了。

第二天，他醒来后，发现猎狗不见了。他打开门，看到心爱的猎狗倒在血泊里，身体已经僵硬了。他的眼泪终于流下来，这时，他的心中再也没有什么可留恋的，到了结束生命的时刻了。突然，他听到屋外一阵大喊大叫，还夹杂着急促的脚步声。他跑出去一看，村子里到处都是尸体、鲜血。望着村口卷尘而去的人马，他明白，村子里应该是遭受了土匪的洗劫。

他把村子转遍了，也没发现一个活人，自己是唯一活着的人。他突然觉得生命的可贵，活着总比死了强。望着东方冉冉升起的红日，他又重新燃起了对生活的希望。

于是，他怀着坚定的信念，迎着朝阳又出发了。他来到了大海边上，乘坐了一条出海打鱼的渔船。但是，没想到半途中遭遇到了暴风雨，船被打翻沉到海底了。

他醒来后，发现自己被海水冲到了一个荒岛上，又是唯一的幸存者。他也不希冀有船来救他，于是在荒岛上捡了一些树枝叶，搭建了一个小屋，安定地住下来。

荒岛上虽然寂寞，但他一个人过得也很逍遥。一天，他外出寻找食物。回来后，发现屋子已被一场大火化为灰烬。他眼睁睁地看着熊熊大火肆意地燃烧，好像在嘲笑他的可怜。他又一次绝望，想到了死。在悲痛交加中，他晕过去了。醒来后，发现他在一艘大船上，原来，是昨晚的一场大火救了他的生命。

经历过几次生死，他终于明白上天对他的恩赐。于是，他开始努力奋发，从最底层开始打拼，几年后，他凭借自己的聪明才智，又有了自己的公司。

人生中，经常会由于突然的变故让我们失去很多，甚至失去一切。这时，我们会情不自禁地陷入悲观绝望之中，对生活失去希望，有些人正如这个富翁一样会想到死。其实，只要我们再坚强一点，再努力一点，一切都会好起来的。谁不会遇到挫折和困难呢？只要我们有着平和积极的心态，乐观开朗一些，就会明白人生本来就是由一连串的得与失所穿成的。

失去一些，就不要再失去更多。人常说："塞翁失马，焉知非福。"也许正因为失去，我们才会得到。人生无常，只要怀有希望和信心，只要坚持，只要看开，一切便安好。

# 4. 放下也是一种美丽

"人有旦夕祸福"，既然生而为人，就得有承受旦夕祸福的精神准备和勇气。至于在社会上的挫折和失利，更是人生在世的寻常遭际了。由此可见，不习惯于失去，至少表明对人生尚欠觉悟。

——周国平

每个人都希望自己拥有很多，每个人都害怕放下。放下就意味着失去，不再拥有，放下是一个痛苦的过程，一个悲伤的结局。但是，等到我们心平气和时，因为放下而获得更多时，回头再看，放下是如此的美丽。

有一个小男孩由于贪玩，把手伸进了妈妈放在桌上的花瓶中，没想到却怎么也拿不出来。小男孩急得哭出来，妈妈听到后赶过来。

看到儿子痛苦的样子，妈妈只好拿来锤子小心翼翼地把花瓶砸碎，拿出了儿子的手。看着儿子的小手被卡得通红，妈妈心疼地揉揉，让血液快点循环。这时，小男孩的手中掉出了一个一元的硬币，响当当地砸在地上。

妈妈这才明白儿子为什么自始至终小手都攥得那么紧。她对儿子说："你可以把手伸开，这样就容易出来了呀。"但是儿子却回答："我手松开，硬币就会掉进花瓶里，花瓶那么深，会找不到的。"妈妈听了哭笑不得。儿子为了他的区区一块钱却让她砸碎了2万元的花瓶。

看了这个故事，我们也会像那位妈妈一样哭笑不得，笑小孩子的幼稚和无知。然而生活中的我们又何尝不是如此呢？也许我们很多时候正如小男孩一样对有些东西舍不得放手，结果付出的代价会更大。

人生是一个不断追求的过程，人的一生中会有很多追求，名利、财富、学识、利益、尊严、成就……这些东西往往要经过千辛万苦才能获得。于是，一旦得到，我们就紧紧地攥在手里舍不得放开。岂不知，如果攥得太多，就会成为累赘；如果太在乎，就会让身心很累。每一个人的人生都是一场旅途，在旅途中，如果背负太多，恐怕永远不能到达终点。

有一个人虽然拥有很多的金银财宝，但是一直觉得自己不快乐。于是，他就背着金银财宝，开始寻找快乐。

可是，找了好久，他仍旧没有找到快乐，却因为背上的包裹太重，把自己累得半死不活。一天，他坐下来休息。看到一个樵夫从山上走下来，肩上只扛着一小捆柴，嘴里还在愉快地哼着小曲。

他便问："你一天就砍到这么点柴火，还这么快乐呀，可为什么我拥有这么多的财宝，却一直不快乐呢？"樵夫看了看他怀中紧紧抱着的包袱说道："很简单，放下便是。"

这个人恍然大悟。一直以来自己背着金银财宝，轻易不会放下，害怕别人抢走或丢失，就连休息睡觉都会把财宝抱得紧紧的，这样每天神经兮兮的不累才怪。

于是，他就把金银财宝拿出来分给穷人们，看着大家欣喜若狂的样子，他心中感到从未有过的快乐。

放下便是快乐，放下也是一种智慧，更重要的是放下身上的包袱，卸下心灵上的枷锁，才更能轻松快乐地享受美好的生活。

尼尔·唐纳德·沃尔什在《与神为友》一书中写道："我不会'抓紧'任何我拥有的东西！我学到的是，当我抓紧什么东西时，我才会失去它，如果我'抓紧'爱，我也许就完全没有爱，如果我'抓紧'金钱，它便毫无价值。想要体验'拥有'任何东西的唯一方法，就是将它'放下'！"的确，对于生活中的一切，我们该放下时就须放下，没有必要的执着是愚蠢的，过大的欲望是危险的。学会放下，才能拥有更多，才会真正体会到幸福快乐，放下也是一种美丽！

## 5. 取之有道，用之有道

凡是通过正义或者正确途径获取的东西，便不要担忧它会失去；哪怕是一个小东西，让它发挥作用了，便是最大的价值。

——北大幸福理念

子曰："富与贵，是人之所欲也，不以其道得之，不处也。"意思是说，富贵是人人都想要的，但是如果不是通过"仁道"的方式得来，君子是不会接受的。我们不奢求当君子，只奢求心安理得。其实不光是功名利禄，对于生活中的一切，我们都要通过"仁道"，通过合理之道拿取，正如一句古话说："取之有道，弃之有理"。

一天，禅师正在殿堂里打坐念经，弟子报告说，来了一位客人。禅师起身迎客，看到来人是一个中年人，穿戴讲究，浑身气宇昂然，眉间却忧心忡忡。

中年人见了禅师说道："大师，我是一个商人。以前，我很穷，为了让自己摆脱贫困，我开始追求财富、名利，想让生活过得更加美好。如今我什么都拥有了，却觉得相比以前，自己更不快乐了。怎样才能快乐呢？"

禅师听了，站起身来到内室拿出一把剪刀，对商人说："施主，请跟我来。"商人跟着禅师来到寺院的后院里，看见一个小花园，花园里的部分矮灌木被修剪得整整齐齐。

禅师把手中的剪刀交给商人，说道："很简单，欲望就像这些杂草和灌木，经常修剪就会消除。"商人疑惑地看着禅师，然后走到一处没有剪平的灌木旁边开始咔嚓咔嚓地剪起来。

半炷香的时间过去了，禅师让商人停下来，问道："施主感觉身心轻松了没有?"商人回答："舒活了一下筋骨，身体上感觉轻松多了，但是内心还是觉得有好多东西堵在那里。"

禅师笑着说道："慢慢来，时间长了就会好的。"于是商人就辞别了禅师并约定一个礼拜后再来。

一个礼拜后，商人发现那些灌木又长出多余的来了，于是又开始剪。此后，每隔一个礼拜商人都来修剪一次……两个月过后，商人修剪灌木的技术已经可以跟一个园艺工人相媲美了。不仅把灌木修剪得干干净净，看起来很美观，而且每次修剪的速度也越来越快，越来越灵活，更神奇的是，商人觉得每次修剪这些灌木时，内心就异常的平静和舒服，心无挂念，但是他一走出寺庙的门，那些心中的欲望和杂念又都跑出来了。

商人把自己的想法告诉了禅师，禅师笑而不言。又过了一个月，禅师终于开口说道："施主，这几个月来，我让你剪灌木，其实只是让你明白一个道理。"

"是为了让我摒弃杂念，心静如水吗?"商人问道。

禅师笑笑，点点头随即又摇摇头："这只是一方面。其实最重要的道理你没有悟出来呀。你一直以来是不是有个困扰，那就是灌木剪掉后过一段时间又会重新长出来，并且长得参差不齐?"

商人点点头。"其实，不断生长的灌木就像人的欲望和杂念一样，越想'修剪'光，生长得越旺盛，它们是永远也不能被消灭掉的。但是，我们明知道不能消除，却还是需要时常地修剪，这是为什么呢?"

"因为修剪不仅让它们长得不至于太丑陋，而且可以更美观，成为一道靓丽的'风景线'。每一个人都是有欲望的。你追求名利、财富这本身没有错，这是人之常情。但是你一定要懂得获得这些需要通过正确的渠道，得到后也不能挥霍浪费，而是要运用到有意义的事情上。利己惠人，岂不更好？这就是'取之有道，用之有道'的道理啊。"

的确，对于一切需求，我们需要"取之有道"，这样才会让所取更加珍贵、更加心安理得；对于拥有的所有，我们需要"用之有道"，如此才会让获得更加有价值，内心更加快乐。

## 6. 切莫患得患失，保持平常心

佛教主张"无我"，既然"我"不存在，也就不存在"我的"这回事了。无物属于自己，连自己也不属于自己，何况财物。明乎此理，人还会有什么得失之患呢？

——周国平

随着生活节奏的加快，社会竞争的激烈，很少有人能保持一颗平常心。越来越多的人对于名利、财富、地位等追求得更加急切，普遍出现一种患得患失的心理现象。人们害怕得不到自己想要的东西，得到了又担心失去，心里时刻算计着，神经时刻紧绷着。其实，这种人活得很可悲、很痛苦。

古时候，有一个年轻人，名叫后羿。他从小就很有射箭的天赋，在他的勤奋练习下，射箭的本领越来越高强，被人们称为"神射手"。

夏王听说民间有个"神射手"，想亲眼目睹一下。于是便化装成寻常百姓来到民间观看后羿表演射箭，果真是名副其实呀！

回到宫中，夏王就对大臣们说想要把后羿召进宫，让后羿为大家表演，让大臣们开开眼界，大臣们都齐声答好。

夏王命人提前在御花园里找了一个开阔的地方，然后竖起了一个兽皮箭靶，靶心直径仅为一寸左右。当后羿被请进宫后，夏王指着设好的箭靶对他说："这是本王为你准备好的，今天请你来就是想让你给宫中上下的人表演一下精湛的射箭本领。当然，你也不会白表演，如果你能射中靶心，博得众人的喝彩，我就会赏金一万两。但如果你射不中，那我就会惩罚你

223

以及你的家乡人。"

后羿听了夏王的话，明知道夏王是拿他为众人取乐，但是他也不敢违抗命令。答应夏王后，后羿便一言不发，脸色瞬间变得凝重起来。他慢慢地向箭靶走去，走到还有大约 100 步的地方停住，抽出一枝箭，展开弓弦，摆好姿势，准备射击。

但是过了足足有一分钟，后羿的箭还是没有射出去。这是他射箭以来从来没有发生过的事。众人看到后羿的手在微微发抖，呼吸也变得急促起来，气氛在这一刻也变得异常紧张。

瞄了几次后，后羿终于下定决心射箭了。但是，当他的手一松开，弓箭应声而出，并没有飞向箭靶中心，而是插在了箭靶的边缘上。

听到大家齐刷刷地"唉"了一声，后羿的脸色变得更加苍白了。当他射出第二箭时，箭离靶心更远。射了三箭后，后羿便收拾弓箭向夏王告退了。夏王望着后羿落寞的背影，不解地问手下："后羿平日里不是射箭很准吗？也是我亲眼所见。今天他这是怎么了？"

手下回答："大王，平日里后羿射箭没有涉及利害关系，只是射箭玩耍，因此，他就会保持一颗平常心，箭也就射得自如且准确；而今天他身上背负着的不仅是箭，更是切身利益。他越在意，就越容易分心，精神不能集中，箭靶怎么能瞄准呢？"

夏王感叹说："其实，我本没想惩罚他，只是想激励他射好箭，没想到却适得其反了。"

后羿由于太注重奖赏，太计较得失，才让自己连连失手。其实，我们人生中的每一件事物都是如此。往往我们越在乎，越小心翼翼，就会越容易失去；越患得患失，反而无法将真正的实力展现出来；对于利益越是斤斤计较，不仅什么也得不到，失去的就更多。因此，请记住，凡事切莫患得患失，太过于计较，保持一颗平常心才会得到所属。

# 7. 失去什么，别失去目标

每一条河流都有一个梦想：奔向大海。长江、黄河都奔向了大海，方式不一样。长江劈山开路、黄河迂回曲折，轨迹不一样。但都有一种水的精神。谁在奔流的过程中，如果沉淀于泥沙，就永远也见不到阳光了。

——俞敏洪

一个人，无论头脑多么聪明，本领多么高强，多么有天赋，多么有恒心，多么努力，如果没有目标，那么一切都是空谈。不管是生活中还是工作中，如果没有一个明确的方向，一个坚定的目标，那么就永远不能到达成功的彼岸。

曾经有一个女人打算从太平洋的卡特琳娜岛游向加州海岸，她的名字叫作弗洛伦丝·查德威克。

清晨，查德威克小姐就已经准备好了，但是加利福尼亚海岸却弥漫着浓雾，并且越来越大。这时，查德威克小姐已经到了海水中，在奋力地游着。

后来，雾大得什么都快看不见了，查德威克小姐甚至看不到护送她的船只。时间一分一秒地过去，一小时一小时地过去了……

电视上正在直播查德威克小姐游泳的场面。观众有好几次看到几只鲨鱼靠近了查德威克小姐，幸亏护送她的人用枪声把鲨鱼吓走了。

15 个小时之后，查德威克小姐开始又冻又累。眼看着海岸离她越来越近，人们都为她加油欢呼。但是查德威克小姐却选择放弃了，她让护送人员把她拉上船。人们都不理解她为什么这么做，她游到的地方离加州海岸仅有 1600 米了，而她却放弃了？

后来记者采访时，查德威克小姐才说出了心中的话，回答了大家的疑问："我知道，大家都希望我成功。但是我却半途而废，这是有理由的。我确实很累但还没有筋疲力尽，我有点冷但这不足以让我放弃。我放弃的原因是因为雾太大，我看不到我的目标。这是我一生中唯一的一次半途而废，没有能够坚持到底，是因为这次我失去了我的目标。"

约翰·洛克菲勒曾说："目标是我领导的依据，目标就是一切。我习惯于在做任何事情之前先确立目标，而且每天我都要设定目标，譬如与合伙人谈话的目标、召集会议的目标、制订计划的目标，等等。我在做事之前也会先检视自己设定的目标。通常在我到达公司时，我已经成功做好了万全的准备。所以，在我心里从未出现过诸如'我没有办法''我不管了''没有希望了'等具有吞噬性的声音。每一天确立的目标，已经抵消了这些失败的力量。"

的确，无论我们多么意气风发、多么斗志昂扬，多么足智多谋，如果没有目标，一切都会失去方向，一切都会变得茫然。没有目标的人只会走更多的弯路，浪费更多的精力和年华。在误打误撞的过程中只会把自己的自信一点点消耗掉，最后一蹶不振。因此，人生中什么都可以失去，千万不要失去目标，失去目标就如同失去了灵魂，犹如行尸走肉。

荷马史诗《奥德赛》中有一句至理名言："没有比漫无目的的徘徊更令人无法忍受的了。"失去目标的人就像一只无头苍蝇，永远找不到出口，四处碰壁的下场最终会更惨烈。目标对人生具有巨大的引导作用；目标是茫茫人生中的一盏明灯，指引着我们前进的步伐，让我们心中的信念更加坚定。

人生只有确立了目标，才能集中精力为目标一步步奋斗和努力，目标也就不是那么遥远。那么怎样树立自己人生的目标呢？曾有人研究，如果我们对某件事特别有兴趣，特别热情，而且对此很有天赋，并且所做的事具有意义和价值，那么，这件事就可以成为我们的人生大目标。简言之，一定要有热情、兴趣、天赋、价值、意义等五大元素，这才是人生真正的目标。

## 8. 天下没有不散的筵席

相聚是美好的，人们大多喜聚不喜散，但是天下没有不散的筵席。然，离别后终有相逢的一天。因此，不必悲伤，笑着离开吧。

——北大幸福理念

烟花冲上长空，绽放出美丽的花朵后，瞬间便烟消云散；人们相聚、欢呼拥抱之后，又会无奈地离别。相逢是一首欢愉、轻快的歌，让人陶醉；而分别则是一首悲伤苦闷的歌，让人心碎。古往今来，有多少人发出"既有相聚为何要分离"的感慨，但人人又必须面对一个事实：天下没有不散的筵席。再热闹非凡的"宴会"总会在莺歌燕舞之后回归一片狼藉和冷清。古人云："月有阴晴圆缺，人有悲欢离合，此事古难全。"既然如此，我们就要学会以一颗平常心对待相聚离别，学会放手，学会离开。这一次的离别，才会有下一次的相聚。

曹雪芹笔下的林黛玉是个喜散不喜聚的人，原文中林黛玉是这样说的："人有聚就有散，聚时欢喜，到散时岂不清冷？既清冷，则生伤感，所以不如倒是不聚的好。比如那花开时令人爱慕，谢时则增惆怅，所以倒是不开的好。"话虽如此，但是人的一生怎能不相聚，又怎能不离别呢？人皆有七情六欲，每一次的相聚会让我们兴奋不已，充满希望；而每一次的离别也是一次悲伤的体验，悲伤过后，会充满更大的希望，期待下一次的相聚。人常说："月满则亏。"只有体会了情感上的"亏"，我们才会更加懂得珍惜，懂得热爱。现实生活中，我们都要学会乐观地面对聚散，乐观地对待取舍与得失，学会顺其自然。

一个智者和他的弟子游行四方。这一年，他们来到了一个山清水秀的地方，打算住下来，安定几年。他们找到了一个废弃的小院子，里面有几间小屋，收拾完毕，智者和他的弟子便住了进来。

弟子发现院子里有一块空地，原本是花园草地，如今已是荒芜一片。

弟子对智者说："咱们可以在上面撒点草籽，春天要到了，院子里太冷清了。"

师父答："不急，等有空再去买草籽。"弟子问："什么时候？""随时。"师父接口道。

然而，一直到秋季，师父才把草籽买回来，交给弟子让他撒到草地上。正当弟子撒草籽时，一阵秋风吹过，好多草籽被吹走了。"不好，草籽都飘走了。"弟子叫道。"没事，被风吹走的多半是空壳的。况且，现在撒下去也不会发芽的。不要担心。随性！"师父在一旁说道。

弟子刚把草籽撒完，有一群麻雀飞过来，专挑草地上饱满的草籽吃。弟子见了，惊惶地说："不好，麻雀把好的草籽都吃完了，明年还怎么长出来小草呀。"这时，师父又答："没事，小鸟是吃不完的，你就不要担心了。明年小草肯定会长出来的。"

谁知，到了晚上又下起了大雨，弟子在床上翻来覆去睡不着，他担心草籽都被雨水冲走了。早上，他早早起床后，果然看到草地上一粒草籽也没有。弟子难过地跑进禅房对师父说："师父，这下好了，大雨把草籽都冲走了。"师父笑了笑，说道："不要难过，草籽冲到哪里，就在哪里生长。随缘！"

不久，弟子惊喜地发现好多角落里长出来好多青翠的小苗，他赶忙高兴地告诉了师父。师父点点头说："随喜！"

这位智者的智慧是平凡人所不能达到的境界。一切随缘，一切顺其自然，一切都以一颗平常心对待，最终反倒有一番收获。

人生如梦，岁月无情，聚散、取舍、得失只不过是一种自然现象、人生规律。因此，我们不必太计较，不必太悲伤，也不必强求。聚散终有时，要学会"得之坦然，失之淡然"，学会万事随缘。冬天来了，春天还会远吗？

# 9. 持之以恒，终有奥秘

做一件事，无论大小，倘无恒心，是很不好的。而看一切太难，固然能使人无成，当若看得太容易了，也能使事情无结果。

——北大幸福理念

"水滴石穿，绳锯木断。"细小的水滴竟能把坚硬的石头点穿，细软的绳子竟能把结实的木块锯断，这其中的奥秘在哪里呢？正是持之以恒。坚持的力量是巨大的，在人生中，做任何事情都贵在坚持，只有坚持才会有收获，才会有奇迹的诞生。

美国一位成功的推销大师，因为年老体衰，即将告别他的事业生涯。经过一些人士的诚恳邀请和精心准备，大师准备进行一场演说，把自己毕生的推销秘诀传授给大家。

演说在市里最大的体育馆举行，这一天，人们纷纷涌到体育馆，一是想目睹一下这位传奇人物的"庐山真面目"；二是想知道大师的成功秘诀究竟是什么。

可是在大家的热切期盼中，舞台的大幕徐徐拉开后，出现的是在舞台正中央吊着的一个巨大铁球。接着一位身材瘦小的老人缓缓走出来，大家惊奇地望着这个巨大的铁球不知道他要干什么。老人指着旁边的一个大铁锤说："谁可以拿着这个大铁锤把这个铁球敲得让它荡漾起来呢？"

老人话音刚落，就有许多年轻人纷纷跑上来大展身手。可是铁锤虽然把铁球敲得震耳欲聋，但是铁球却纹丝不动。一个又一个的年轻人试过后都垂头丧气地走下舞台，最后终于没人敢上来了，大家静静地等候老人的答案。

这时，老人从衣服兜里拿出一个小铁锤，观众一片爆笑，老人毫不理会，走到大铁球旁，认真地敲起来。小铁锤碰上大铁球，发出像蚊子一样的嗡嗡声。10 分钟过去了，观众停止了笑声，老人还在认真地敲打着。20

分钟过去了，在场的观众开始各做各的事情，有说笑的，有吃零食的，有的甚至起身离开。30分钟过去了，观众终于按捺不住，开始躁动起来，有人开始大声喊叫，有的人干脆叫骂起来："什么鬼玩意儿呀！"然后愤然离去。但是老人好像根本没有听见这些声音，一如既往地敲打着大铁球。

又过了10分钟，突然，坐在第一排的一个女人叫起来："球动了！"刹那间，全场的人安静下来，屏住呼吸，瞪着眼睛观察大铁球。果然，大铁球在老人一锤又一锤的敲打下，越荡越高，它带动的气流像一阵风吹乱了老人头发。足足过了5分钟，全场的人才反应过来，爆发出雷鸣般的掌声。

这时，老人像换了一个人似的，脸上绽放出光彩，此时他站在台上是如此的高大。老人开口讲话了，声音洪亮如钟，他说："恭喜诸位，你们成功了。因为你们坚持下来了，耐心地等待我把球敲动了，我成功的奥秘已被你们窃取了。"所有人大笑起来。

"冰冻三尺非一日之寒"，当千年壮观的寒冰呈现在我们的眼前时，我们除了赞叹它的美丽，更要敬佩它千年的坚持。法国伟大的启蒙思想家布封曾经说过："天才就是长期的坚持不懈。"无论是谁，只要懂得坚持不懈，只要具有坚定的意志，就能使一个平庸的生命变得伟大，能使一个普通人变成人人敬仰的天才。

然而，坚持是需要时间和耐力的。水滴石穿，要经历上百年，这其中的孤独寂寞又是谁能体会得到的呢？人生漫漫，人生路途中不会一直平坦，也不会一直坑洼不平，当我们坚定了自己的目标后，更重要的是懂得持之以恒，坚持不懈。即便是无人喝彩，也要坚持自己的信念；纵使路途再多坎坷，也要坚守自己追求的梦想，相信自己的坚持一定会有回报和收获。

## 10. 放下"包袱"，才能走得更远

　　我们走在人生的路上，遇到的事情是无数的，其中多数非自己所能选择，它们组成了我们每一阶段的生活，左右着我们每一刻的心情。我们很容易把正在遭遇的每一件事都看得十分重要。然而，时过境迁，当我们回头看走过的路时便会发现，人生中真正重要的事情是不多的。

——周国平

　　人生是一场旅途，每一个人都是旅行者。我们会背着大大小小的包袱，朝着自己的人生目标前进。但是，不是人人都可以到达心中的目的地，有的人在半途中累倒后，就再也不能站起来。

　　一个年轻人背着一个大大的包袱在山路上步履艰难地前进着。烈日当空，汗水已经模糊了他的眼睛。走到一个大石头旁，他已经气喘吁吁，于是坐下来开始休息。身上被荆棘划破的伤口在汗水的浸泡之下隐隐作痛，衣服上到处都是血迹斑斑。他突然觉得自己的心好累，想永远坐在这里休息下去。

　　这时，一个智者走过来坐在他的身边。问道："你去往何方？"年轻人抬起头指着远处的一座大山说："我是从后面那座大山来的，准备到达前面的那座大山，那里有我的梦想。可是现在我不想再前进了，我感到身心疲惫，恐怕永远也达不到我心中的目标。你看我身上的伤口，你知道我经受了多少苦难吗？一路上，我忍受着酷热、饥饿、疼痛，一步一步走到了这里。这些我都能忍受，可是让我绝望的是心中的目标为什么一直那么遥远？那只是我的一个幻想吗？"年轻人向智者诉说着苦恼，露出绝望的眼神。

　　智者什么话也没说，而是看了看年轻人放在旁边的大箱子问："你的行囊看起来很重，里面装的都是些什么呢？"

　　年轻人说道："它们对我可重要了。里面装着我的生活必需品，我过去的荣誉，我每一次跌倒受伤后的痛苦记忆，还有几件我们祖上流传下来价

231

值连城的宝贝。哪怕再重，我也不会把它们扔掉的。"

智者听了，微笑着说："但是孩子，有些东西该放下时就得放下，这样才可以轻装上阵，才能走得更远。"

年轻人觉得智者说得有理，但是他还是不知道该扔掉哪些东西，便问智者："我首先应该扔哪些东西呢？"

智者笑着答："人生最痛苦的莫过于对过去的旧伤还念念不忘，过去了就过去了，应该坦然地放下，这样心灵上才不会再次痛楚。"

年轻人顿时大悟，他扔掉了过去的记忆，然后告别智者起程了。这时，他觉得不仅身体上轻松了许多，内心也感到像扔掉一块石头那么轻松。

赶了一段路后，年轻人又开始觉得疲惫，感觉箱子又重起来。他心想：那些荣誉也是过去了的东西，我的将来在前面的这座大山上，并不在后面的那座大山上。于是他便扔掉了它们，然后又开始赶路了，他觉得自己的背上又轻松了许多。走到途中，年轻人又感觉到累了，他再次打开箱子看着那些无价之宝，心想：也许这些财富本来就不属于我，我得到它们时太容易了，失去它们也就不用太难过。于是他毫不犹豫地就扔掉了它们，又继续赶路。

最后，箱子里只剩下分量最轻、最廉价的生活用品。年轻人感觉自己的身心是从未有过的轻松，步伐是如此轻快，内心是如此坚定，大山再也不是那么遥远。

生活中，也许有很多人像年轻人一样背着"大包袱"执着地追求自己的梦想。包袱里的每一件东西对他们来说都很重要，不想轻易放弃；有些人更是不满足，不断地往里面填装东西。殊不知，总有一天，包袱会重到自己背都背不动，何谈前行呢？学会放下，学会看淡，只有放下身心上的"包袱"，不时地清理掉多余的"包袱"，我们才能走得更远。

# 第 13 章

## 淡定：坐拥风雨，泰然自若

漫漫人生路途，在纷纷扰扰、沸沸扬扬的喧嚣红尘中，我们看到有人愁有人喜，有人哭有人笑，有些人身心疲累、满腹抱怨，有些人却从容自在、悠然自在地享受人生。同样一个世界，同样是人，为什么差别这么大呢？

这其中的奥秘正是看我们是否有一颗淡定的心！"采菊东篱下，悠然见南山"是人人都向往的生活；"看风起云卷、花开花落"是每个人都憧憬的人生。然而，我们都是凡夫俗子，我们离不开繁华的现实，离不开复杂的人际关系。既然如此，我们只能让自己学会保持一颗淡定的心，拥有一份平和的心态。学会顺其自然，学会随遇而安，学会减少欲望，学会拿得起、放得下，学会看得开，学会坐拥风雨、泰然自若。倘若如此，我们必定会拥有一种"淡泊而明志，宁静而致远"的人生境界。

# 1. 减少欲望，悠然人生

真正的悟者能够从看破红尘获得一种眼光和智慧，使他身在红尘却不被红尘所惑，入世人保持着超脱的心境。

——周国平

好多的诺贝尔获奖者在得知自己获奖后，脸上都是很平静的表情，随即说出一句平淡的话："我从未想过自己能获奖。"他们为什么会有如此淡定的神情和心态呢？因为他们从一开始就不是为了满足名利的欲望而去努力、拼搏，而是为了心中伟大的梦想，为了让自己的人生具有价值和意义。在他们眼里，物质上的欲望根本不能与精神上的欲望相提并论。

从前，有一个人收拾好行囊，准备去沙漠寻找宝藏。但是过了半个月，宝藏还是没有找到，他随身所带的食物已经吃光了，水也喝光了。

他已经三天没有吃喝东西了，又累又饿。最后，他实在走不动了，就一头栽倒在沙漠里，再也爬不起来。他静静地躺在沙漠上，等待死神的降临。

然而，他没有等到死神，却等来了上帝。因为，在临死的那一刻，他默默祷告，求上帝帮帮我吧。上帝果真出现了。

上帝问道："你现在需要什么呢？"

他欣喜若狂地说："我想要吃东西、喝水，这样就不会死掉了。"

上帝满足了他的要求，他吃饱喝足后，感谢了上帝，但又提出了一个要求："上帝，沙漠里很容易就迷路了，我想要一只带路犬，帮助我找到宝藏。"上帝又满足了他的要求。

这个人心里高兴极了，他对上帝千谢万谢后，就又踏上了寻找宝藏的征途。半个月后，他终于幸运地找到了所有的宝藏。宝藏藏在一个古老的城堡中，有金光闪闪的金子，还有很多奇珍异宝。他觉得自己简直来到了天堂，这一个月来受的所有苦都值了。

他开始往随身带的包裹里装宝藏，包裹装满后，他又把身上所有的口袋都装得满满的。在返回去的路上，他的食物和水又开始短缺了，此时他又累又饿。背上的包裹很重，口袋里的财宝也成了他走路的累赘，但是他舍不得扔掉一块金子。他心想：反正宝藏已经找到了，这只带路犬已经毫无用处了，还不如杀掉来吃，这样就可以避免自己饿死。

他果真说到做到，把带路犬毫不留情地杀掉，靠着吃狗肉走出了沙漠。回到家中，他把所有的财宝都倒出来，开始细细地数起来，他数得忘记吃饭，忘记睡觉，突然一声晴天霹雳，他的房屋被雷击中倒塌了，他被活活压死了。

在这个物欲横流的现代社会，很多人运用各种手段，通过各种途径来实现自己心中的欲望。然而，很多人却并没有因为欲望的满足而感到快乐。相反，他们感到身心疲惫，生活乏味，幸福离他们越来越远。

古希腊著名哲学家狄奥根尼，别人送他一个称号为"犬儒"。据说他经常饿了就捡别人扔掉的剩饭吃；困了，就睡在一只木桶里，像狗一般地生活。亚历山大皇帝曾经前往看他，问他需要什么，他说："我只希望你闪到一边，不要挡住我晒太阳。"我国古代著名思想家颜回追求的也只是"一箪食，一瓢饮，在陋巷，人不堪其忧"的生活。他们不理世俗的眼光，他们的欲望比谁都小，生活比谁都简单，但日子却过得比谁都悠然自在，并且真真切切体会到了生活的乐趣和幸福。

欲望的不断膨胀，只会挡住我们前进的道路；欲望的不断涌来，只会堵塞我们心灵的自由。因此，我们要学会减少一些欲望。少了欲望的束缚，自然就会享受到"悠然见南山"的人生境界。

# 2. 清空你的"杯子"

> 倒茶时，茶水溢出来就会烫到手；身上背的包袱太重，不仅是身体上的负重，更是心灵上的累赘。学会清空杯子，学会扔掉包袱里多余的东西。
>
> ——北大幸福理念

一代武学宗师李小龙特别推崇一句话："清空你的杯子，方能再行注满，不空无以求全。"不管是在武学上的修炼还是生活工作中，李小龙一直在实践着这句话。他称此为"空杯心态"。他说，人的一生会有很多荣耀，也会有很多挫折和失败。无论面对什么，我们都要学会坦然，以一颗平常心对待。不要因为一时的荣耀就得意忘形，也不要因此刻的失败就痛苦难过。放开心胸，清理掉心灵上的"垃圾"，才能保持自己的心灵洁净，也才能让快乐、幸福、乐观等住在心房。

一个年轻人经常抱怨自己的人生太不如意了。本来他是一名从名牌大学毕业的学生，现在却只在一个小公司当一个小职员。每次他都会跟朋友说："我真是命苦呀，运气太差了，没有一次好机会。"谈了一个女朋友，女朋友因为对他天天垂头丧气的样子很是看不惯，就提出了分手。年轻人觉得自己一无所有，自己的人生没有一点意义。

这一天，年轻人背着包来到山脚下，准备爬山散散心。爬到半山腰上时，他看到悬崖边上有一个小木屋，很是别致。

年轻人走近小木屋，才发现里面有一个智者正坐在茶桌旁饮茶。得到智者的允许后，年轻人走进小木屋坐下来。年轻人突然灵光一现，何不趁现在，请教智者一些问题呢？

年轻人开始诉说自己的生活状况，说自己现在活得很没意思，觉得没有什么希望，不知道该怎么办才好。

智者听完年轻人的倾诉，微微一笑，没有开口说什么，而是随手拿起桌上的茶壶开始斟茶。年轻人的空茶杯倒满后，智者又给自己的空茶杯倒茶。年轻人看到智者的茶杯已经被倒满了，但是他还是一直倒，茶水从杯子里溢出来，顺着茶桌流下来。

年轻人连忙大叫一声："茶杯已经满了。"智者这才停住手，笑着说："这就是我想对你说的话呀。"年轻人不解，问智者是何意？

智者说道："你现在的心里已经装满了太多的东西，痛苦、悲伤、愤恨、不满……你的心灵已经被这些东西充满，我说什么你也不会听进去的。你回去把你的心灵'杯子'清空了，再来找我吧。"

年轻人听了智者的话，终于恍然大悟。他回去后，再也没来找智者。而是开始调整自己的心态，清理掉自己心灵上的垃圾，开始努力认真地工作，用乐观积极的心态面对生活。几年后，年轻人终于爱情和事业双丰收。

茶杯注得太满就会溢出来，不仅浪费还说不定会烫到端茶杯的人。人生亦是如此，心灵"杯子"里如果装了太多的东西，却从来不懂得清理，就再也没机会装进其他的东西。尤其是那些没用的"垃圾"，久而久之，只会让心灵受到污染，不仅影响我们身心健康，还影响生活中的一切。

不断地清空自己的"心灵杯子"，才能注满新鲜清洁的活水，带给我们心灵上的舒畅；不断地清理"心灵上的垃圾"，才能让更多的阳光洒进来，让心灵保持温暖和活力。无论是谁，无论是什么时候，都不要把过去的东西时刻装在自己的心里，不管是过去的辉煌还是所经受的痛苦，一切都要学会放手，学会看开，学会清除。时刻保持"空杯心态"，让一切归为零，让每一次的开始都是一个全新的高度，每一次的发挥都是一次超越；时刻清理心灵的垃圾，让我们在人生道路上轻装上阵。

# 3. 风雨过后，便是彩虹

并非每一个灾难都是祸事，早临的逆境常是幸福。经过克服的困难，不但给了我们教训，并且对我们的未来奋斗有所激励。

——李大钊

人们常说："不经历风雨，怎能见彩虹？"的确，只要勇敢地坚持，相信风雨过后，便是彩虹；只要学会等待，黑暗过后，便是黎明。

蝴蝶因为经受了破茧的巨大疼痛，才由一只丑陋的毛毛虫变成了美丽的蝴蝶；蚌因为忍耐了沙子在体内长时间痛苦的折磨，才诞出一颗光彩夺目的珍珠；苍鹰因为经历了一次又一次的失败和磨难，最终才能够搏击长空，自由飞翔。我们的人生也是如此，只有经历一些挫折和坎坷，方能逐渐成长、成熟，逐渐强大；生命只有经过苦难的灌溉，才能绽放出美丽的花朵。

有一个女人活了 90 岁，临死时脸上挂着微笑，显得很平和。

女人是一位农村妇女，在她 12 岁时，由于家里穷，她被当成童养媳送给了别人。这家人的日子也过得很是清苦，女人从小跟着他们受了很多苦。不过，她也学会了做饭、喂猪、砍柴、锄地等家务活，还学会了好多手工活，如纳鞋、绣鞋底、剪窗花等。人们一直都夸女人心灵手巧。

女人 18 岁时，生了自己的第一个孩子。婆婆跟公公由于操劳多病，相继去世了。只剩下他们一家三口过日子。后来女人又生了两个孩子，家里的日子过得更加贫苦。

女人 25 岁的时候，正赶上了日军大扫荡，丈夫被日本人打死了。女人只好背井离乡带着孩子逃跪。

路上遇到很多跟女人一样的妇女，她们都说自己的丈夫不是死了就是当兵去了，受够了这种奔波躲藏的日子了，想着如果让日本人捉住受尽欺辱，还不如自杀算了。但是女人说："没有过不去的坎，日本人不会永远这样猖狂的，总有一天他们会滚回老家的。"

抗日战争终于结束了。女人带着孩子们熬过了艰辛的日子，回到了自己的家乡，准备重新开始生活，但是不幸又接踵而至。她的儿子由于长期营养不良，身体变得越来越虚弱。那时，正值寒冬，儿子抵抗力不行，感染上了肺结核，不久就死了。女人哭天喊地，丈夫唯一的儿子没有保住，她觉得自己对不起丈夫一家人。女人的精神支柱失去后，刚开始，她不吃不喝，躺在床上泪流满面。

一天，稍大的女儿到河里抓了一条鱼，做了一碗鱼汤。当热腾腾的鱼汤端到女人面前时，女人才意识到自己犯了大错：儿子没了，还有女儿呀。如果她就这样去了，两个女儿没了妈妈怎么活呀？

女人想通后，就挣扎着起来开始干活。她对孩子们说："放心，有妈妈在呢，没有过不去的坎。"

后来，中华人民共和国成立了，百姓的日子过得越来越好。女人不仅把两个孩子拉扯大，还让她们都念书、学知识。女人经常对人说："我就是再苦再累，也要让娃念书成材。"两个女儿果然争气，随即都考上了大学，毕业之后留在城里分配了工作。

操劳一辈子的女人终于熬出了头，被两个女儿接到城里，幸福地安度晚年。

天气变化无常，人生中也不可能只有一次的"风雨"。每一次风雨来临时，我们都会害怕，害怕自己过不了这个坎，害怕一切都被摧毁。但每一次只要我们咬紧牙关，坚持一下，暴风雨总会过去。而当每一次暴风雨过去后，我们抬头时便会看到一望无际的蓝天，灿烂的阳光普照大地，而头上的那道彩虹不知何时已悄无声息地出现。

## 4. 名利乃身外之物

三顶桂冠一摘，还了我一个自由自在身。身上的泡沫洗掉了，露出了真面目，皆大欢喜。我自己是喜欢而且习惯于讲点实话的人。讲别人，讲自己，我都希望能够讲得实事求是，水分越少越好。我自己觉得，桂冠摘掉，里面还不是一堆朽木，还是有颇为坚实的东西的。

——季羡林

"天下熙熙皆为利来，天下攘攘皆为利往"，自古以来，名利一直都是人们毕生所追求的。很多人为了名利，煞费苦心；很多人为了名利，疲惫不堪，到头来却是"竹篮打水一场空。"何为名？何为利？为何要追求名利呢？其实好多人都对名利猜不透，好多人都不知道自己苦苦所追求的名利，在得到手后为什么还是如此的不快乐?

有位古人在临死前嘱咐他的家人,在他死后,只需要将赤条条的他用芦席盖上,然后填上土,再将芦席抽掉便是。他说:"赤条条来,就要赤条条去。"的确,每一个人呱呱坠地时,都是赤裸着身体而来,不带来任何东西,那么,死了赤条条去也是极好的。尤其是对于名利这些身外之物,更应该"生不带来,死不带去"。

著名小说《围城》的作者钱钟书一生都是淡泊名利,他经常说,名利乃身外之物,对我没有任何作用。

那时,他的小说《围城》一出版,就在全国引起了轰动,很多人慕名前来拜访,文学界的一些人也想目睹一下他的风采,但是钱钟书先生都婉言谢绝。逐渐地,他的书传到国外,也引起了很大的反响。曾经有一位外国女士因为阅读了他的《围城》,打来国际长途电话说一定要来中国拜访。钱钟书先生虽然过意不去,但还是表明不见也罢。那位女士仍坚持自己的想法,钱钟书无奈,便幽默地回了一句说:"如果您觉得这颗鸡蛋很好就行了,何必一定要亲眼看看下这颗蛋的母鸡呢?"

钱钟书经常谢绝一切新闻媒体的采访。那时候,中央电视台的一名记者曾千方百计地想得到采访他的机会,但都以失败告终。最后,这名记者无奈地对大家宣布:"钱钟书先生心意已决,他不想让任何人打扰,我们都须尊重他的意见。"

20世纪80年代时,钱钟书有一个特别好的机会可以名利双收。那是美国著名的普林斯顿大学,特地邀请他为学生们讲课,一共讲课十二节,薪资却高达十六万美元;而且钱钟书可携带夫人同去,费用全部报销。这么好的事情,但是钱钟书先生最终拒绝了。

钱钟书80岁华诞的时候,好多人打来电话说要过来给他祝寿,这其中包括亲朋好友、大家学士、一些组织。当得知中国社会科学院要为自己大张旗鼓地开祝寿会和学术讨论会时,钱钟书先生坚决拒绝。

钱钟书淡泊名利的心态让我们每一个人都不得不敬佩。同样国外也有一个伟大的人视名利为浮云,她就是大科学家居里夫人。

居里夫人一生不仅看淡名利，还追求俭朴的生活。甚至对于象征她最高荣誉的诺贝尔奖章，她也是视为"玩具"。

有一次，一个朋友到居里夫人家做客。一进屋子，朋友便看到她家的小女儿正在玩弄一块金光闪闪的奖章。朋友惊讶地大叫起来："这可是纯金的，而且来之不易，有多少人梦寐以求都得不到的东西，你怎么可以让孩子玩耍呢？"

居里夫人听到了后，笑着说："亲爱的，你不明白。我这是让孩子从小就看到荣誉、名利这些东西，只不过是一个奖章而已，没有实在的意义。绝不能看得太重，不然一生守着这些奖章，绝不会有大出息！"

的确，荣誉只是过去的，名利只是一时的。如果得之，就是我们的幸；如果不得，那也没有什么。千万不要做名利的奴隶，做了名利的牺牲品。世间万物不断循环，有所得必有所失，任何名利都是过眼云烟，切不可悲戚戚，甚至丢了卿卿性命。

# 5. 平和心态，淡然人生

你不要总希冀轰轰烈烈的幸福，它多半只是悄悄地扑面而来。你也不要企图把水龙头拧得更大，使幸福很快地流失，而需静静地以平和之心，体验幸福的真谛。

——北大幸福理念

也许很多时候我们为了一件事付出了很大的努力，但是结果却不尽如人意。凡事追求卓越，凡事想要尽善尽美，这是一件好事。但是如果我们的执着和付出没有得到相应的回报，那也不要沮丧和气恼。人常说："命由天定，事在人为"，只要我们努力了、尽力了，一切都是有意义的。正如泰戈尔所说："天空没有留下鸟的翅膀，但我已飞过。"

在中国乒乓球界，王皓的实力毋庸置疑，曾经长期雄踞于世界男单第一选手的宝座。在2004年雅典奥运会上，年少气盛的王皓第一次担当中国男乒的主力，并一路过关斩将，杀入了奥运会的男单决赛。然而，在这次决赛中，王皓却遗憾地输给了自己的老对手柳承敏，与冠军奖牌失之交臂。

这次决赛失利给王皓带来了很深的阴影，很长一段时间他都没有找回当初那种比赛状态，在世界大赛上连连败北。好在，在队友的鼓励下王皓走出了失败的阴影，在 2006 年又开始爆发，接连拿下了多个赛事的冠军，重新成为世界乒坛的王者。

2008 年奥运会在北京召开，王皓又作为中国男子乒乓球队的领军人物来到了北京。可惜，这一次王皓依然没有摆脱雅典时的厄运。在男子单打决赛中，王皓输给了队友马琳，再次与奥运会单打冠军无缘。从此时王皓的脸上，我们看到的是失落、懊悔、委屈、不幸福，毕竟，谁都想站在王者之巅。不过这次王皓并没有因此而消沉，经历过雅典的失败，他变得更加成熟了，也不再那么执着于胜负了。

转眼间，四年过去了，王皓又和队友来到了伦敦。伦敦之行，也许是王皓最后一次参加奥运会的机会，换句话说，这也是王皓最后拿到奥运男单金牌的机会。经过四年的磨炼，王皓的技术更加纯熟，经验更加丰富，心态更加过硬，所有人都认为王皓夺冠已经是板上钉钉的事情了。然而，在与张继科一场精彩的大战过后，王皓还是没能实现自己的夙愿，拿下奥运会金牌。不过令人感到欣慰的是，胜利者张继科在尽情欢呼，王皓也微笑着去祝福张继科。或许，在经历过这些年的风风雨雨之后，王皓早已经把成绩看得淡了。冠军又如何，亚军又如何？正如男子乒乓球队总教练刘国梁说的那样，连续三届奥运会打进男单决赛，这已经是一个了不起的成就了，这样的王皓，无须再去向世界证明什么。

得到一个"千年老二"的称号，不是什么光彩的事情，不过难能可贵的是王皓用平和的心态，看待一切。

生活中，倘若我们的执着和努力付诸东流，也不要强求。学会万事随缘，顺其自然，这不仅是禅者的态度，更是我们快乐人生所需要的一种精神。拥有一份随缘之心，拥有一份平和之心，我们就会发现无论天空中是阴云密布，还是阳光灿烂；生活的道路上无论是坎坷还是平坦，心中总是怀有那份平静和恬淡，拥有一个淡然的人生。

# 6. 想得开，活得乐

要做到内心和谐，就得想得开。我快到了 100 岁了，就是因为想得开。

——季羡林

世间万物都是具有两面性的，所谓有利必有弊，有得必有失，有取必有舍，有聚必有散，有喜必有悲。因此，凡事我们都不要只看到一面，而是要客观全面地分析事物，冷静平和地对待一切。也就是，凡事都要想开点，这样才能活得快乐。

从前有个人被人送的绰号叫"想得开"，他曾是一支大军的一位排长，因为在一场战役中受了伤，没有跟上大部队的步伐，便与大部队失去了联系。

后来，他便回到家乡，开始务农，并且娶妻生子，过寻常百姓的日子。

那时候，农村的生活非常贫苦。农民每天"面朝黄土背朝天"，起早摸黑地劳动，但收成还是不好。大家看着他干得这么卖力，就开玩笑说道："你想，如果你继续当兵的话，现在说不定都当上团长了，就不用受这些苦了。"

"呵呵，当什么团长呀，说不定我早吃了枪子，归天了。"他笑着说道。大家听了，说他真是想得开呀。

再后来，他的儿子开始上学。但是由于贪玩，成绩一点都不好，经常在班里排倒数第一。同龄的孩子都升到了 6 年级，儿子却一降再降，降到了 3 年级。村里人都笑话他，他也不恼，乐呵呵地说："农村人，能识字就行了，不勉强。"

儿子长大后，到了谈婚论嫁的年龄。但却相不中一个姑娘，家里的所有人都干着急，但是他却安慰儿子说："别急，男的要娶女的，女的也要嫁男的呢，慢慢找。"

也许是上天开眼了，忽然有一天，邻村的一个女孩自动找上门说要嫁给他儿子。女孩个儿很低，长得还有点丑。儿子看不上，说不要。但是他却如获至宝，替儿子答应了这门亲事。

儿子不服气，他就这样劝说儿子："个子矮怎么了，浓缩是精华，懂不懂，个矮的人头脑一般比较聪明。"

儿子说："她长得那么丑。"

他说："长得漂亮又不能当饭吃，长得丑的女人才安全，不会惹是非。你看历史上诸葛亮的老婆奇丑无比，但是人家相夫教子，给诸葛出谋划策。诸葛那么英明，其实背后站着一个伟大的老婆。这女孩敢'毛遂自荐'，说明她很有主见，一定是个厉害的女孩。"

在他的耐心劝说下，儿子终于答应了这门亲事。

果然不出所料，女孩嫁过来后，他儿子就开始走运了，脑瓜好像也变得聪明了。儿子和儿媳妇开始养猪，几年后，猪价开始上涨，他们就办了一个养殖场，开始大量饲养猪，足足赚了一大笔钱。

村民们就在他面前夸儿媳妇能干，勤劳吃苦。他就笑着说："当时我就看出来了。"

本来在村子里，他家是数一数二的贫困户。如今，却是最富裕的一家，全家还搬到了县城住。儿子给他老两口买了一个大房子，但是他死活不去城里，说住在农村里习惯了，舒服！

大家都说他傻，老了还不会享福。他说："到了县城太热闹，还不如农村里安静、自在。"

同样的世界，同样的现实，有些人能活得快快乐乐；而有些人却整天愁云满面，这是为什么呢？就是因为前者想得开，后者想不开。凡是想得开的人，都抱有积极乐观的人生态度，对生活充满希望，身心健康，用平和的心态度过幸福的人生；而凡是想不开，只会把自己陷在痛苦旋涡中，或者死钻牛角尖的人，不仅是愚蠢的，还是可怜的。

# 7. 顺其自然，才能活得自在

一切外在的欠缺或损失，包括名誉、地位、财产等，只要不影响基本生存，实质上都不应该带来痛苦。如果痛苦，只是因为你在乎，愈在乎就愈痛苦。只要不在乎，就一根毫毛也伤不了。

——周国平

生活中，我们经常会有这样的体会：越是想得到的东西越不能得到；凡是强求的东西，在得到后，却觉得毫无意义；对待某件事情，越是报以很大的希望，越是会落空，失望越大……生活无时无刻不在上演着悲剧和喜剧，让我们哭笑不得。前一秒还在欢笑，后一分就充满忧虑；前一刻还是斗志昂扬，转眼间就信心受挫，一蹶不振……人生充满变数，让我们无奈又无知。

有这样一句话："有缘即住无缘去，一任清风送白云。"的确，大千世界，万事万物都无外乎一个"缘"字，"有缘千里来相会，无缘对面不相识"。既然如此，我们何不随缘？让一切都顺其自然。

从前，有一个德高望重的禅宗大师，住在一座寺院里。有一天，一个虔诚的信徒来拜访大师。这个信徒是一个女人，她每一次来寺庙拜访都会从花园里采摘了一大把鲜花供在佛祖的面前。

无论是刮风下雨，还是冰雪天地，女人每天都会来，天天如此。禅宗大师看到后非常高兴，就对女人说："我看你如此虔诚地用鲜花供佛，这是天下难得的事呀。我记得一本经典上记载：'如果经常以鲜花供佛，就能得到世上最美丽的容颜。'这是一种福分啊。"

女人听了心里兴奋极了，但是随即她又说出了自己心里的苦闷，请求大师为她开解。女人说："大师，每次我来这里供花时，都觉得心里像用清凉的甘露水清洗了一样，觉得自己内心很平和、很宁静；但是一回到家里，面对着生活中的柴米油盐，听到锅碗瓢盆的响声，我的内心就感到一阵烦躁，焦虑不安。您说，怎样才能让心灵在喧嚣的尘世中保持清净呢?"

　　禅宗大师听了，没有回答女人的话，而是反问道:"你每天来都会采摘鲜花，但你知道如何才能保持鲜花的永远新鲜吗?"

　　女人不假思索地回答:"当然知道了，只要每天换水就行了呀。如果泡在水里的花梗烂了，那就拿剪刀剪掉，重新放在水里，这样鲜花保持的时间就越长。"

　　禅宗大师点点头，笑着说:"其实，我们每一个人都像花一样。如果灵魂想要保持'新鲜'，心灵想要保持'清净'，就必须要学会不断地修剪梗部的腐烂，也就是要不断地清理自己身上的恶习，不时地反省呀，用心开出自己的美丽。更重要的是要学会保持一颗平常心，面对花的凋谢也无须强求，花开花谢，自有规律，顺其自然才能保持心静呀。"

　　女人听了大师的话，终于恍然大悟，她欢快地对大师说:"多谢大师的开示，我想到寺庙来住一段时间，和大师学习修行，每天聆听暮鼓晨钟、吟唱菩提梵音，让心灵永远保持宁静。"

　　大师又笑着说:"你实在没必要如此，其实你用心聆听，你的呼吸便是梵音，你的脉搏跳动便是钟鼓，你的身体便是庙宇，你的两耳便是菩提，只要你的心宁静，不管是动是静，一切自是安宁。何必执着于寺院呢?"

　　顺其自然，并不是消极地等待或者看待事物，也不是任意听从命运的摆布，而是一种生活的态度和心境，一种豁达的心胸，一种智慧的感悟。学会顺其自然的人不去苛求自己，不去勉强自己，不去折磨自己;面对人生的得与失，取与舍，丑与美，贫与富，大与小，坦然面对，淡然处之。

　　其实顺其自然也是一种积极进取的人生态度。对待一切都不怨恨、不强求、不悲观、不恐惧、不忘形、不浮躁……学会顺其自然，在短暂的人生里让我们活得悠然自在。

# 8. 心浮气躁，难成大器

用心做好该做的事，这就是人生的真谛。只有做好自己该做的事，人活着才有价值，这样的人生才是幸福的人生；只要做好自己该做的事，人活着才有意义。

——叶舟

花丛中，有一个人在抓蝴蝶。他的整个身子都向前扑，蝴蝶没抓到，却摔了个大跟头。他东跑西跑，累得气喘吁吁，满头大汗，但是只能眼睁睁地看着蝴蝶在花丛中翩翩起舞，好像故意让他生气。这时，来了另外一个人，坐在花丛中画花，他画的花跟真花一样鲜艳美丽，他静静地等待蝴蝶。果然，蝴蝶悠悠而落，停栖在他的画上，他的嘴角露出了微笑，灿烂得如同花一般。

看到这个故事，让我们想到了一个词，浮躁！

什么样的人才是浮躁的呢？

正是扑蝴蝶的那个人，东跑西跑，气喘吁吁，一心想要抓住蝴蝶，却把自己累得半死，而蝴蝶仍然悠然飞舞。现实生活中的我们，又何尝不是如此呢？有几个人会如同第二个人坐在花丛中静静地等待蝴蝶飞来？像他一样没有想过要抓住蝴蝶，而是静静地欣赏蝴蝶的美丽，小心翼翼地呵护一个生命，享受大自然的乐趣，享受生活的美妙？

曾有人说过：人生有三境，即沉得住气，弯得下腰，抬得起头。其中第一境沉得住气就是指人要避免心浮气躁。在这个喧嚣的尘世中，在这个充满诱惑的现实生活中，要想避免心浮气躁谈何容易？有的人得意，有的人失意；有的人处于高峰，有的人处于低谷；有的人忧心忡忡，有的人笑逐颜开；有的人自暴自弃，有的人歇斯底里。人生就是这么不同，命运就是这么不公平。但是我们不比这些，我们只比谁能沉得住气，谁能摒弃心浮气躁，谁就是最终的胜利者。

有两个人前去湖边钓鱼。两人相隔而坐，距离很近。

一中午过去了，一个人钓到了小半桶鱼；而另一个却只钓到几条小小的鱼。这个人不服气地说："咱们两个换一下地方，你那里鱼多。"那个人笑了笑，同他换了地方。又是一下午过去了，要求换地方的这个人竟然一条也没钓到，而同他换位置的那个人的桶里，已是大半桶鱼。

这个人终于按捺不住了，他问道："为什么我同你换了地方，还是钓不到鱼呀？是你的鱼饵比我的好吗？"

那个人回答："非也非也！"

"那是什么原因，你别卖关子了，快点给我传授点秘诀吧。"

那个人笑着说："我钓鱼的时候，我首先忘记鱼。所以我就会保持安静，手不动，眼不眨，我的内心心平气和；而你钓鱼的时候，一心想到的都是鱼，于是你就坐立不安，期盼着鱼儿上钩，不停地盯着湖面，鱼上钩了你就按捺不住，你这样心浮气躁，上钩的鱼也被你吓跑了。"

钓鱼没有技巧，只需要沉得住气，保持内心的平和，正如"姜太公钓鱼，愿者上钩"；武学上，练武的最高境界也是保持内心的宁静，以静制动是最高的绝招，那些心浮气躁、急功近利的人，总有一天会走火入魔；我们的人生亦是如此，不管是面对生活、工作、感情等，都切忌心浮气躁，心浮气躁会导致心神不宁，心神不宁会导致不能专心致志，一个不能专心的人即便是有再大的能力和本事，也难成大器，成功和幸福都会与他擦肩而过。

"任凭风浪起，稳坐钓鱼台"，人生中只要拥有这样的境界，谁都可以笑傲天下！

## 9. 自嘲，让嘲笑变成欢笑

> 走运时，要想到倒霉，不要得意过了头；倒霉时，要想到走运，不必垂头丧气。心态始终保持平衡，情绪始终保持稳定，此亦长寿之道。
>
> ——季羡林

怎样才能让嘲笑变成欢笑呢？其中最好的一个办法就是自嘲。曾有一位哲人说过："笑的金科玉律是，不论你笑别人怎样，先笑你自己。"的确，在笑别人之前先笑笑自己；在别人笑我们之后，我们也笑笑自己。这就是自嘲！

生活中，几乎每一个人都会遇到被人嘲笑的时候，或是因为我们做了一件离谱的事，或是因为我们有着天生的缺陷，甚至只是摔了一个大跟头，做出了一个尴尬的表情。当遇到这些情况，我们不必懊恼，不必难过。无论是善意的嘲笑，还是恶意的嘲笑，一切都会在我们的自嘲中化为平静。学会自嘲吧，自嘲是一种沉着冷静的处世本领，一种调节情绪的方式，一剂平衡自我心理的良药。

儒家孔圣人就是一个自嘲的大师级人物。有一次，孔子和弟子到了郑国游说，但是却遭到众人的排斥和嘲笑，混乱中孔子与弟子们走散了，他便一个人在东门外彷徨。

他的弟子子贡到处找老师，问到一个人有没有见他的老师时，那人是这样回答的："我刚才路过东门外，看见一个人站在那里犹如丧家之犬，恐怕正是尊师。"

子贡来到东门外，果然看见孔子站在那里。子贡把刚才那个人的话又给孔子复述了一遍，孔子苦笑一声说："那个人形容得甚好，刚才的我正像一条丧家之犬。"

凡是学会自嘲的人不仅有自知之明，也有大家风范。自嘲是一种学问，是一种智慧，有时候能及时又巧妙地为我们解围，扭转不利的局面。

魏晋时期，有一个名叫刘伶的人。长得其貌不扬、瘦小干巴；但是喝酒却非常厉害。他是喝酒的高手，也是自嘲的高手。每次喝醉酒后，他刚开始看似是满嘴胡言乱语，细听却是妙语连珠；耍完酒疯后，他便呼噜大睡，像死猪一般。

有一次，刘伶又喝醉酒了，因为一点事情与人发生冲突吵起来了。那个人长得人高马大，满脸横肉，他抓起瘦小的刘伶，就像拎起一只小鸡一样容易，那人抡起拳头准备好好揍刘伶一顿。

刘伶吓得酒醒了一半，他急中生智，把衣服撩起来，露出了他的"排骨"身体，那是他的肋骨，一根根露出来，有点狰狞。大家还以为刘伶要大动干戈，没想到，他慢条斯理地说："你看看，我这排骨上有你放拳头的地方吗？"

那人听罢，哈哈大笑起来。把刘伶放到地上，大笑着离开了。

故事中的人正是因为及时地自嘲，不仅使自己免受了一场皮肉之苦，还给大家留下了一片欢笑，不得不敬佩他的自嘲具有四两拨千斤之效。

还有这样一个故事：一个姓石的秀才，一次骑着毛驴去镇上赶集。路过一个地方时，驴子受到惊吓，把秀才从背上重重地摔下来。路边的人看到了，都大笑起来。这时石秀才不慌不忙地站起来，抖了抖身上的尘土，拍了拍驴背说："你看你这个家伙，幸亏你家主人是石秀才，要是瓦秀才、瓷秀才，肯定被你摔个粉碎。"此话一出，在场的人又哈哈大笑起来，不过此时的嘲笑却变成了欢笑。

凡是善于自嘲的人必有宽阔的胸怀，而且具有幽默的天赋，还有自信的表现。有人说过，自嘲是一种高级幽默。的确，自嘲的人让别人的嘲笑能变成欢笑，这也是一种超高的本领。学会自嘲，让自己拥有一个平和的心态，让快乐常伴左右。

## 10. 得意时不要忘形，失意时不要变形

多少年来，我的座右铭一直是：纵浪大化中，不喜亦不惧。应尽便须尽，无复独多虑。处之泰然，随遇而安。我认为，这是唯一正确的态度。

——季羡林

有人说，人性有一个弱点，那就是得意时忘形，失意时变形。的确，我们经常会看到有些人因为一时的功成名就、晋升加薪就会得意扬扬、沾沾自喜；也会看到有些人因为一时的贫困潦倒、功亏一篑就一蹶不振、悲观失意。然而，无论是得意还是失意，无论是顺境还是逆境，切记保持一颗平和淡然的心。正如石油大王洛克菲勒所说："当我的石油事业蒸蒸日上时，每晚睡觉前总是拍拍自己的额头说：'别让自满的意念，搅乱了你的脑袋。'我觉得我的一生进行这种自我教育，益处很多，因为经过这样的自省后，我那沾沾自喜、自鸣得意的情绪，便可平静下来。"

曾经有一个女人出生在寻常人家，长大后变成一个亭亭玉立的美丽姑娘。一个偶然的机会她嫁入豪门，过上了让很多女性羡慕的幸福生活。丈夫有着庞大的企业，不仅是事业上的成功者，在家里也是一个好丈夫，对她温柔体贴。

女人"麻雀飞上枝头，变成凤凰"后，照样没有丢失她以前的生活和交际圈子，她经常邀请昔日的伙伴到家里来玩。姐妹中，谁家有了困难，她便伸出援助之手。

五年过去了，由于经济危机的冲击，丈夫的生意越来越不好做，最后公司终于都倒闭了，还欠下一大堆账。女人听到这个消息，非常冷静。她卖掉了丈夫给她买的别墅、汽车、昂贵首饰，变卖所有的家产，把丈夫的账还完，但是他们家从此一贫如洗。

后来，他们就搬到了一个地下室住，生活过得非常简陋。女人没有怨天尤人，没有怪罪丈夫，而是不停地安慰他、鼓励他，她说，一切可以从

头开始；面对一些熟人怜悯或幸灾乐祸的神情和目光，女人都很坦然，一笑了之。

　　女人找了一份工作，是在一家公司做保洁员，大家谁也不知道她曾是一位高贵的富太太。有一次，女人不小心用抹布蹭到了公司一个女职员的鞋子，就被唾骂了好一阵。这时，一个正好经过的客户看到了，叹了口气说："谁也没有权利鄙视她，她曾经的辉煌富裕，你们谁也想象不到。一个人从高峰跌落到低谷，内心是经受了怎样大的冲击，但你看她还能如此泰然处之，保持平和，她比我们谁都强！"

　　事实证明，女人的强是让所有人都敬佩的。过了五年，她和丈夫攒下了一些资金，瞅准机会又东山再起了。

　　人生变化无常，人这一辈子，谁都不可能是一帆风顺的，或大或小、或多或少会经历一些困难，遇到某些挫折。当失意的时候，千万不要让自己"变形"，一定要坦然面对，以平和的心态对待。人常说"风水轮流转"，只要我们坚强一点，坚持一点，努力一些，相信总有一天，一切都会好转，正如普希金所说："相信吧，一切都会成为过去，快乐的日子总会降临。"

　　当然，当我们得意的时候，也一定不要"忘形"，一定要淡然处之。不要因为一时的辉煌荣誉就盛气凌人，目中无人，人常说"骄兵必败"，自古以来，乐极生悲的实例不在少数。不管是鲜花掌声，还是璀璨阳光；不管是旗帜飘扬，还是号角悦耳，保持平常心，保持淡定，厚积薄发，迎接下一次的挑战，重新攀登更高的高峰。

# 第 14 章

## 享受：享受人生，品味幸福

　　享受本应是人生中一种美好的、特殊的体验。但是在物质横飞的现实生活中，很多人扭曲了享受的含义、背离了享受的本质。有些人认为享受就是拥有大量的财富、独占某些好处、花天酒地、风花雪月、爱慕虚荣……

　　功名利禄，都是身外之物；美好容颜，总有一天会消逝；丰富的物质远不及精神上的享受让人幸福。真正的享受是一次快乐的体验、一种幸福的感觉。比如享受亲情的温馨、爱情的甜蜜、友情的感动；享受大自然的神奇、四季的美妙变换、黑夜和白天的不同气息；享受相聚的喜悦、离别的悲伤，旅行的自由、学习的乐趣、孤独的静谧……享受让生活更美好，让人生更加有意义！

# 1. 停下来，享受生活

享受悠闲的生活当然比享受奢侈生活便宜得多。要享受悠闲的生活只要一种艺术家的性情。

——林语堂

现代社会是一个忙碌的社会，忙碌好像永远没有尽头，压力似乎一直没有底线。每一个人都像上足了发条的钟表，不知疲倦地前进，永远停不下脚步。人生，充满忙碌才会有意义，才会有价值。然而，凡事要有个度，忙碌亦是如此。过度忙碌只会让我们错过太多人生沿途的风景，没有目的地忙碌只会让我们迷失了自我的方向。因此，不妨学会放慢脚步，学会停下来，放松自己的心情，享受美妙的生活。

杰克是一个商人，10年前，他成立了自己的公司。平日里他为了打理公司的事，整天都忙忙碌碌，没有休息的时间。经过十年的发展，杰克的公司越来越强大，他也成了美国有名的成功商人。但是，杰克还是不满足，他想把自己的"企业板块"扩张得更大。于是，他打算把自己的生意做到国外，尤其是世界上人口最多的国家——中国，因为他认为中国具有庞大的市场。

在一段忙碌的准备后，杰克亲自带着一些人准备到中国考察，但是在漂洋过海中，他们遇上了大风暴。暴风雨把船打破了，他的同伴们都遇难了。

杰克醒来后，发现自己被冲到了一个荒岛上。在荒岛上杰克度过了孤身一人的15天后，终于被人发现获救了。

回到家后，杰克像变了一个人似的。他不再在公司里忙碌，或者在交际圈里旋转，更不会把自己的行程排得满满的。相反，他把自己的公司规模缩小了一些，拿出资金开办了一个养老院。

从此，杰克上午在公司里忙完，下午就会来到养老院，和老人们在阳光下喝茶、聊天、下棋、打牌，只要有杰克在，养老院里就一片欢声笑语，老人们就像孩子一样天天期盼杰克来和他们一起玩。

当有人问杰克为什么这样做时，杰克微笑着回答："当我在荒岛上时，你知道我最想要的东西是什么吗？只是食物和淡水。海上遇难的事件让我及时清醒了，当我们有足够的食物来吃，足够的水来喝，就不要再奢求其他任何东西了。整天忙忙碌碌、累死累活，到头来只是一场空，还不如及时学会享受生活啊。"

有人说："人生就像攀登一座高峰。"每个人都希望自己能攀登到高高的顶峰，摘取胜利的旗帜，享受"一览众山小"的豪情。然而，往往正是因为人们"只注重结果，不注重过程"的这种心理，让自己无法享受到过程中的那些美妙。太注重山顶上的"胜利旗帜"，只会错过沿途中的美妙风景，更难以体会到那些细小的感动和快乐。

有人说，生活是乏味的。的确，无论是工作、学习，还是生活，都需要按部就班，都需要付出，需要忙碌才会有收获。然而，为什么有些人却能把平淡无味的日子过得有滋有味呢？有些人看似没有那么忙碌、拼命，却最终得到很大的收获呢？毫无疑问这些人必定是聪慧的，他们学会了做生活的有心人，他们懂得用心生活，懂得用心体验、领悟和享受生活；懂得珍惜生活中的每一个美好的瞬间和每一次幸福的体会；懂得在忙中偷闲或者在忙碌之后，让自己的身心得到美好的放松和休息。

学会停下来吧，做一个生活的有心人，学会聆听生活、享受生活，学会让自己忙碌得有节奏，悠闲得有格调。只有在张弛有度的生活中才能找回心灵的宁静，才能体会到生活的无穷乐趣。

## 2. 让心灵晒晒太阳

珍珑未解思已幻，弦管方调意难凭。但得祇园参佛去，修来八风不动心。

——熊十力

如今社会，患心理疾病的人越来越多，如抑郁症、焦虑症、恐惧症等。这些心理疾病导致人的心情低落，情绪不稳定，严重时还使人们的身心健康受到损害，进而影响到正常的生活和工作。然而，偏偏有些人有了"心病"也不愿意说出来或者进行咨询治疗；喜欢把所有的心事和心情藏在心里，喜欢压抑自己的情绪，久而久之，那道心门就很难轻易打开了。

人生中，难免会有很多不如意的事情，我们会烦恼、会悲伤、会痛苦、会恐惧……这些都是人的正常情绪和心理。但只要我们学会开启自己的心门，让负面的情绪释放出去，让灿烂的阳光照进来，一切就会好起来。心情好起来，生活就自然会好起来。

23 岁的小彤是来自四川的一个姑娘，性格开朗大方，脸上经常挂着阳光般的笑容，人们都喜欢跟她相处。但其实，小时候她是一个又倔强又封闭的小姑娘，小彤的童年过得一点儿都不快乐。

小彤 3 岁时，父母就离婚了，小彤判给父亲来抚养。很快，母亲便远嫁他乡。但是父亲是个游手好闲的人，根本不管女儿的死活，后来他到外地去打工，就一去不回。

小彤只好跟着爷爷奶奶生活，日子过得非常艰难。6 岁时，小彤开始上学了。在学校里，同龄的孩子都讥笑她是没人要的孤儿，经常欺负她，没人跟她做朋友，说她穿得难看，即使这样，倔强的小彤从来不会掉一滴眼泪。但她越来越不爱说话，经常一个人坐在角落里发呆。

小学四年级时，同学们需要交钱换新桌椅。小彤没有钱，于是只能继续用旧桌椅，同学们奚落她，老师也把她调到教室里最后面的一个角落里。这时小彤终于承受不住了，想到了自杀。

远在广东的姑姑听说后，跑回四川来探望小彤，姑姑带小彤去城里的公园里玩。小彤记得那是一个阳光明媚的日子，公园里一片欢声笑语，好多小孩都玩得不亦乐乎。

小彤也被感染了，心情变得好起来。姑姑带她玩遍了公园里所有好玩的东西，最后她们累得坐在石凳上休息。这时，太阳已经西下了，夕阳的光辉照在了小彤的身上，暖暖的，小彤觉得自己从来没有这么快乐。

姑姑开口说话了："孩子，人生中，谁都会遇到不如意的事情。但是我们不能把自己封闭起来，而是要打开心扉，让阳光照进来，我们的心灵就会感到温暖和快乐了。以后跟同学们，你要主动交往；心里有什么不高兴的事，可以找姑姑倾诉或者晒晒太阳，让阳光化掉你心中的不快，明白了吗？"

小彤听了姑姑的话，抬头望望远处的夕阳，重重地点点头。

有人曾说过："你无论跑得有多么快，都不能把自己黑暗的影子抛在身后；而只要站在阳光下，影子立刻就会自动投降。"的确如此，谁也不愿意让自己永远活在黑暗的影子中，活在潮湿的角落里。那么，就学会站在阳光下，打开心扉，让明媚的阳光照进来，驱散心中的乌云，战胜心灵上的黑影吧。正如一位名人所言：在一个阳光灿烂的午后，找一块安静的草地，让心灵晒晒太阳。

## 3. 心灵自由，才能享受真正的幸福

自古以来，一切先哲都主张过一种简朴的生活，以便不为物役，保持精神自由。

——周国平

有一个女人是一个画家。一天她打趣地对朋友说："如果有一天，我的老公一不小心当了国王，那我就是万人敬仰的王后了。你们想，成千上百的仆人、宫女，穿不尽的绫罗绸缎，享不尽的荣华富贵，美酒佳肴加上莺歌燕舞……这些是多么美妙的享受呀。"

突然一个朋友打断了她的话："那如果不让你画画了呢？"

女人愣住了，随后很快地回答："那可不行！那我宁愿去做一个穷人的老婆，生活在深山老林里，每天背着画夹游山玩水，去写生；累了就休息，渴了就喝泉水，欣赏美丽的大自然，自由自在像一只小鸟一样！"

这个女人的话，虽然只是玩笑，但却透露出她对身心自由的渴望和追求。谁不希望自己自由自在，不受任何束缚，想去哪儿就去哪儿，想做什么就做什么，快乐得像只小鸟呢？

但是，现代生活，有太多的人总是在埋怨自己太忙碌、身心太累；有太多的人觉得自己承受着各种各样的压力而喘不过气来；有太多的人大脑中充斥着繁杂的事情，心里浮躁不安。于是，我们渴望回归大自然，渴望

给自己的心灵找片净土，渴望让自己的灵魂享受安宁和自由。有的人，想逃离喧嚣的尘世，想象逃到一个孤岛过着与世隔绝的日子；有的人甚至看破红尘，宁愿皈依佛门，一生与青灯相伴。

然而，一个人的心灵自由，不是逃避，不是与世隔绝，更不是为所欲为。心灵的真正自由是哪怕身体不自由或者处于苦难中，心灵仍能保持一种平和、一种淡然、一份激情、一份勇气。

曾经有一位学者说过这样一句名言：发挥心灵的自由，让自己活得舒心和快乐。这个学者名叫伯卡，他是一名犹太人。

第二次世界大战期间，伯卡由于是一名犹太人，没能逃离被关进纳粹集中营的命运。他本来拥有一个完整美好的家，在一瞬间被毁灭了。伯卡入狱，他的所有亲人则被纳粹杀害了。在狱中，伯卡经常遭受严刑拷打，长时间被折磨，他的生命奄奄一息。

伯卡躺在黑暗潮湿的囚室里，身上的伤口在隐隐作痛。他突然觉得自己的生命没有任何意义了，这里跟地狱有什么区别呢？失去了自由，人生还有什么意义呢？

这时，囚室唯一的那扇狭小的窗口上，投进来了一束亮光。伯卡不敢确定那是不是阳光，但他恍然间打消了自杀的念头，他心想：虽然我的身体不自由，但我的心灵是自由的。

靠着坚强的意志和内心对自由的渴望和追求，伯卡终于熬过了集中营里最艰难的时段。最终，正义战胜了邪恶，纳粹党被消灭了，战争结束，伯卡和他的犹太人兄弟姐妹得到了解放。

曾经有人说过，人生追求的自由应该有四大自由：财富自由，时间自由，健康自由，心灵自由。其中，最重要的莫过于心灵自由。倘若一个人心灵不自由，纵使拥有再多的财富、时间、健康，也不会感受到快乐和幸福。

因此，一个人的心灵自由不在于我们是穷人还是富人，不在于是单身还是结婚，不在于身处何处，而在于我们是否拥有一颗平和的心，一种豁达开阔的思想，在于我们能否主宰自己的命运，把握自己的人生，做自己的主人。那么，怎样才能达到心灵上的自由呢？

1. 过自己想过的生活，做自己喜欢做的事。

2. 不时地清理自己心灵上的"垃圾"。

3. 学会掌握生活的节奏，让生活张弛有度。

4. 培养自己的兴趣爱好，放松自己。

5. 永远不要丢掉那份纯真。

## 4. 享受眼前的大自然

让我和草木为友，和土壤相亲，我便已觉得心满意足。我的灵魂很舒服地在泥土里蠕动，觉得很快乐。当一个人悠闲陶醉于土地上时，他的心灵那么轻松，好像在天堂一般。

**——林语堂**

据说，英国人很懂得放松自己，尤其是亲近大自然的休闲方式。曾经有人到英国游览时，有一道奇特的风景给他留下了深刻的印象。英国人只要有时间，他们都很愿意去公园亲近大自然。不论是平日里还是周末，不论是中午还是傍晚，在各个公园里，都会看到英国人悠闲地躺在草坪上，有的闭目养神，有的和孩子嬉戏，有的看书，有的聊天……总之，在蓝天白云下，在明媚阳光的照耀下，他们很是悠然享受。每个人的生活习惯不同，每个国家的风土人情具有差异，但是，对于英国人的这种休闲生活方式，无论是谁都会羡慕和向往的。尤其是亲近大自然，享受大自然，无疑是最美妙的享受。

然而，从现代人的生活情况和生活节奏来看，我们似乎离大自然越来越远。很多人忙忙碌碌，行色匆匆，别说专门到大自然中享受一番，就连眼前的自然景色，比如路边的小草，抬头就会看到的蓝天白云，耳边的鸟鸣声等，都没有看一眼的工夫。虽然，人们渴望得到休息和放松，渴望与大自然一起呼吸，但总是能找到各种各样的借口或总是认为自己没有多余的时间到大自然中去。

生活中，我们经常会听到人们这样说："等我忙完这阵子一定要出去散散心。"或者"等放假了，再考虑吧，可是假期旅游的人又多。"或者"现在没钱生活，哪有钱去旅行享受。"……春夏秋冬，大自然一直在循环变化，一直在那里，但是我们根本没有感觉到。天下最昂贵、最有价值的东西就是大自然，然而同时它又是免费的，根本无须我们花多少钱。试想，我们每天都要沐浴阳光，每天都要呼吸新鲜空气，经常感受风儿的抚摸，享受细雨的洗礼，我们有掏一分钱吗？

我们人类与大自然本来就是密不可分的，人类的生存和生活离不开大自然。大自然中的动物、植物、山川河流、奇珍异草，甚至静默的石头、脚底下的泥土，都能够使人们的身心愉悦，带给人们奇妙的感受。而能感受到大自然真正美丽的人是需要用心、用情的，只有生活的有心人才能用一颗柔软、多情的心去感受和体会。

古往今来，有多少多情人士寄情于山水，吟唱出千古绝唱。陶渊明的"采菊东篱下，悠然见南山"，是多少人所憧憬和神往的悠然生活；李白的"飞流直下三千尺，疑是银河落九天"使多少人震惊和赞叹；苏东坡的"乱石穿空，惊涛拍岸，卷起千堆雪。江山如画，一时多少豪杰"给人们展现出了多么绝美的画面，引起人们的情感共鸣，发出千古感叹。大自然的美妙和神奇是我们永远也赞美不完的，永远不能用简单的言语表述出来的。然而，我们也不必牵强、不必咬文嚼字，我们只需要用一颗心静静地享受，就是对大自然最好的赞美和珍惜。

无论何时，不要再找借口，不要再迟疑，不要再错过，其实大自然本来就在我们眼前，不需要花费太多金钱，不需要浪费大量时间，我们就能享受到最好的"待遇"。请珍惜和爱护我们的大自然吧。


# 5. 让旅行带走疲惫


一个真实的旅行家必是一个流浪者，经历着流浪者的快乐、诱惑和探险意志。旅行必须流浪式，否则便不成其为旅行。

——林语堂


有这样一句广告语："人生就像一场旅行，有时候不在乎目的地，在乎的只是沿途的风景以及看风景的心情。"然而，又有多少人可以如此释怀、明白其中的真谛呢？

现代社会是一个充满压力和忙碌的社会，生活的快节奏，城市车水马龙的喧嚣，大街小巷行色匆匆的人群……每个人都肩负着沉重的压力，每个人的身心都感到很累，每个人都急切地需要休息和放松！然而，短暂的休息也许能让我们疲惫的身体暂时恢复活力，但是精神上的压抑却不能得到彻底地释放。那么，何不来一场长时间的旅行，让自己的心灵彻底得到解脱，享受自由的快乐呢？

以前，肖红是一个很会放松自己的女孩。平日里她喜欢养花陶冶身心，上网聊天、阅读名著，周末就和朋友出去唱歌、玩耍，要不干脆就躺在床上睡一个美美的懒觉。

然而，近段时间来，由于经历了感情的创伤，再加上工作压力太大，肖红是茶饭不思，夜不能寐，玩的心情更是没有。逐渐地，她身体越来越虚弱，脸色很不好看。

最好的朋友孙艳正好旅行到肖红所在的城市，过来探望老朋友。谁知，孙艳见到肖红后，吓了一大跳，大呼：昔日那个活泼开朗、神采飞扬的可爱女孩哪里去了？

肖红诉说了自己心中的苦闷后，孙艳就劝慰她还不如暂时把工作和感情的事放下，换一个环境，给自己的心灵放一次假，来一次彻底的大放松，让疲惫的身心得到休息。

肖红听从了孙艳的话，姐妹俩一起开始了长达 1 个月的旅行。她们没有做过多的计划，只是随心所欲地挑选了几个美丽的地方，孙艳和肖红都是土生土长的北方人，她俩决定南下感受一下江南水乡的柔情和恬静。

半个月来，她们在路上还碰到一些"驴友"，在旅途中说说笑笑、互相帮助，肖红觉得自己真是大开眼界，获得了从未有过的体验。临别时，他们已成为朋友，彼此之间恋恋不舍。

旅行回来后，肖红觉得自己的压力得到了大大的排解，内心感到无比的安静和平和。恢复了体力和精力，她又重新积极地展开了自己的工作。至于对待那份过去的感情，肖红用一颗平常心对待，让它变成一份回忆保留在心底。

旅行不仅可以减轻我们的身心压力，让身心得到彻底的放松；还可以让我们在旅行的途中丢掉心灵上的"垃圾"，不自觉地忘掉一些烦恼。当然，至关重要的是我们还要学会旅行，旅行是为了让我们离开钢筋水泥、亲近大自然，离开快节奏的工作生活，享受放慢脚步的悠闲。而有些人旅行回来不但没有让自己的身心得到放松，还增添了另一份疲惫，这是为什么呢？

回头看看自己是不是进行了一场"赶鸭子式"的旅行？比如有些人旅行出门时，大包小包的行李，增加了身体上的负重；有些人每到一个旅行地，就忙着拍照、买纪念品，而对美好的风景则是走马观花，无暇顾及。其实，任何事物都需要用心体会，才能享受其美妙。不管是旅行中的美丽风景，还是博大精深的历史文化，还是独特的风俗民情，我们只有用心聆听和感受，才能领略其中的真正美妙。

人生的路途布满各种荆棘和坎坷，但是沿途也有许多美丽的风景。我们不妨放慢忙碌的脚步，让自己停歇下来，给自己的心灵放个假，来一场美妙的旅行，让旅行带走所有的疲惫！

# 6. 活在当下，享受今天

享受，意味着热爱。唯有真正懂得享受生命、享受生活，才能真正地热爱生命、热爱生活。

——叶舟

《阿含经》中有一句话："莫念过去，勿愿未来。过去已灭，未来未到，所有之法，活在当下。"这句话教诲人们要学会忘记过去，不去预知未来，而是抓住现今，活在当下，只有当下的生活才是真真切切、实实在在的。

一个小和尚由于刚进寺庙，就被吩咐做最低下的苦力活。小和尚被派遣每天负责清扫大大的寺院，刚开始他不能习惯，每天都感觉很累。后来，终于习惯了，却到了落叶纷飞的秋天。

秋风瑟瑟、落叶萧萧。小和尚除了每天要早早地从暖暖的被窝里艰难地爬起来之外，还要花费一早上的时间才能扫完厚厚的落叶。尤其是随着天气越来越冷，落下的黄叶也越来越多。有时，小和尚刚扫干净，一阵秋风吹来，黄叶又哗哗地落下来，铺了满地。于是，小和尚又要重新开始扫，如此一来，费的时间和精力更多了，这让小和尚苦不堪言。

一天，小和尚望着树上的黄叶，思索着，怎样才能让自己可以轻松一点呢？这时，背后传来一个声音："你可以每次清扫之前，抱着树用力摇一摇，树上的叶子就会落下来，这样下一次就能少扫点。"小和尚回头一看是一个师兄，他惊喜地想到：这倒是个好办法。

于是，第二天扫落叶之前，小和尚就抱着大树用力地摇啊摇，当他把摇下来的落叶全部扫完时，高兴地想：明天就可以少扫点了。但是，第二天清晨，小和尚不禁傻眼了，地上还是铺了厚厚的一层落叶。小和尚苦着脸又开始卖力地扫，嘴里还嘀咕道："不是说明天就可以少扫点吗？怎么回事？"此时，师父正好路过，听到小和尚的话就对他说："傻孩子，无论你今天怎么用力，明天的落叶还是会铺满地的。"

小和尚听了师父的话终于恍然大悟。原来时间是不能提前的，任何事情也是不能预知的。就像这落叶，谁知道刚刚扫干净后就会来一阵秋风呢？踏踏实实地做好现在的事情，不管有多累，只要自己问心无愧就行了；今天的事情今天做好，明天的事情明天再去做，这才是明智地面对现实，把握当下，这才是最真实的人生态度呀。

老子曾言："专气致柔，能如婴儿乎？"意思是说，只要我们聚集精气达到柔和安顺的状态，就会像婴儿一样无知无欲，一样单纯。生活中，我们经常不能专心致志地做当下的事情，比如有的人在吃饭同时还要说话，有的人在睡觉脑海里却浮想联翩。其实，"吃就只是吃""睡就只是睡""听就只是听""看就只是看"，是多么简单的事情，可为什么我们却很少有人能做到呢？

这正是因为我们没能领悟"活在当下、享受今天"人生态度的真谛。过去的已经成为过去，无论是美好的回忆还是痛苦的往事，我们都要学会放下，只把它们保存成一份记忆藏在心中，没必要时时提起和回忆；而对于未来，我们更是无法预测，未来变化莫测，存在无限可能性，因此，不要妄图预知未来和控制未来。只有今天才是我们生命中最重要的一天，唯有今天才是我们可以实实在在把握在手中的。今天何其宝贵，今天过去了便不再回来，因此，让我们牢牢把握住今天的分分秒秒，活出生命的精彩。

## 7. 学会享受爱情的甜蜜

爱情有时是让人撕心裂肺，但大多数时候是甜蜜的。谈恋爱，吵吵闹闹是难免的，就要看你怎样避免争吵，学会体会爱情的每一个感动细节，享受爱情的每分每秒。

**——北大幸福理念**

爱情，是我们每一个人都渴望的，尤其是青年的时候，爱情在我们的心中是最神圣和珍贵的东西。然而，很多人由于胆小或者一些存在的因素，把自己的感情藏在心中，不敢表露出来。爱情是不等人的，等待的爱情更是痛苦的，如果不想让自己后悔不已，那就把爱说出来吧。爱就大胆说出来，大胆地享受恋爱的甜蜜、感受爱情带给我们的幸福。

沈伟是张岩大学时的一个哥们，长得很高大，经常一副酷酷的表情。但其实张岩知道沈伟是一个害羞的大男孩，经常把什么都藏在自己的内心，是一个外冷内热的人。

然而，大学毕业前夕，沈伟却做出了一件让很多同学都大跌眼镜的事情。他一直暗暗喜欢一个女生，却从来没有表白过，这件事也只有张岩知道。临到毕业，张岩以为沈伟要放弃了，却没想到在一次聚餐后，沈伟借着酒劲，当着众人的面向那个女孩大声表白了。当沈伟喊出"××，我爱你的时候"，张岩在一阵震惊之后，心中不免感慨起来：这就是爱情的伟大力量呀，让一个害羞又冷酷的大男孩在众目睽睽之下，大声讲出自己的心声。

更让大家意外的是，沈伟喜欢的女孩其实也喜欢他很久了，原来两人一直都把彼此的感情暗暗藏在心里。女生总是希望男生可以主动一点，沈伟刚表白，女孩就欣然答应了。在大学最后的时光里，别人忙着毕业、工作、考试，沈伟和女孩却忙着享受甜蜜的恋爱。

恋爱后的沈伟简直像变了一个人似的。以前很难看见他笑，而现在每天脸上都挂着笑容，连步伐都是轻快的；有时竟然听到他在上卫生间时都愉快地哼着歌；从来不进微博和空间的他，现在每天发表一条，都是肉麻的情话。

张岩心里暗暗偷笑的同时也为哥们高兴，本来他以为沈伟的热恋要随着毕业结束了，没想到却"柳暗花明又一村"。

正当沈伟忙着享受大学最后甜蜜，幸福地恋爱时，大家却担心着他们的爱情有没有未来。如今大学里流行一句话：毕业就意味着分手嘛。然而，又让大家出乎意料的是，沈伟在拍毕业照时，公布了和女友结婚的消息，他们决定毕业就结婚。

大家羡慕这对金童玉女，在这么短的时间内竟然让他们的爱情有了归宿。对于他俩来说，不仅是"闪恋"，更是"闪婚"呀。张岩更是为哥们高兴，他真心地祝福哥们和"嫂子"能永远甜蜜幸福，以后的生活越来越精彩。

对于爱情，无关乎地位、金钱、一切物质。爱情，越单纯越甜美、越幸福。真正的爱情是享受精神上的愉悦，是精神上的美好体验。虽然有人形容爱情是一部忧伤的童话，有些人也会为情所困，"问世间情为何物，直教人生死相依"。然而，爱情毕竟是一种幸福，哪怕痛过、哭过、恨过，也是爱情的一部分，爱情也可以让我们成熟，因此，不要逃避，大胆地享受爱情吧！

有人说："不在乎天长地久，只在乎曾经拥有。"的确，曾经拥有过，经历过这已足够，而美好的部分永远不会褪色，永远储藏在内心，每每回想起来依旧甜蜜；对于正在恋爱的人们，更要学会享受爱情，用心体会爱情。爱情是我们人生中最美好的享受之一，然而又是独一无二的，是亲情、友情等无法代替的。

## 8. 孤独是一种美丽的享受

孤独是人的宿命，爱和友谊不能把它根除，但可以将它抚慰。

——周国平

美国交际大师卡耐基先生曾说："虽然现在时代进步，医学发达，但我们的社会却有一种疾病愈来愈普遍，那就是处于拥挤人群中的孤独感。"的确，现代社会，很多人在忍受着孤独的煎熬。有首歌是这样唱的：孤单是一个人的狂欢，狂欢是一群人的孤单。人们害怕孤独，然而孤独就像空气，到处都有；无论我们身处何地，孤独如同影子时刻萦绕在左右。

有些人讨厌孤独，觉得孤独像幽灵一样可怕。其实，孤独也是生活的一部分，更是一种美丽的享受。正如纪伯伦所说："孤独，是忧愁的伴侣，也是精神活动的密友。"只要我们以正确的心态对待孤独，正视孤独，就能战胜孤独，甚至跟孤独"化敌为友"，像朋友一样相处、谈心。

蒙西应朋友的邀请，去听一场交响乐。蒙西不是太懂音乐，觉得有点烦闷；但是朋友在场，他不能一走了之。

于是，蒙西就坐在座位上，观察乐队的成员。目光扫到最后一排时，蒙西发现那里坐着两个大号手，根本没有演奏，就像雕塑一样一动不动。

后来，蒙西听出来音乐进了高潮部分，从身旁朋友激动的神情上也可以看出来。蒙西发现所有的成员都摆弄了一遍他们手中的乐器，而那两个大号手却仍然一动不动，好像被冻住了一样。

时间一分一秒地流逝，眼看着音乐会要进入尾声。蒙西由于好奇一直盯着那两个大号手，他实在想知道他们是不是只是"摆设"？就在这时，蒙西看到他们的手动了，随后，蒙西的耳边响起了震耳欲聋的号声，越响越激昂。它们的声音盖过了所有的乐器，蒙西突然觉得结尾才是真正的高潮！

整整 3 个小时的音乐会，蒙西发现两个大号手仅仅演奏了不到 3 分钟。蒙西就对他的朋友们说："我觉得他们真可怜，永远坐在最后一排，演奏不到 3 分钟。当别人欢快地演奏时，他们是不是觉得自己很孤独呢？"

结果，朋友是这样回答的："他们才不孤独呢，他们一边享受音乐会的整个过程，一边数着拍子，到了最后最关键的一刻，他们'一鸣惊人'，你知道他们吹出的那一响，可不是每一个人都能吹出来的。"

的确，孤独的美，不是每一个人都能感受到的。孤独是一种宁静而致远的境界，一种淡泊而闲逸的心态。自古以来，只有那些真正领悟孤独的人，才有勇气离开喧嚣的人群，归隐山林，独自品味孤独的美丽和悠然。

在生活中，有些人尤其害怕独处时的孤独。然而，只有独处时，我们那颗浮躁的心灵才能宁静下来，才能学会思考，才能感悟到许多的生活真谛。学会独处是一种智慧，品味孤独更是一种美丽。孤独让我们成长、成熟；教会我们珍惜所有来之不易的感情，学会感恩所拥有的幸福和快乐！

# 9. 享受学习的乐趣

培育能力的事必须继续不断地去做，又必须随时改善学习的方法，提高学习效率，才会成功。

——叶圣陶

我们经常说一句话："活到老，学到老。"从学生生涯中书本上的教学到走入社会所学的各种知识，从小时候老师、父母的监督学习到长大后的自觉学习，人生就是一个不断学习的过程。学习伴随着我们成长、成熟；学习，让我们明白了许多的人生道理；学习，让我们在生活中创造出更多的快乐和幸福。其实，学习本身就是一个快乐的过程。

伟大的史学家司马迁小时候住在韩城的龙门。在这里，中华民族的母亲河——黄河浩浩荡荡地流过。龙门依山傍水，风景秀丽，是居住的好地方。

　　司马迁小时候一边帮助家里干农活，一边用功读书。他不仅会耕种庄稼，还会放牧牛羊，再加上父亲对他的严格要求，他养成了勤劳艰苦的生活习惯。

　　10岁的时候，父亲就让司马迁开始阅读大量的古代史书，这让他从小就培养起了对历史的兴趣。每当读史书的时候，司马迁就拿出纸笔，一边读一边进行摘记。他不仅勤学还好问，碰到不懂的地方就去问父亲。

　　有一段时间，父亲公务缠身，很晚才回家，没有监督司马迁的功课。这一天，快要吃晚饭的时候，父亲就抽出时间，把司马迁叫到面前，说道："孩子，这些天，我由于忙，不知道你的学习情况如何？你母亲说你每天都在外面放羊，恐怕没工夫学习吧？"

　　司马迁点点头，没有说话。父亲就拿过放在桌边的一本书，递给司马迁说："你把这本书阅读一下吧，明天我检查。"

　　司马迁拿过书一看，答道："父亲，这本书我已经阅读过了，我可以全部背诵出来。"父亲惊讶地望着他，随后严厉地说："不要说大话，你且背来让我听听。"

　　司马迁就开始大声地背诵起来，并且从头到尾都背诵完了，一个字也不差。父亲惊奇得目瞪口呆，说道："你不是根本没有学习时间吗？什么时候把书背完的？"

　　司马迁答道："我每天到山上放羊，就会拿着一本书来阅读。"父亲还是不敢相信，认为儿子难道是经过神人的点化？

　　第二天，司马迁又像往常一样，赶着羊群到山上放羊。这时，他的父亲跟在司马迁的后面，想一探究竟。

　　羊群出村后，翻过了一座小山，蹚过了一条小溪，来到了一片洼地。洼地上长着绿油油的青草，在微风的吹拂下显得很可爱。

　　羊群见了这么鲜美的肥草，都拥过去，开始大吃起来。司马迁就从怀里掏出一本书，坐在最高的地方，开始阅读起来。读到尽情处，司马迁就大声地朗读起来，潺潺的溪水吟唱着，旁边树林里的小鸟欢叫着，小山羊时不时地叫着"妈妈"……好一派景色。

　　父亲看到这里，全明白了。原来，儿子这样学习，不仅可以享受学习的乐趣，更可以让学习的效率提高。"孺子可教啊！孺子可教啊！"父亲高兴地叫起来。

俗话说："书中自有黄金屋，书中自有颜如玉。"只要我们会学习，认真学习，就一定会体会到学习的乐趣，享受到学习的快乐。学生时，我们觉得学习是一件苦差事，尤其是高考的阶段，简直就像个"苦行僧"，那是因为我们没有正确的学习方式和态度。

学习本身就是一种生活，既要学会忙碌又要懂得休息，劳逸结合才会事半功倍。其次，学习一定要用心，专心致志地学习，不仅效率更快，还能享受到学习的妙处；比如，当我们用心解出一道很难的数学题时，心中的快感和喜悦是无以名状的。最后，学会把学习当成生活中的一部分，让学习变得轻松，快乐就自然油然而生。

# 10. 生活是自己创造的

处处是创造之地，天天是创造之时，人人是创造之人。

**——陶行知**

我们每一个人都想拥有美好的生活，享受快乐幸福的生活。然而，生活不可能永远如人所愿。有人说："生活就像一杯白开水，平淡无味。"的确，生活中不能缺少柴米油盐等琐碎的事情，生活离不开每天循规蹈矩地吃饭、睡觉，按部就班地工作。但是，也有人说："生活是多滋多味的，要靠自己的品尝，才能品出味来。"确实，生活需要我们用心体会，更需要努力创造。如此，我们才会发现生活的美是无处不有的，生活的乐趣是无穷无尽的。

有一个人做了一辈子的木匠，如今他老了准备退休了。老木匠来到老板的面前辞行。老板惊讶地望着他说道："可是，你的身体还很强壮，手上还很有力量呀！"

老木匠回答道："我为工作忙碌了一辈子，现在我想回家和妻子儿女们共度余生，享受天伦之乐。"

老板听了，只好理解地点点头。但是老板实在舍不得这个老木匠走，

269

因为他是工人当中技术最好的一个。最后老板就对老木匠说："我同意你走，但是你能否帮助我建最后的一座房子呢?"老木匠答应了。

开工后，老木匠又投入到工作上，坚守在自己的岗位上。但是大家都觉得老木匠是"身在曹营心在汉"，对待工作再也没有像以前那么用心。盖房子用的材料都是软料，但是老木匠做出来的都是粗活。

过了一段时间，房子终于建好了。当老木匠来到老板的面前再次辞行时，老板什么话也没说，而是面带微笑地从口袋里掏出一把钥匙递到老木匠的手里。

这次，轮到老木匠惊讶地望着老板。老板开口说道："拿着这把钥匙，这是我送给你的房子，就当你离别时的礼物吧。"

老木匠完全懵住了，过了老半天，他才回过神来。随即是脸上一阵发热，羞愧得无地自容，更重要的是内心后悔不已。

如果老木匠早知道这房子是建给自己的，就肯定不会这样敷衍了事、漫不经心了，那他以后就不会住在一幢制作粗糙的房子里了。生活中，也有很多人像老木匠一样，经常无心地在生活中建造自己的"房子"，东凑西拼，没有积极的心态，没有乐观的精神，过一天是一天，这样建起来的"房子"，摇摇欲坠，住着根本没有安全感，说不定哪一天"房子"就会轰然倒塌，这时，我们哭泣都来不及。

只要我们专心致志、一心一意地给自己的"房子"敲进每一颗钉子，小心翼翼地盖上每一块石板或堆砌每一面墙，那么，总有一天，结实而又美丽的房子会出现在我们的面前。住在自己亲手建造的房子里，拥有一个家，享受生活的美好，是一件多么幸福的事啊!

创造生活和建造房子一样需要用心、细心、耐心。每一个细节都会成全一件好事，每一个疏忽都会造成大错。当然，更需要智慧，这样建出来的房子才更加美观;创造出来的生活，才更加美好。

# 第 15 章

## 珍惜：且行且惜，莫空悲切

　　有人曾写过这样一首诗，名为《珍惜》：昔日飘去的白云，昨日流逝的阳光，若不曾珍惜，今日只剩懊悔，懊悔的泪水，唤不回身边的亲人，懊悔的泪水，唤不回已走远的青春，唯有珍惜，可以令生命闪光。

　　人们对珍惜的诠释是及时，在短暂的人生，及时做事、及时生活、及时工作、及时爱人、及时感恩、及时珍惜……光阴似箭，日月如梭，时间的流逝、人生的生老病死，我们无可奈何，无法改变。因此，我们一定要学会珍惜、懂得珍惜，珍惜亲情、友情、爱情，以及生命中的所有，珍惜所拥有的一切。人生道路，永远向着前方，让我们且行且珍惜吧！

# 1. 珍惜我们的亲人

> 幸福：一是睡在自家的床上，二是吃父母做的饭菜，三是听爱人给你说情话，四是跟孩子做游戏。

——林语堂

亲情，是我们永远最珍贵的一种感情。在我们还没有降临到这个世界上时，我们的亲人就在热切期盼着，我们出生后，就被所有的亲人包围着，空气中充满了浓浓的亲情。爸爸妈妈把我们含在嘴里怕化了，捧在手心怕摔着。兄弟姐妹拉着我们的小手到处玩，当我们累了，他们背着；当我们被人欺负了，他们替我们出头；当我们哭了，他们替我们擦眼泪……亲人永远是我们最牢靠的靠山，家庭永远是我们最温馨的"港湾"。

在一个小镇上，突然一声枪响。警察赶到现场后，发现有一个女人躺在地上，腿部受伤了。

警察看到女人的怀里紧紧地抱着一个黑色的小包，却根本不管流血的伤口。

警察把女人扶起来，问道您的包里丢东西了没？女人自言自语地答："还好，还好，我的 20 元钱都在。"

警察不解地问："您的包里只有 20 块钱吗?"女人点点头。

在场的人都笑了，大家笑这个女人仅仅为了 20 块钱，却让自己受伤了。警察带着女人到医院处理了伤口。女人一瘸一拐地走出医院，就在旁边的水果摊上用那 20 块钱将每一种水果都买了一个。

警察有点担心女人，跟在女人的后面。只见女人来到了郊外的一个小墓旁边，蹲下来，将包里的水果掏出来摆在墓前。

女人念念有词地说道："孩子，妈对不起你，你临死前说想要吃水果，妈没钱。现在妈用刚发的工钱买了各种水果，都是你喜欢吃的，你快点吃吧……"

这时，藏在后面的警察已经泪流满面……

兄弟姐妹也是亲情的一部分，有了他们，我们就多了一份关爱和奉献。

小明和小玲是两个可怜的孤儿。在小明 13 岁的时候，父母由于车祸双双去世了，那时，妹妹小玲才 7 岁。父母去世后，刚上初中的小明便辍学在家，开始一心一意照顾他的妹妹，作为哥哥的他想把幼小的妹妹抚养成人。

由于年龄小，小明根本找不到工作，只好捡破烂为生。他每天早出晚归，在破烂堆里捡别人扔弃的瓶子、纸片等，拿到收破烂站去换成钱。有时候，他还会捡到别的小孩扔掉的脏布娃娃，带回去给妹妹玩。

坚强的小明不仅要照顾妹妹的生活，还要供她上学。日复一复、年复一年，转眼间，10 年过去了。小明已经长成了大小伙，而妹妹也面临着高考。

高考后，妹妹以优异的成绩考上了一所名牌大学，但是她却想放弃读大学。因为她觉得读大学又要花一大笔钱，而她不想让哥哥再辛苦了。

小明知道后，没有训斥妹妹，而是无声地把她带到父母的坟前，对着墓碑上父母的照片说："爸爸妈妈，我对不起你们。我没有读书成才。本来希望妹妹能有点出息，可是……不过我也不想勉强她，她想做什么事情，我都支持她……"站在一旁的妹妹听了哥哥的话，泪流满面，她知道哥哥的用心良苦。她决定上大学，不让哥哥的心血白费了。

小时候我们觉得拥有亲情是最幸福的，长大后拥有了爱情、友情等，就无意中把亲情减淡了。其实，无论什么时候，亲情都陪伴在我们身边，无论如何我们都不能丢掉可贵的亲情。学会珍惜与父母的感情，孝顺父母、侍奉父母，不管是物质还是精神上都给父母最好的关爱。学会珍惜兄弟姐妹之间的情意，哪怕长大拥有了各自的家庭，血脉关系永远存在和联系着，永远要互相帮助和互相关心。

# 2. 珍惜每一份友情

人生得一知己足矣，斯世当以同怀视之。

——北大幸福理念

人生道路上，我们每一个人都需要朋友，都离不开友情。朋友是我们最宝贵的财富之一，不同的朋友带给我们不同的欢笑和快乐。朋友是我们生活中的调味剂，有了友情的调料，我们的生活才会有滋有味；朋友是我们工作上的"催化剂"，无论是批评和夸奖，都激励我们更加进取和努力，从而获得一次又一次的成功；甚至萍水相逢的陌生朋友，在一次愉快的聊天，一次互相的帮助之后，都会带给我们一份愉悦的好心情。

从前，有一个小男孩脾气很坏。他每次结交到一个新朋友，之后不久，都会把对方气跑。后来，都没有小朋友跟小男孩一起玩了，小男孩觉得很孤单。

这天，他的爸爸给小男孩一袋钉子，对他说："孩子，我交给你一个办法，让你找回所有失去的朋友，并且认识更多的新朋友。"小男孩高兴极了，但是他拿着那袋钉子，不知道爸爸是什么用意。

爸爸说道："孩子，你以后每次跟别人吵架或者发脾气的时候，就到后院的篱笆上钉上一颗钉子。当你发现自己每天在篱笆上钉的钉子越来越少时，你的朋友就会回来。"小男孩想要朋友，于是同意了。

第一天，小男孩在篱笆上足足钉了 37 颗钉子。小男孩惊讶自己在一天中竟然发了这么多脾气，照这样下去，怎么找回朋友呀。

于是，第二天，小男孩就开始控制自己的脾气，钉的钉子就少了一部分。随后，小男孩每次想要对别人发火时，就告诫自己：我想要朋友！

逐渐地，篱笆上钉的钉子越来越少了，终于有一天，小男孩没有在篱笆上钉一颗钉子了。他高兴地告诉了爸爸，爸爸对他说："以后，如果你每天都没有发脾气，那你就把篱笆上的钉子拔掉一颗。"小男孩又照做了。

终于，篱笆上所有的钉子都被拔光了。小男孩兴奋地告诉了爸爸。爸爸同小男孩一起来到篱笆底下。爸爸指着篱笆上密密麻麻的小洞说："看，这是你拔的每一颗钉子所留下的黑洞。虽然钉子拔掉了，但是这些黑洞永远留在了这里。这就像你对你的朋友每发一次脾气，就会在朋友的心上留下一个伤口，永远也无法抹平。无论你怎么道歉，伤口永远成了阴影，无法改变。因此，你如果想珍惜每一份友情，想跟每一个朋友都友好相处，你首先就要学会控制自己的脾气。"

小男孩听了爸爸的话，重重地点点头。

朋友无处不有，没有朋友的人生，是惨淡的人生，也是失败的人生。然而，总有些人在拥有友情时，不懂得珍惜、不懂得呵护。因为一点小事就和朋友翻脸；因为忙碌就冷淡了朋友；有的人甚至因为自己的利益就出卖朋友，背叛朋友。这些人根本就不懂得珍惜与朋友之间那份可贵的情意。

再深厚的友谊，也需要我们细细呵护；再甘甜的友情，也需要时时滋润；再年久的友情，如果长时间置之不理，也会少了原先的温情和感觉。因此，让我们抓住分分秒秒，珍惜每一份友情！

# 3. 珍惜所爱的人

人与人的相遇，是人生的基本境遇。爱情，一对男女原本素不相识，忽然生死相依，成了一家人，这是相遇。亲情，一个生命投胎到一个人家，把一对男女认作父母，这是相遇。友情，两个独立灵魂之间的共鸣和相知，这是相遇。相遇是一种缘，爱情，亲情，友情，人生中最重要的相遇，多么偶然，又多么珍贵。

——周国平

人生不过短短几十年，与爱人相守却是大半辈子。人常说，"百年修得同船渡，千年修得共枕眠"，两个人能走到一起就是最大的缘分，因此我们要懂得呵护和珍惜。

静静的夜里，桌子上有一个空杯子。杯子叹了口气说道："谁给我水呀？我寂寞，给我一些水吧。"

主人听到了，走过来边往杯子里倒水，边说："倘若你有了水就不寂寞了吗？是这样吗？"

水倒进杯子的一瞬间，溅起美丽的朵朵水花。杯子欢快地说："我想是这样的！"

主人倒的水是热水，热气很快就笼罩了杯子的全身，杯子觉得自己快要融化了，它想："这也许就是缘分的美妙吧。"

一会儿，杯子感觉到热水开始变成了温水了，暖暖的温度，很舒适。杯子想，这也许就像生活的滋味吧。

又过了一会儿，温水变成了凉水。杯子的全身感到一丝凉意，它突然害怕了，怕自己也变得冰凉。杯子悄悄地感叹了声："难道这就是生活平淡、缘分变浅的感觉吗？"

又一阵后，杯子感觉浑身冷得刺骨，凉水冰透了。杯子终于忍耐不住了，大声叫起来："主人，快点把冰冷的水倒掉吧，我受够了这种冰冷的感觉！"

但是，主人已经进入梦乡，沉沉地睡去了。夜色越来越浓，在黑暗的夜里，杯子越来越感到压抑和绝望。冰水已经凉透了它的心，杯子感觉自己掉进了一个"冰窟窿"，快要窒息。

于是，杯子用尽最后一点力气，奋力一晃，将冰水甩了出去。杯子感觉自己要飞出"冰窟窿"了，它心里正在窃喜，突然身体重重地摔到了地上，杯子碎了。

杯子临死前，它看到周围洒满了水的痕迹，在黑夜里水好像变成了一个个亮晶晶的水珠，发出了美丽的光芒。杯子这时才觉得水好美丽，自己原来是如此地爱水。杯子想过去把水完全抱在自己的怀里，但是它再也没有能力了，它的身体碎了、心也碎了……

两个人没有相爱时，是那么渴望彼此能走到一块；等真正走到一块，开始热恋时，爱情甜蜜的滋味包围着彼此，快将他们融化；逐渐地，火热的爱情变成了温馨的亲情，两个人结婚了，开始过日子，像每一对夫妻一样开始了平淡又舒服的生活；慢慢地，生活被柴米油盐、锅碗瓢盆这些生活的琐事所充斥，每天重复着同样的日子，见到同样的人，视觉上产生疲劳，心里感到乏味，生活越来越没意思。后来，两个人开始吵架，为一些鸡毛蒜皮的小事吵闹，双方开始没有了理解，没有了关心，没有了信任，没有了包容，甚至没有了爱，生活的温度降到了零点，冰凉冰凉的。再后来，双方终于受够了这种日子，再也无法忍受空气中的寒冷，于是想要逃离，根本没有爱的感觉，也就根本不会替对方着想，甚至给对方做出了残忍的伤害，最终导致两个人的分离。也许只有等到分离后他们的脑海里才会浮现出两个人在一起的美好回忆，才会发现自己是如此的爱着他（她）……

爱人，不要等到失去了，才懂得珍惜。珍惜所爱的人吧！

## 4. 且行且珍惜

未经失恋，不懂爱情；未经失意，不懂人生。

——周国平

世上并无命定的情缘，凡缘皆属偶然，好的情缘的魔力恰恰在于，最偶然的相遇却唤起了最深刻的命运与共之感。

人生道路漫漫，黑夜和白天循环交替着，春夏秋冬不停地变换着。人生就像一支长长的乐曲，此起彼伏，不断地变换着节奏，有高潮、有低音……然而人生又是短暂的，区区几十年一眨眼的工夫就会过去，时间如流水一样，逝去了就再也不能返回。因此，我们行走在人生道路上，要学会且行且珍惜，珍惜所遇到的每一个人、每一件事、每一个物、每一个细节、每一个感动，用心聆听和体会人生这支美妙的乐曲。

有一对父子一块去旅行，他们需要穿过一片沙漠。

在经历了长时间的长途跋涉后，父子俩又累又渴，在炽热的阳光下，他们的嘴唇开始干裂，饥渴难忍，步伐也变得艰难起来。

走着、走着，父子俩看到一个明亮的东西在阳光下闪闪发光。父子俩走近一看，那是一只马蹄铁，应该是曾经经过的人们留下的。

父亲捡起马蹄铁，交给儿子说："拿着，咱们会用到它的。"

儿子惊讶地看着父亲答道："咱们又没有马，要这个东西干吗？只不过是一块废铁罢了。"说完，就继续往前走去。父亲无奈，只好就放到了包里，自己拿着。

又走了好久，父子俩还是没有发现水源，他们已经疲惫到极点，身上的东西感觉越来越重。儿子实在背不动了，于是就放下包袱，打开，琢磨着要把一些东西扔掉，这样可以减轻分量。

儿子看了老半天，包里装着一个铁皮水壶，一些钱，几件衣服，一些药品。儿子想，衣服必须要穿的，药品说不定要急用，钱留着走出沙漠可以买吃的，唯有这个铁皮水壶空空的，没有用处，反正沙漠里也找不到水源，还不如扔掉。

但是，父亲不同意扔掉水壶，说留着等找到水后，用来装水。儿子不听父亲的劝告，毫不犹豫地把水壶扔掉了。

他们刚走了一小会儿，就发现了一个城堡。父亲想跟城堡里的人要点水喝，里面的人说他们的水很珍贵，必须要拿东西来交换。儿子连忙拿出钱，但是他们说我们不需要钱。于是，父亲就拿出了那只马蹄铁，他们同意了。喝完水后，父亲又拿出了自己的水壶装满准备路上喝。这时，儿子才知道自己没有容器装水了……

生活中，我们经常以为那些不值钱的、无足轻重的小东西没有多少价值，于是就毫不犹豫地扔掉或不屑捡起来。等到某一天，我们需要的时候，才发现了它的宝贵和用处。人生中需要我们珍惜的东西太多了，亲情、友情、爱情、大自然……凡是我们现今所拥有的一切，我们都要懂得珍惜，不要等到失去后才追悔莫及。虽然人生难免会有得失，对于失去的我们也不要痛苦，每一次的失去都会让我们更加懂得珍惜的意义。生活中的点点滴滴像一串串音符构成了生命的乐曲，让我们伴着属于自己的音乐，在人生道路上，且行且珍惜。

# 5. 该发芽时就发芽

人常说"一年之计在于春，一天之计在于晨"，不要错过好时节！

——北大幸福理念

寒冷的冬天终于过去了，花园里的两颗小种子开始苏醒过来，在肥沃的土地里，它们睁开眼睛，呼吸着春风带来的新鲜空气，开始悄悄地对话。

只听一颗种子说："春天到了，我们到开始生长的季节了。俗话说：'一年之计在于春'。我们一定要把握住这个时机，开始生根发芽，然后长出枝叶，到了夏天就能开出美丽的花朵了。想象一下当我们展现着美丽的身姿时，人们肯定会竖起大拇指赞美的。"说着，小种子就努力地生长起来。

然而，另外一颗种子伸了伸懒腰说道："急什么呀，我还没睡够懒觉呢。现在是乍暖还寒的时刻，天气一不小心就会转寒的，我们这么早生长，小心被冻伤了。倘若再碰上霜冻这些自然灾害，那我们还没生长就被冻死了！还有你现在期待夏天的到来，等夏天真正到来时，简直是酷热难熬呀，炽热的太阳在头顶上暴晒，土壤里一点水分也没有，我们要忍受饥渴，还有虫咬。想想都恐怖啊！更可怕的是，当我们开出鲜艳的花朵时，有些人看着喜欢就会偷偷地把花朵摘掉，那时我们伸着光秃秃的枝干，活着还有什么意思呢？"

第一颗种子听到第二颗种子说的话，心里也难免害怕起来。但是它又想到冬天的时候，旁边的树根爷爷告诉它："如果害怕风吹雨打、害怕烈日酷暑，害怕一切，那么就永远也钻不出土壤，感受不到外面缤纷的世界。该发芽时就发芽，该生长时就生长，勇敢地抓住长大的机会，让自己的人生实现精彩。"想到这里，第一颗种子就不再理会旁边的伙伴了，而是自己开始努力地生根、发芽、生长。几天后，它破土而出，抽出嫩绿的芽苗，享受春风的洗礼。

　　而第二颗种子仍旧缩头缩脑地藏在土壤里，不肯生长。这天，一只小鸟飞到花园里找食吃，刨开土壤，发现了第二颗种子，便一口吞下去了。

　　生活中，我们很多人会像第二颗种子一样在机会来临时，缩头缩脑，前怕狼后怕虎，不肯伸出手抓住机会，到头来让自己落得个悲惨的下场。俗话说"机不可失，时不再来"，时机不等人的，任何机会都会在一眨眼的工夫就失掉。我们如果不懂得珍惜，及时抓住机会，就会后悔莫及。

　　机遇对于每个人来说都是平等的，我们每一个人都有"生根发芽"的机会，每一个人的"冬天"都会过去，随之而来的是"春天"。然而，为什么有些人能不断地成长、不断地成熟，最终"开花结果"，而有些人却永远只是埋藏在地底下的一颗"种子"，甚至还没来得及生长就已腐烂呢？这是因为前者懂得珍惜和及时抓住"生长"的机会，而后者却眼睁睁地看着机会溜掉却置之不理。我们都想"生长"，都想让自己的人生开出美丽的"花朵"，那就学做第一颗种子，懂得珍惜和抓住每一次"发芽"的机会！

## 6. 今天所拥有的才是最宝贵的

　　我以为世间最可贵的就是"今"，最易丧失的也是"今"。因为它最容易丧失，所以更觉得它宝贵。

——李大钊

　　有些人经常觉得得不到的是最好的，得不到的是最珍贵的，却不知道现在所拥有的才是最宝贵的；而有些人往往是在拥有时不懂得珍惜，失去了才觉得宝贵。

　　有一个女人喜欢上了别人，于是跟丈夫提出了离婚。但是丈夫舍不得和妻子分开，就是不答应。女人便天天和丈夫吵闹。最后，丈夫心疼女人的身体，怕她老是生气和哭泣损害健康，就同意了离婚。不过他提出了一个条件：就是在离婚前，想见一面女人的情人。女人觉得心里内疚，答应了男人的要求。

　　第二天，女人就带着一个高大英俊的男人回来。女人本以为丈夫见了情人会兴师问罪，但没想到男人却很有礼貌地把对方请进门来，并客气地握了握手。之后，男人说想单独跟女人的情人谈谈，希望女人给他个机会。女人不知道男人究竟打的是什么主意，但是她还是硬着头皮答应了。

　　女人站在门外，心里七上八下，她隐隐听到丈夫一直在说话，但是听不清在说什么。女人只能干着急。

　　不一会儿，丈夫打开门，让女人进来。女人看到两个男人都完好无损地站在她的面前，情人的脸上甚至温和了不少，而丈夫好像也释怀了一样，舒了口气。

　　女人送情人回家的途中，终于忍不住问道："我丈夫对你说了什么？是不是说我的坏话，我的一大堆缺点？而你也信了？"女人像机关枪似的射出来一连串的"子弹"。情人听了，叹了口气说道："你们一起生活了这么多年，你一点儿都不了解你的丈夫。""我怎么不了解了？"女人像被看穿了似的，急切地说："他那个人闷葫芦一个，从来不会说什么好听的话，我们的日子就是过得很闷、很无趣，我才提出离婚的。"情人听了，又叹了口气说道："他人很好，他给我说了你的脾气不好，容易生气，让我以后让着点你，生气对你的身体不好。还有他说你的胃不好，要少吃冷的和辣的东西。"女人难以置信地盯着情人问："他怎么会说这些呢？还说了什么？"

　　情人答道："都是生活上的一些习惯和细节。你的丈夫是个好男人，其实他比我更懂得珍惜你，比我更爱你。你还是回到他身边吧。"说完他抚摸了一下女人的头，毅然离开了。

　　女人经过久久地思索后，终于想通了，再也没有提"离婚"两个字。她终于明白了自己现在所拥有的生活才是最宝贵的，丈夫对她的感情才是最宝贵的呀！

　　人难免会犯糊涂，人生中难免有得与失，得不到的我们永远也不要勉强，失去了的我们也不要时刻挂念；失去了的已经是过去的东西，而想要得到的却是未知数，唯有现今我们所拥有的才是最真实、最宝贵的！学会在生活中，不断提醒和告诫自己，珍惜当下所拥有的。因为拥有，才会宝贵！

# 7. 珍惜仅有一次的生命

人只能活一次，于是活着就像一场梦，梦醒了无路可走的痛苦，却是人间情感的真实。

——李泽厚

一个人的生命长度有多长？我们谁也不知道！我们不能控制生命的长度，但我们可以把握生命的宽度和质量。一个人的生命有几次？毫无疑问，只有一次！毋庸置疑，生命是世界上最珍贵的东西。生命是宝贵的，然而，生命又是短暂脆弱的。因此，我们要学会珍惜仅有一次的生命，小心翼翼地呵护生命，让自己生命的存在有价值、有意义。

有一个人心里感到失意，于是来到一棵苹果树下，准备上吊自杀，然而却被一群小孩子打扰了。

那是一群放了学的小学生，此刻正蹦蹦跳跳地跑过来。小朋友们来到苹果树底下，看到又大又红的苹果，馋得直流口水。

于是，有一个小朋友大着胆子说道："叔叔，您给我们摘几个苹果吧，您看树上的苹果又大又圆，肯定很好吃。"

这个人抬头一看，发现真的如此。刚才一心想着自杀，根本没有注意到头顶上结满了这么美丽的苹果。

"可以吗？叔叔，我们会感谢您的。"另一个小朋友又说道。

"对呀，叔叔，苹果树太高了，我们爬不上去，您长得这么高大，肯定能爬上去。"这个人听到第一个开口说话的小朋友说出这番言语，扑哧一笑，心想：一个小孩子竟学会用"激将法"。

　　拗不过这群小朋友，这个人就答应帮助他们了。他很快就爬上了高大的苹果树，摘了几个大苹果轻轻地扔到了旁边的草丛中，小朋友一拥而上，开始抢吃苹果。有的小朋友没抢到苹果，又跑到树底下大声叫着："叔叔，给我也扔一个苹果。"

　　经过一阵嬉笑后，他满足了每一个小朋友的要求，每一个小朋友的手中都拿着一个大苹果坐在草地上津津有味地吃起来。他也给自己摘了一个，和小朋友一块坐着吃苹果，当咬下第一口的时候，他觉得口里无比的甜蜜……

　　最后，小朋友们给他道了谢，纷纷回家了。望着一个个小小的身影，他突然想到了家中的两个孩子。于是，他又重新爬上苹果树，摘了几个大苹果，抱回了家。

　　回到家，他分给孩子们苹果，孩子们惊喜地叫起来，然后开始享用。他又递给妻子一个苹果，妻子笑着扑入他怀中。看着一家人其乐融融的样子，他不仅放弃了自杀的念头，而且悟出了生命的珍贵：无论生活多么困难和悲惨，只要我们有活着的理由，就不能轻易结束自己仅有一次的生命。

　　人生的天空里不会永远晴空万里，有时会阴云满布，有时也会倾盆大雨，浇湿我们的心情。天气我们是无法左右的，但是我们可以左右自己的心情。永远记住：生命仅有一次，失去了就是真正的没有任何希望了。

# 8. 懂得珍惜，才配拥有幸福

　　一个不懂得珍惜的人，根本就不配拥有。

——北大幸福理念

　　每当夜深人静，远离了尘世的喧嚣，一颗心静下来的时候，我们才会发现自己失去得太多、错过得太多、后悔得太多……人就是这样奇怪，往往失去了才明白珍贵，错过了才后悔莫及，后悔了才懂得珍惜。然而，有些东西一旦逝去就再也无法挽回了，就比如青春、时间、健康、快乐、幸福……

从前，有一位可爱的小天使，不仅具有神奇的法术，还特别喜欢帮助别人。

不论是谁需要帮助，小天使都会全心全意地用法术变出东西满足他。当帮助了别人后，小天使的内心就感到非常快乐，她甚至感觉到她所帮助的每一个人身上都会散发出幸福的气味。

有一天，小天使碰见一个英俊的年轻人，但是年轻人似乎很不高兴，一个人在嘴里念念有词，眼泪不断地流出来。小天使上前询问，才知道年轻人是一个诗人，此刻，他在吟诗流泪，抒发心中的苦闷。当小天使问年轻人有什么愁苦的事情时，年轻人说道："我现在虽然年轻、富有、有满腹的才华，家中还有一位漂亮的妻子。但是我一直觉得自己不快乐，我也不知道是为什么。"

小天使听了，也觉得很困惑，年轻人什么都拥有了，却觉得不快乐，这是为什么呢？小天使想帮助年轻人，但是她不知道该怎么帮助。突然，小天使灵机一动，想出了一个好办法。

小天使使用了自己的法术，把年轻人所拥有的东西都变没了，这让年轻人困惑不解。但是小天使说："放心吧，我这是在帮助你。"年轻人相信了小天使的话，转身走了。

半个月后，小天使又来找年轻人。这时的年轻人贫困潦倒，身上除了衣服什么都没有。他见了小天使像见了大救星，乞求道："你快点把我原先拥有的所有东西都还给我吧，我已经明白了！"

小天使就把年轻人所有的东西用法术变出来，年轻人快乐地回家了。又过了半个月，小天使路过年轻人的家中，看到他正和妻子在花前月下，幸福地饮酒吟诗……

生活中，也许我们很多人像年轻人一样，拥有所有的一切，却觉得自己很不快乐。有些人越富有，越觉得自己是孤独的，觉得幸福离自己越来越远。这是为什么呢？

　　因为幸福跟一切物质没有关系，尤其是金钱，再多的金钱也买不来幸福。幸福也跟地位、家世、名利等没有关系。幸福来源于我们的心灵，是我们内心的一种感受。幸福是缥缈的，又实实在在存在我们生活的每一个角落中，藏于每一个细节中，而这需要我们用一颗心来感受和体会。

　　其实，很多时候，幸福就在我们身边。我们却不懂得及时抓住，不懂得珍惜，只有等失去的时候，才明白原来这就是幸福。然而，幸福从来不会消失，只要我们及时醒悟、及时珍惜，另一个幸福就会如期而至。

## 9. 珍惜手中的每一张"牌"

人生的意义不在于拿一手好牌，而在于打好一手坏牌。

——于丹

　　生活中，经常听到有些人抱怨和感慨："我为什么没有出生在一个富裕的家庭里呢？""我为什么没有很多的钱呢？""为什么我这么努力，却得不到相同的回报呢？""为什么没有女孩子喜欢我呢？"……人生有太多无奈和悲伤，谁不希望自己的生活是幸福美满的呢？

　　一个年轻人和他的家人在一起打牌。

　　那一天，年轻人的手气一点也不好，连连溃败。年轻人抱怨道："今天真是背极了，每一局牌都很烂。不，应该是每一张牌都很烂。"年轻人一边抱怨一边唉声叹气，根本没有心思打牌了。

　　这时，他的母亲注意到了儿子的举动，于是，放下手中的牌，慢慢地站起来，没有说任何话，走到年轻人的身边，注视着儿子。

　　年轻人不知道母亲要干什么，莫名其妙地看着母亲，等待她说话。母亲绷住的脸终于松开了，她开口说道："孩子，本来我是要训斥你的，但是，我又不想那么做了。今天你的手气真的不怎么好，但是打牌不只是要靠运气，还要靠智慧！无论你摸到哪张牌，都要懂得珍惜，而不是漠视它们，你重视它们，它们才会跟你并肩作战，从而最后打出好的结局来。"

年轻人听了母亲的话，惭愧地点点头。之后，年轻人的手气还是一如既往地坏，但是他静下心来，认真地对待每一张牌，运用自己的智慧把它们的用处发挥到了极点，竟然赢了几场牌。

通过那晚的打牌，年轻人深深地记住了母亲的话。对待每一件事，无论好坏，他都用一颗平常心对之，并用冷静的头脑、聪明的才智想到最好的解决办法。"一定要珍惜手中的每一张牌。"凭着这一信条，年轻人不断地努力，成为一名演技很棒的演员，拥有了令人羡慕的事业。再后来，他由影坛跨入政坛，成为万人敬仰的总统。

他就是美国伟大的总统罗纳德·威尔逊·里根。

也许，我们经常抱怨生活的多舛，感叹命运的无常，觉得自己是手气最背的那个人，觉得自己的人生充满艰辛和磨难；也许我们从来不是上天宠幸的那个幸运儿，从来不会有幸运之神降临到我们的身边；也许我们摸到的每一张牌都很烂，觉得打赢这局牌渺无希望，但一定要学会以一颗平常心对待所有的一切，一定要明白任何事情不到最后一刻，就无法决定输赢。

也许经过我们的努力和坚持不懈，糟糕的事情也会有了转机，看似失望的机会也能变成一个充满希望的良机。因此，珍惜人生中所遇到的每一件事，每一个人，每一次机会吧，脚踏实地地把握好我们手中所拥有的"每一张牌"，用正确、乐观的人生态度，创造精彩的生活，成就辉煌的自我！

# 10. 把每一天看作最后一天

节约时间，也就是使一个人有限的生命，更加有效，也就等于延长了
人的寿命。

——北大幸福理念

海伦·凯勒曾说："把活着的每一天看作生命的最后一天。"这句话是在告
诫人们要懂得珍惜生命，珍惜时间，抓住生命中的每一天，每分每秒，去做有
意义和有价值的事。人常说："一寸光阴一寸金，寸金难买寸光阴。"时间是世
界上最宝贵的财富，是用多少金钱都买不到，是任何人不能控制的。

聪明的人珍惜时间，愚蠢的人浪费时间，时间就是金钱，就是财富。
自古以来，凡是有智慧或者成功的人士都惜时如金，对时间很"吝啬"，甚
至很"苛刻"。

我国伟大的文学家、革命家鲁迅就是一个对时间特别"吝啬"的人。
有一次，鲁迅到一家理发店去理发。那位理发师认出来是鲁迅先生，于是
好心想为他剪出一个漂亮的发型。结果，比平时花费了多一半的时间。

付钱的时候，鲁迅只掏出五毛钱来。理发师惊讶地指着牌子上的标价
说："先生，是一块钱。"

鲁迅答："我知道，但是今天我就付你一半的价钱，因为你浪费了我的
时间。"

鲁迅平日里对穷人经常大方地施舍，这天却为了时间跟理发师"吝
啬"，足以说明了他对自己时间的珍视。而国外也同样有一个伟大的人，为
了时间对助手无比的"苛刻"。他就是发明大王爱迪生。

爱迪生从小喜欢做实验，抓住任何时间和机会做实验，连坐火车的时
候都不错过。后来，他建立了自己的实验室，并且聘请了一位助手，一起
做研究和发明。

助手虽然平时很勤快，但还是经常受到爱迪生的教训。爱迪生经常用

心良苦地说："人生最大的浪费莫过于浪费时间了，人生太短暂了，我们必须要多想办法，用极少的时间做更多的事。"

有一次，爱迪生和助手在实验室里做实验。他一边递给助手一个没上灯口的空玻璃灯泡，一边说："你量一量它的容量。"可是过了老半天，当爱迪生头也不抬地问容量是多少时，没人回答。爱迪生抬头一看发现助手正在拿着软尺认真地测量灯泡，还俯在桌子上计算着。爱迪生大叫起来："时间，时间，你浪费了多少时间！"然后走过去，拿起那个空灯泡往里面灌满了水交给助手："把水倒进量杯里，马上告诉我它的容量！"助手立刻报出了数字。

爱迪生说："这么容易的测量方法，还用得着软尺测量和计算吗？你怎么不用大脑想想？"这时，助手红着脸低下了头。爱迪生又喃喃地说："人生太短暂了，我们不能浪费时间呀。要抓住时间，努力做事情。"

关于时间，爱迪生不仅对助手"苛刻"，对自己更加"苛刻"，他的一生都花费在做实验上，一天 24 个小时当中 18 个小时都在做实验，忙得连换衣服的时间都没有。然而他却是世界上最无私奉献的科学家之一，他制造的灯泡给人们带来了永远的光明。

古人曾说："少壮不努力，老大徒悲伤。"时间是珍贵的，又是残酷的。时间一去不复返，浪费时间就等于自杀。因此，希望每一个人都学会珍惜时间，珍惜生命，把握好生命中的每一天。

# 第 16 章

## 感恩：心怀感恩，以恩报德

"谁知盘中餐，粒粒皆辛苦""慈母手中线，游子身上衣""结草衔环""吃水不忘打井人"这些诗句和典故讲的都是感恩。感恩是世间最美丽、温馨的一个词语，我们每一个人从呱呱坠地开始，就要学会感恩。

感恩是一种美德，是一种处世哲学，是生活中的大智慧，是一种健康乐观的生活态度。怀抱一颗感恩的心，犹如在我们的人生旅途中点燃一盏明灯，犹如获得开启成功之门的一把金钥匙，犹如在茫茫大海中抓住了一棵救命草……只有心存感恩的人才能真正体会和品味到人生幸福和快乐的真谛！

# 1. 感恩是人生的必修课

感谢命运，感谢人民，感谢思想，感谢一切我要感谢的人。

——北大幸福理念

《现代汉语词典》对"感恩"一词的解释是这样的："对别人所给的帮助表示感激。""感恩"是个舶来词，在西方与基督教的感恩节密切相关，《牛津字典》给的定义是："乐于把得到好处的感激呈现出来且回馈他人。"感恩是一种对恩惠心存感激的表示，是每一位不忘他人恩情的人萦绕心间的情感，是一种生活态度，是因为我们生活在这个五彩缤纷的世界上，一切事物都对我们有或深或浅的恩情！

父母带给我们生命，在生活中给予我们点点滴滴的关爱与照顾，我们要感恩；朋友带给我们真挚的友情，在生活中给予我们关心和鼓励，我们要感恩；生活让挫折磨炼我们的意志，让苦难锤炼我们的品质，使我们更深刻地理解生活，我们要感恩。此外，要感恩社会，感谢他们孕育了一个个相像又不尽相同的个体，组成了一个丰富多彩的大千世界；感恩大自然，岁荣岁枯，春夏秋冬，山水相映，鸟语花香；感恩于洒在我们身上的每一缕阳光，感恩于路人投来的每一个微笑，感恩生活中一切的存在让我们体验到了真实的美好。

感恩是一种积极向上的思考和谦卑的态度，是一种充满爱意的行动，也是一种处世哲学和生活智慧，感恩更是学会做人，成就阳光人生的支点。一颗感恩的心，就是一颗和平的种子，因为感恩不是简单的报恩，它是一种责任、自立、自尊和追求一种阳光人生的精神境界。每一个有爱心的人，都应该是个懂得感恩的人。人生是精彩的，正是因为有了爱心、孝心和感恩之心。

看看下面这个小故事：

一位辛苦持家的主妇，操劳了大半辈子，却从来没有从家人身上得到过任何感激。

她问丈夫："如果我死了，你会不会买花向我哀悼？"

她丈夫非常惊讶地说："当然会啊！不过，你在胡说些什么呀？"

妇人极其认真地说："等到我死的时候，再多的鲜花都已经没有意义了，不如趁我还活着的时候，只要送我一朵花就足够了！"

有些时候，小小的一朵花就可以表达谢意，给对方喜悦和希望。可惜的是，有些人并非不愿意表达感恩，而是天性木讷、害羞，不好意思大声说："谢谢！"或者是不明白应当怎样适当地向对方表示。

或许，对方并没有期待回馈或报答，但这并不表示受惠的人就可以因此而忽略对方的付出。长期辜负别人的付出，其实是自己的损失。没有道谢，就无法体会彼此的好意在互动之间是多么的幸福，也很可能因而无法再继续得到对方的恩惠。

实际上，表达自己的感恩或接受对方的感恩，都是需要练习并且需要将它培养成为一种自然习惯的。"大恩不言谢！"只不过是客套话罢了，恩惠是无所谓大小的，我们最好去相信：滴水之恩当还报以涌泉！

如果是出于感恩之心，一句"谢谢"、一张贺卡、一封信、一个电话、一次拜访、一份礼物……都会因为彼此的真诚，而变成人间最甜美的甘泉。

# 2. 活着就是一种幸福

并非每一个人的每一天都要过得荡气回肠，并非每个人的每件事都会如人所愿，在经历了人生的坎坷之后，你还能够平凡地活着，这样未尝不是一种幸福。

——周一良

每个人都害怕死去，渴望好好地活着，毕竟生命只有一次，毕竟生活是丰富多彩的。当生命将要逝去时，我们会有许多不舍，许多留恋。然而，谁也无法让时光倒退，谁也不能抗拒生老病死的自然现象。

人生最深沉的叹息，是留不住已然逝去如涓涓流水般的年华，当人至暮年，在行将花白的头发被照成金黄色的黄昏里，才知道自己为之奋斗为之坎坷的一生只不过是几件刻骨铭心的往事而已！有些人永远也无法着眼于今天，总想着明天的美好，其实生活的基石夯于今天，明天只不过是今天的未来。

生命，从来都不是孤立存在着的。我们活着，健康而又快乐地活着，不但是对自己最大的负责，更是对身边的家人、亲人、朋友的一种支持。而死亡，不但让我们自己再也无法和这个世界如此亲近之外，我们身边所有的家人、亲人、朋友，都将为我们深陷巨大的哀伤之中。生与死，从来都不是一个人的事情。

面对死亡，我们更多的是苏东坡在《江城子》中的那种情感，"十年生死两茫茫，不思量，自难忘。千里孤坟，无处话凄凉。纵使相逢应不识，尘满面，鬓如霜。夜来幽梦忽还乡，小轩窗，正梳妆。相顾无言，惟有泪千行。料得年年肠断处，明月夜，短松冈"。

"少年听雨歌楼上，红烛昏罗帐。壮年听雨客舟中，江阔云低，断雁叫西风。而今听雨僧庐下，鬓已星星也。悲欢离合总无情，一任阶前点滴到天明。"这是蒋捷在《虞美人·听雨》中对生命的解读，一滴相思之水正遥遥地透过我枯萎的心灵，心灵的美丽在于完善，昨日的容颜已不必留念。不必在意自己是否老去，因为老去终是美好，不必在意曾经梦幻般的爱情，因为爱情也会分崩离析。

人的一生总会经历很多事情，有的让我们喜，有的让我们忧，有的让我们仰天大笑，有的则让我们垂头叹息！人们都乐于接受开心的事，而有了忧伤烦恼之事，则哀叹人生命运不公。其实，只要能好好地生活在这个美好的世界，我们就是幸福的。人要么死去，要么精彩地活着，活着应该是安宁的，死去应该是从容的。

在人生每个岔路口上，记得留一只眼睛审视自己。死是人类最为壮观的誓言，死也是人生中更为永恒的归宿，不必讳言，生命的脆弱远比我们想象的更为遥远，更是不可仰望亘古不变的唏嘘，善待生命，善待自己，成为人生中不可更动的风景。

　　不要哀叹生命的短暂，不要流连往日的泪水，时间在静静地流逝，化作永远，泪水已成一杯苦酒，乐由自己。诗一般的语言留不住那曾经一瞬的温暖，僵硬的思想永远不会走多远，梦中的情景却可以使人一生留恋。

　　其实现实社会的生活并没有我们想象的那么好，但也远没有我们想象的那么糟。死亡与不幸随时都会在我们身边发生，这确实是让人心痛的事。比起那些被病魔折磨的痛不欲生的人们来说，我们的那些不快和失意又算得了什么呢？

　　完好无损地活着，就是幸运的。在这世间，再也没有比生命更宝贵的东西了。既然拥有了宝贵的生命，我们何不用歌声和欢笑来装点、打扮它呢？活着就是幸福，我们应该感谢生活的厚爱。

# 3. 亲情是亘古不变的恩情

　　当全世界抛弃你的时候，父母会永远守在身边。

——北大幸福理念

　　也许一个人的爱情、友情会随着时间的流逝褪色，会因为各种各样的原因而变色，而有一种感情不论天长地久、不论外界如何变化，都始终如一、亘古绵长，那就是亲情。亲情是我们永远也无法偿还的恩情。

　　曾经看过这样一个哲理故事，故事让人震惊之余是无尽的感动与思考。

　　从前，有一个年轻人爱上了一个漂亮的姑娘。但是他却不知这个漂亮的姑娘是由一个魔鬼所变。为了讨得姑娘的欢心，年轻人倾其所有。无论姑娘要什么，他都答应，全心全意地付出。

　　终于，姑娘说他要年轻人挖出他母亲的心给她吃。年轻人听了回到家中，毫不犹豫地把母亲的心挖出来，在黑夜里，狂奔向姑娘所住的地方。

　　年轻人在经过一片树林时，被一个树枝绊了一下，跌倒在地上。手中捧着的心被远远地甩了出去。正当年轻人艰难地爬起来时，那颗心问道：

"我的儿，你跌疼了吗？"

人常说："可怜天下父母心。"故事引起了多少人的愧疚和感慨呢？现实中，我们经常会看到有些人娶妻生子，拥有了自己的家后，就抛弃了自己的父母，对父母的衣食住行不理不顾，有的人甚至对父母的死活也不闻不问。这些人别说感恩，简直就是不配做人！

现代社会，出现一种普遍的现象：很多子女长大后，就忙工作、忙爱情、忙自己的家庭，却忘了照顾自己的父母，把父母孤零零地留在家中，偶尔想起了才问候一下，"回家"这个词对多少人来说是那么遥远和陌生。

"树欲静而风不止，子欲养而亲不待"，不要等到父母离开我们的那一天，我们才醒悟，这时恐怕已经为时已晚。因此，趁父母健在的时候，给父母多一份照顾和关怀，多一分温暖和幸福，尽所能地满足父母的要求，就如同从小到大，父母尽所能地满足我们一样。

这是发生在土耳其地震中的一个故事。

地震后，许多房屋都倒塌了，死伤无数。救援人员在每一个废墟中搜寻有可能活着的人。

两天后，他们在一个倒塌的房屋里，看到了让人难以置信的一个画面：一个女人背上背着一块大石块，而她的一只手正在吃力地撑着地面。看到有人来了，女人微弱地说："快、快救我的女儿，在我身底下……"人们这时才发现女人身子底下有一个小女孩，在母亲为她撑起来的安全空间里蜷缩着。

由于石头太大，救援人们费了好长的时间、好大的精力才把小女孩从母亲身下拉出来，而一直苦苦地撑着的母亲，在女儿被拉出去的一瞬间，终于坚持不住了，她的身体轰然倒塌，石块重重地压在了身上……

天下最伟大的莫过于母爱。一个母亲为了子女可以做出惊人的壮举。母爱有时犹如春雨，细润无声；有时却如同火花，炽热温暖。父爱也同样如此。也许当全世界的人抛弃了我们，全世界的人背叛了我们，父母是永远不会抛弃我们、背叛我们的。父母不仅给了我们生命，还给了我们无穷无尽的爱和关怀。父母之恩，永世难报。对于父母的恩情，我们要永远感恩，永远珍惜。

# 4. 永远为另一半守候

真正打动人的感情总是朴实无华的，它不出声，不张扬，埋得很深。

——周国平

人生中，我们最应当感谢的人是我们的另一半，也就是我们的爱人。有了爱人的陪伴，我们才不会在人生道路中太孤单；有了爱人的守候，我们才感受到世间最美、最甜蜜的爱情，享受到独特的温馨和关怀；有了爱人的支持，我们才会在多舛的生活中，努力拼搏，奋发前进。父母总有一天会离开我们，子女总有一天会长大成人同样离开我们，而爱人则是唯一一生中陪伴在我们左右的那个人。白首不相离，生死两相依。因此，要珍惜我们的另一半，感恩我们的另一半。

美国人在感恩节这一天，特别隆重。每个公司都会放假，每对身处异地的夫妻都会回家团聚。在这一天，全家人在一起欢聚，互相感谢，享受天伦之乐。

曾有一位美国人在感恩节这一天，发了一篇名为《感谢我们家的那位领导》的帖子，这里的"领导"就是指家里的另一半。这一举动引起了很多网友的共鸣，在这个特殊的日子里，他们把心中的所有的感谢话都淋漓尽致地表达出来了。

一位网友说："老公，感谢你给了我一个家，谢谢你这么多年来对我的忍耐和宽容。每天起床后能看见你的微笑，得到你的一个吻，是我最幸福的时刻……"

另一位说："老婆，感谢你一直为我做可口的饭菜，要知道哪一天如果吃不到你做的菜，我想我会绝食饿死的……"

还有一位说："老公，我们已经走过了 20 个春秋，你一直对这个家很负责任，忍受我的坏脾气，我曾经做过对不起你的事，但你原谅了我，宽恕了我，我一辈子都会感谢你。能得到你的爱，是我这辈子最大的幸运。"

帖子的发起人是这样说的："领导，我要向你汇报我的工作。家里的灯泡我已经换好了，孩子的尿布我也换了，马桶修理好了……总之，你交代的任务我都完成了。接下来，在这个特殊的日子，我要感谢您，感谢您一直以来对我的照顾，让我安心快乐地工作；感谢您经常对员工的嘘寒问暖和无微不至的关怀；感谢您把我缴纳上去的钱保存得完好无损；感谢我能开上领导退役的车子……"

也许人们平时已经习惯了说"我爱你"三个字，但很少人会说"谢谢你"三个字。我们经常会认为夫妻间没必要有这样的礼数，没必要这样客气，尤其是有些丈夫，对在家的妻子洗衣做饭、照顾小孩毫无感激之心，认为这是一个家庭主妇应该做的事情，是她们的职责。的确，这是每一个女人应该承担的责任，但是做这些不应该得到丈夫的感谢和支持吗？同样，作为妻子，也需要理解丈夫，感谢丈夫撑起家里的天空，让自己和孩子们能快乐地生活。

一个家需要两个人共同呵护和维持，只有两个人共同付出、共同努力，才能使家庭越来越和睦，越来越美好。因此，感谢另一半永远守候在我们的身边，无论是刮风下雨，还是艳阳高照，同舟共济，同甘共苦。是另一半的出现，让我们的生命有了色彩；有了另一半的守候，我们的生活将永远充满幸福和快乐。

# 5. 感谢身边的每一位朋友

我的事业，我的财富，我的未来，一个企业的未来，都取决于与多少人发生关系，和什么人发生关系，以及发生关系的程度！

——翟鸿燊

友情是世间弥足珍贵的一种感情。人生道路上，我们离不开父母亲人的照顾，也离不开朋友的帮助和相守。

一只小蚂蚁准备跨过一条小河，在河对岸建立自己的新家。河上面有一个破烂的小木桥，当蚂蚁颤颤巍巍地从小木桥上经过时。突然，刮起一阵风，模糊了蚂蚁的眼睛。蚂蚁一个踉跄，跌落下小木桥。

这时，空中飞来一只蝴蝶，用翅膀接住了落在半空中的蚂蚁。蝴蝶把蚂蚁安全送到河的对岸。蚂蚁心怀感激地说："谢谢你，蝴蝶。"蝴蝶笑着说："不用谢，我经常在这片草地上玩耍，以后你安新家了，我们一起玩。"蚂蚁高兴地点点头。

天色渐渐黑了，蚂蚁还没有找好建立新家的地方，开始显得着急起来。黑夜彻底降临了，气温剧降，蚂蚁冻得直哆嗦。这时，一只蚯蚓悠悠地爬过来，热情地对蚂蚁说："朋友，不用着急。今晚你就住我家吧，明天再建立新家。"蚂蚁听了，愉快地答应了，并真诚地感谢了蚯蚓。

第二天，天还没亮，蚂蚁就起来开始寻找新家的建立之地。在途中，由于蚂蚁没有带粮食，又累又饿。这时，一只麻雀飞下来送给了蚂蚁一粒小米。蚂蚁对麻雀说了声谢谢，麻雀却说："不用谢，举手之劳而已。"

最后，蚂蚁终于找到了建立新家的地方。几天之后，蚂蚁的新家建成了，蚂蚁就邀请帮助过它的所有朋友过来庆贺，它们在草地上玩得不亦乐乎，大家快乐极了。

这时，经过两个人，其中一个看到了说："蚂蚁的运气真好，交到这么多朋友。"另一个人却说："不是蚂蚁运气好，而是蚂蚁懂得说谢谢。"

的确，生活中，那些凡是走到哪里都受到欢迎的人，交到很多朋友的人，并不是他们的运气有多好，而是他们懂得说声谢谢。因此，学会对我们的朋友说声谢谢吧，感谢朋友对我们的帮助，感谢他们一直陪伴在我们身边。

朋友是我们生命中不可或缺的人，友情是我们生命中不能没有的东西。人生在世，我们除了父母的陪伴、爱人的相守，还需要朋友的温馨。真挚的朋友、可贵的友情会给我们带来无穷无尽的快乐和幸福。

真正的朋友如同兄弟姐妹一样，会在我们困难的时候无私地伸出援助之手，在我们成功的时候一起分享喜悦的果实，在我们失落难过时默默地守在身旁安慰和倾听，在我们落难的时候用心地祈祷。

朋友分很多种，友情也有浓淡。有的友情淡如水，但平淡中夹带着丝丝的清凉和甘甜；有的友情热情如火，在我们处于寒冷黑暗的时候，带给我们温暖和光明。然而，无论是哪一种朋友，我们都要感谢他们，有了他们的存在，才给我们的生活增添了点点色彩和活力。

## 6. 感谢对手，让你更加优秀

人们经常害怕有对手，害怕同别人竞争，其实对手也是朋友，竞争更是一种动力。害怕与对手竞争的人，本身就已经输了。

——北大幸福理念

说起感恩，我们都能想到感激自己的亲人、朋友、上司、师长，甚至是曾经对自己施以援手的陌生人，但很少有人会去感谢自己的对手。事实上，在我们漫漫的人生旅途中，激励我们不断奋进、不断超越自我的，正是那些曾被我们视作"眼中钉"的对手们。是他们让我们在压力下成长，不断前进，不断超越。

很久之前，挪威人在海中捕到沙丁鱼之后，没办法将鲜活的沙丁鱼带回岸边。往往在渔船返航的途中，这些沙丁鱼就已经口吐白沫，奄奄一息了。可是，有一个年轻的船主，却总是能够满载鲜活的沙丁鱼而归。因为他的鱼比别人的都新鲜，所以往往可以卖出多几倍的价钱。后来人们终于发现，船主的奥秘就是在装有沙丁鱼的水槽里放进鲶鱼。鲶鱼是沙丁鱼的天敌，进入水槽后就会开始追击沙丁鱼，沙丁鱼为了逃生保命只能在水中四散奔逃。

故事告诫我们，不管是作为一个企业、团体还是个人，对手是自己的压力，也是自己的动力，而且往往对手给自己的压力越大，由此而激发出的动力就越强。

对手之间，是一种对立，也是一种统一；相互排斥又相互依存，相互压制又相互刺激。在竞技场上，没有了对手，也就没有了活力和激情。事实上，无论在哪一个领域，没有对手，就没有推陈出新，没有创新改变。

康熙在 60 岁大寿时，举行了一场"千叟宴"。

康熙敬酒时，拿起老祖宗传下来的大铜碗，倒得满满的，举起来说："这第一杯酒敬孝庄皇后，感谢她辅佐朕登基，教育朕怎样做一名好皇帝。"一饮而尽后，康熙又倒满第二杯酒说："这第二杯酒敬天下臣民，感谢大家共同为江山社稷所做出的贡献。"当倒满第三杯酒的时候，大家都以为康熙要感谢他的大恩人，谁知康熙说道："这第三杯酒，朕要感谢朕的那些死敌们，鳌拜、吴三桂、郑经……没有他们，就没有朕如今的天下，没有大清王朝。"

的确，我们在现实生活中，不管是学习、工作、事业还是爱情上，谁都可能遇到对手。我们不要害怕对手、仇视对手，而要学会感谢对手，感恩对手。因为有了对手才能驱逐我们的惰性、虚荣心甚至恐惧感。一位哲人是这样说的："任何的学习，都比不上一个人在与敌人较量的时候学得迅速、深刻、持久，因为它能使我们更深入地了解社会，接触现实社会，使个人得到提升和锻炼，从而为自己铺就一条成功之路。"感谢对手让我们变成人生中的勇士，让我们变得更加优秀，让我们离成功越来越近。

# 7. 感恩给予我们帮助的人

我早年从北师大刚毕业，经冯友兰先生和金岳霖先生推荐，到清华当助教。这是很幸运的事，这也是我一生学术生涯的开始。所以我很感谢冯先生和金先生。

——张岱年

从小就听过这样一首歌叫《感恩的心》："感恩的心，感谢有你，伴我一生，让我有勇气做我自己。感恩的心，感谢命运，花开花落我一样会珍惜……"一个人要常怀有感恩之心，要心存感恩之情，懂得感恩的人才会懂得珍惜人生中的每一份感动，记住别人的每一次帮助。当别人帮助了我们的时候，我们不仅要懂得感谢他，更要懂得用更大的恩情去还报。

多日的连绵阴雨，温暖的太阳终于出来了。大地上阳光普照，动物们都出来散步享受清新的空气和明媚的阳光。一只小白蚁也探头探脑地爬出洞穴，舒展了一下筋骨，开始到处逛逛，顺便寻找食物。

这时，小白蚁来到了一个湖边，看见湖里面有一群美丽的天鹅正在游泳。突然，传来一个巨大的响声。受到惊吓的天鹅们拍打着翅膀飞到半空中，打了个转，就飞走了。天鹅巨大的翅膀卷起了一阵风，把小白蚁吹落到了湖中。

小白蚁奋力挣扎，眼看着要被湖水淹没了，这时，空中飞过来一只白鸽，扔下来一片树叶，落在小白蚁的身边，小白蚁用尽最后一丝力气爬上了树叶。

等回到岸边后，小白蚁非常感谢白鸽的救命之恩。白鸽微笑着点点头，然后拍打着翅膀飞走了。

过了不久，一天，小白蚁跟着妈妈出来觅食，由于贪玩，小白蚁离开了妈妈来到了一片小树林。走着，走着，一个巨大的黑物挡住了小白蚁的去路。小白蚁抬头一看，原来这是一个人的脚，它再往上看，看到这个人的手里拿着一支猎枪，一只眼睛闭着，好像瞄准了什么猎物。

小蚂蚁顺着他瞄准的方向一看，原来不远处的树枝上有一只白色的小鸟正在休息。小白蚁又仔细看了一下，惊呼道："这不是前段时间救自己的白鸽吗？看它的样子还不知道自己快成了猎人的猎物了。"小蚂蚁急得团团转，自言自语道："怎么办，我可不能让自己的救命恩人白白送死，我一定要救它。"

突然，小白蚁想到一个办法，它快速地爬到猎人的裤腿里，狠狠地咬了一口，猎人痛得大叫了一声，把树上的白鸽惊跑了。看到自己的恩人安全逃离了，小白蚁高兴地笑了……

生活中，我们一定要做一个乐于帮助别人的人，当遇到需要帮助的时候，千万不要吝啬，而是适时地送上我们的温暖和问候。也许，这次我们的举手之劳，在某一天就会换来别人莫大的救助。做一个善于感恩的人，懂得"结草衔环"，懂得知恩图报，感谢那些在我们生命中给予帮助的人，让感恩滋润我们的心灵，丰富和缤纷我们的生活。

# 8. 学会热爱苦难

真正的勇士，敢于直面惨淡的人生，敢于正视淋漓的鲜血。这是怎样的哀痛者和幸福者？

——北大幸福理念

人只要生活在这个世界上，就会有很多烦恼，每个人的人生都充满了或大或小的苦难。然而，我们不要只是抱怨和痛恨苦难。因为，苦难带给人们的不仅是创伤，还有一份成熟与坚韧。每一次创伤背后，都隐藏着人生的真谛和感悟。

莎士比亚曾经满怀深情地对一个失去了父母的少年说："你是多么幸运的一个孩子，你拥有了不幸。"当时这个刚刚失去父母的孩子，正处在孤苦无依的悲惨境地，孩子充满疑惑地看着这个被人们尊敬的艺术大师，根本无法理解他的话。莎士比亚摸着孩子的头说："因为不幸是人生最好的历练，是人生不可缺少的历程、教育，因为你清楚地知道失去父母之后，一切就只能靠你自己了。"

这个孩子似乎领悟了什么，悄悄地躲开了莎士比亚的目光。40 年以后，这个孩子成为英国剑桥大学的校长，同时又是世界著名的物理学家，他的名字叫杰克·詹姆士。

在一次聚会上，著名的汽车商约翰·艾顿正在与他的朋友、后来成为英国首相的丘吉尔聊天。艾顿谈起了他的过去：他出生在一个偏远小镇，父母早逝，是姐姐帮人洗衣服、干家务，辛苦挣钱将他抚育成人的。

后来，姐姐出嫁了，他就跟着姐姐姐夫一起生活。但姐夫对他很不好，甚至将他撵到舅舅家。可舅妈也刻薄，在他读书时，规定每天只能吃一顿饭，还得收拾马厩和剪草坪。刚开始工作的时候，他根本租不起房子，有将近一年的时间是躲在郊外一处废旧的仓库里睡觉。

丘吉尔惊讶地问："以前怎么没听你说过这些呢？"艾顿笑着回答："有什么好说的呢？正在受苦或正在摆脱受苦的人是没有权利诉苦的。"这位曾经在生活中失意、痛苦了很久的汽车商又说，"苦难变成财富是有条件的，这个条件就是，你战胜了苦难并远离苦难不再受苦。只有在这时，苦难才是你值得骄傲的一笔人生财富。别人在听你诉苦时，也不觉得你是在念苦经，只会觉得你意志坚强，值得敬重。但如果你还在苦难之中或没能摆脱苦难的纠缠，你说什么呢？这些话在别人听来，无非就是请求廉价的怜悯甚至乞讨，这个时候你能说你正在享受苦难，在苦难中锻炼品质、学会了坚韧吗？别人只会觉得你是在玩精神胜利、自我麻醉。"

艾顿的一席话，使丘吉尔重新修订了他"热爱苦难"的信条。他在自传中这样写道："苦难是财富，还是屈辱？当你战胜了苦难时，它就是你的财富；可当苦难战胜了你时，它就是你的屈辱。"

如果苦难不可逃避，那么就让它留下的创伤永远提醒自己，让自己变得更加坚强。经历过刻骨铭心的痛，换来的是对人生更加透彻的认识。战胜苦难，迎接我们的将是一个更加明朗的世界。

# 9. 感恩是幸福的起点

感恩，是一盏对生活充满理想与希望的导航灯，它为我们指明了前进的道路；感恩，是两支摆动的船桨，它让我们在汹涌的波浪中一次次争渡过来；感恩，还是一把精神钥匙，它让我们在艰难过后开启生命真谛的大门！拥有一颗感恩的心，能让你的生命变得无比的珍贵，更能让你的精神变得无比的崇高！

——北大幸福理念

王符曾经说过："生活需要一颗感恩的心来创造，一颗感恩的心需要生活来滋养。"生活中，我们倘若不能学会感恩，就很难领悟到幸福和快乐的真谛。感恩，是一种美德，是一种修养，是一种境界。感恩，让生活充满阳光，让世界充满温馨。

邢向阳是一名设计师，他在一家广告公司工作了 8 年，拿着丰厚的薪资，做着一名高级白领。然而，他根本没想到公司有一天会倒闭。据说，好赌的老板到澳门一游后，就输光了所有的家当。

以前，邢向阳虽然拿着高工资，但每个月的钱都拿来还了房贷，再加上家里刚刚诞生了一个新生命，婴儿的奶粉钱、尿不湿……都是一笔不小的开销。

邢向阳开始找工作。然而，他没想到几次的面试，自己竟然都被刷下来了，原因是人家看了他的设计作品说虽然很具有实力，但是缺乏创新，他们需要的是年轻设计师的创新和大胆想象。

屡屡的失败，让邢向阳的内心受到了很大的打击。一向自信的他开始变得颓废，而且他的口才也不好，平时就不怎么爱说话，怎样才能把自己"推销"出去呢？看着嗷嗷待哺的孩子，邢向阳陷入了痛苦的沉思中。

又是一次难得的机会，在第一轮面试中，终于有一家公司接受了他。但是在第二轮竞赛中，邢向阳被一位年轻的设计师刷了下来。公司的老总对邢向阳说了一番开导的话，邢向阳是个嘴笨的人再加上心情沮丧，当面没有说什么话。后来，他觉得有必要感谢一下那位热情的老总。于是，就写了一封致谢信给那个老总，信中说："非常感谢，公司花费财力、物力给我提供了这次展示自己的机会，感谢您语重心长的一番话，让我领悟到许多东西。"

公司老总根本没想到，他当时只是一时的同情，给了这个应聘者一番安慰，却得到了这样的感谢。其实，每次面试时，他都会对面试失败的人说那番话的。这位老总觉得邢向阳是个懂得感谢、负责任的人，他觉得公司需要这样的人。

于是，老总亲自回了一封信，邀请邢向阳到公司工作。重新开始工作后，邢向阳改掉了以前只会埋头工作的习惯，开始与同事们交流、讨论，并谦虚地向年轻设计师交流思想，后来他的工作越干越出色，最后做到了设计总监的职位。

感恩的力量是巨大的，感恩是一种处世哲学，是生活中的大智慧。在人生道路中，我们不可能永远一帆风顺，随时都会遇到各种各样的困难，会屡屡遭受失败和挫折。这时，如果只是一味地埋怨或者沉浸在悲观绝望中，一味地萎靡不振，是不会改变任何事实的。

对于生活中的一切，我们首先要学会感恩，包括所有的磨难和失败。只有懂得感恩，才会用一颗平和的心去面对，才会乐观地去接受，才会激起我们奋进的力量，开启成功的大门，打开幸福的窗口。

感恩是我们幸福和快乐的起点，让我们看到爱和希望。时时怀有一颗感恩的心，最大的受益者不是别人，而是我们自己。

# 10. 带着感恩的心去工作

我好像是一只牛，吃的是草，挤出的是奶、血。

——北大幸福理念

现实生活中，有些人总在抱怨工作环境不好，抱怨自己的工资不高，抱怨上级太严厉，抱怨电脑速度太慢，抱怨空怀一身绝技却无人欣赏……当无穷无尽的抱怨每天充满着我们的工作时，谁还会有心情把工作做好呢？

无论是生活还是工作，我们都要怀着一份感恩的心。当我们带着感恩的心去工作时，就能在失败中吸取教训，在平凡的岗位上创造出精彩。工作上的每一次失败，每一个压力，都是我们激发智慧和不断前进的动力。

杰克是肯德基里的一名普通职员。他每天的工作就是做各种各样的汉堡，炸金黄的薯条。这个工作简单且单调，但是杰克却做得有声有色，做汉堡的同时，他的嘴中时常愉快地哼着小曲。每当有顾客来临时，杰克的脸上马上挂起了微笑，用最好的态度尽心尽力地服务每一位顾客，保证人人满意。

杰克几十年如一日的服务态度，让每一位顾客都记住了他，小孩子每次都叫他快乐的杰克叔叔。而且，他的同事们也都被杰克的快乐心情所感染，一起认真地对待自己的工作。

后来，店里来了一个新职员。新职员是一个年轻的小伙子，每天都无精打采的，好像对这份工作很不满意。他看着杰克快乐工作的样子，就惊奇地问道："您几十年来一直干这个，不觉得烦吗？"

杰克听了，笑着回答："一点也不烦。我每做一个汉堡，顾客就会因为它的美味而快乐，而我也就会感到快乐；而且，你看这些汉堡每一个都是不同的，都是我的作品，让我感受到成功的滋味。我感谢这份工作，带给我成功和快乐的机会。"

年轻职员听了杰克的话，也学着杰克的模样，开始认真地对待工作，怀着感恩的心情工作，结果他感到自己越来越快乐，越来越喜欢这份工作了。

有一篇名叫《做一个懂得感恩的员工》的文章中有这样一段话"感恩不仅仅是为了报恩，因为有些恩泽是我们无法回报的，有些恩情更不是等量回报就能一笔还清的，唯有用纯真的心灵去感动、去铭刻、去永记，才能真正对得起给你恩惠的人。"的确，生活和工作中的有些恩泽是我们永远也无法偿还的。既然如此，我们何不愉快地工作，快乐地生活呢？

余秋雨先生曾经说过："工作的追求，情感的冲撞，进取的热情，可以隐匿却不可缺乏，可以泻然而不可以清淡。"而只有在工作中怀有一颗感恩的心，我们才会有工作的热情、进取的激情。感恩工作能让我们热爱自己的工作，让我们全身心地投入工作中，那么，总有一天，我们的热情和付出会得到回报，会收获可喜的成绩。

工作是人们实现自我价值的一种途径，工作让我们的人生更加有意义，而快乐地工作则是一种莫大的享受。因此，感恩工作提供给我们一个平台、一个舞台，让我们的人生更精彩。